边学边看边实践

电工新手
从入门到成才

吴江 编著

中国电力出版社
CHINA ELECTRIC POWER PRESS

内 容 提 要

　　本书依照"电工新手先要学什么？最需要学习什么？"的原则，通过书中大量实际的举例和详细的解释，让初学者能够按照书中的步骤，一步一步地跟着操作学习，并使初学者学到的操作技能更贴近生产第一线的实际操作。

　　本书共 6 章。前 4 章为电工基本和通用的知识，除了在实际工作中必须掌握的知识之外，还包括了很多电工考试的内容和应试技巧。第 5 章专门介绍电工的电气线路连接方法，列举了现在常用的几种接线方法，并对各种接线的方法进行了对比，重点是作者自创的"五步接线法"。第 6 章介绍电工电气维修的知识。

　　本书很多实际操作的内容，不但适合电工的初学者阅读，也适合没有经过专业技术培训的电工参阅。可供中等职业学校、职业培训学校的师生参考阅读，还可以作为特种作业电工操作证、初级电工等级证、电工复审考核的参考书籍。

图书在版编目（CIP）数据

　　边学边看边实践：电工新手从入门到成才/吴江编著 . —北京：中国电力出版社，2011.1（2017.11 重印）
　　ISBN 978 - 7 - 5123 - 0942 - 5

　　Ⅰ.①边…　Ⅱ.①吴…　Ⅲ.①电工—基本知识　Ⅳ.①TM

　　中国版本图书馆 CIP 数据核字（2010）第 201193 号

中国电力出版社出版、发行
（北京市东城区北京站西街 19 号　100005　http：//www.cepp.sgcc.com.cn）
航远印刷有限公司印刷
各地新华书店经售

*

2011 年 1 月第一版　2017 年 11 月北京第十次印刷
710 毫米×980 毫米　16 开本　19.25 印张　351 千字
印数 19001—21000 册　定价 **36.00** 元

前言

随着社会文明的高速发展和科学技术的不断进步，电工行业也得到不断发展。为了让广大有志于电工行业的学习者能在较短时间里真正学习和掌握好电工的实用知识和技能，并了解工厂中的实际情况，特编写了本书。

在动手编写本书之前，笔者先问了自己两个问题，那就是："电工新手先要学什么？最需要学什么？"这也可以说是迅速掌握实用电工技能最关键的问题所在。因此，本书采用简单通俗的语言和步骤式的解说方式，从便于初学者学习的角度进行讲解，尽量做到以实用的知识为主，将抽象的知识通俗化。

本书面对的群体是：没有任何基础的电工初学者；依靠自学的电工初学者；没有经过正规培训的在职电工人员；已经拿了证但没有掌握正确方法的在职电工人员等。本书籍内容还包含了特种作业电工操作证、初级电工等级证、电工复审等考试的基本内容。所以，也可作为各类取证应试的参考书籍。

除了每一个电工都应知应会的基本知识外，本书重点介绍电工接线和维修的内容。

电工接线方面，笔者结合自身多年教学经验以及对初学者思路的揣摩，在综合介绍各类接线方法的基础上，重点推出了自创的"五步接线法"，俾读者能够迅速理解和学会实际的接线方法，并掌握接线的规律。

电气维修方面，笔者则充分考虑了初学者的实际水平，结合从不会维修、到第一次维修、到维修的提高、维修经验积累的过程，介绍了电气维修的方法和窍门。让电工新手学习、了解详细的维修过程，能够做到即使面对实际的故障也不会慌张，能够知道自己要怎么样去做。

本书另有姐妹篇《边学边看边实践 电工维修笔记》，主要是对实用的、常见的、初学者能够理解的故障及事故进行分析、判断、处理、总结。使读者通过阅读案例，了解故障、事故产生的原因，知道故障处理的办法、吸取事故的经验教训。有需要的读者也可以参阅。

在本书的编写过程中，笔者参考了很多书籍的相关知识，还参考了网上的部分资料，在此表示由衷的感谢。

由于笔者水平有限，书中难免有错误和不妥之处，还请读者批评指正。谢谢！

吴　江

目 录

第1章

电工新手的入门知识

随着科技的飞速发展，人们越来越多地感觉到了学习科学技术的迫切性与重要性。人们从社会的发展和实际的工作中，也越来越多地感觉到了没有一技之长是很难在现今飞速发展的社会中生存的。尤其是年轻人，只有具备一技之长，才能找到更好的工作，并在日后的工作中有更好的发展。

每个人都有适合自己的专长，与自身的文化水平、兴趣爱好、家庭环境等诸多因素有关，但培养自己的特长，使之成为专长，则需要后天的努力。

每一门技术的学习，不是单纯地只对本专业的学习，而是需要多方面的综合的知识。就电工知识的学习而言，我们不能单纯地死记硬背电工学方面的知识，也不能贪大图全，应该掌握正确的学习方法，注意学习的技巧与规律，重点学与自己相关的知识。这样才能在有限的时间里，迅速提高专业技能。

接下来，就让我们一起踏上电工接线与维修的成才之路吧。

第1节 学习方法的掌握

电工新手在学习前，一定要先掌握一个正确的方法，你现在最需要的是什么，你就要去学习什么方面的知识。在学习以前，不能带有盲目性，不能养成被动式的学习习惯，要先确定自己学习的计划和自己学习的方法。确定自己的学习目标，并确定自己达到此目标所需要的时间。这样才能够使自己的学习有明确的方向和目的，也使今后的学习更顺利地进行。

一、电工初学者学习的方法

将电工的学习方法放在本书开始的位置，就是为了让大家知道选择一个好的学习方法的重要性。电工学的涉及面很广，我们不可能同时去学习多方面的知识，这要求我们要有层次、有计划地去学习。而且相当多的学习者，是边工作边学习，更需要好好安排、使用这有限的时间。

怎样在有限的时间里学习到更多的知识，真正地理解和消化所学到的知识呢？笔者在培训的过程中，发现有很多的学员只知道一味地埋头看书，从第1章看到下一章，没有主次之分，也没有去想我应该怎么样去学习，我要先学习什么后学习什么，什么是我现在最需要学习的。这就是学习的方法不对，结果就是事倍功半，花了大量的时间去看书，但最后仍是一知半解，不知所云。

正确的学习方法是：要根据自己的实际水平和自身情况，来确定自己的学习目标和学习计划。要有目的、有目标地去学习，要善于学习别人好的方法，学习别人的经验和教训，使自己少犯错误、少走弯路。用最短的时间，完成自己的既定任务。

❯❯ 作者有话说

在长期的技能培训过程中，发现有两类学生是让老师最头大的。

一是学习相当认真的学生，见到老师后就表示，他是坚定了学习的信念，保证从第1章开始学起，每一个细节都要学懂。这种学习态度的学生，是下了决心的，积极性是值得鼓励的，但要善于进行学习的引导，不然很容易钻死胡同。学习不能完全凭着热情，要根据自己的实际水平、学习的时间、学习的目的等来确定学习的计划，就是你学习完了去干什么。电工学的知识里面，有很多的是抽象与虚拟的，是不可能完全搞懂的。不然很容易在这些内容的学习上，花费大量的时间和精力后，失去学习的信心和兴趣。

二是对学习无所谓的学生，你让他学习什么都是不在乎的态度，不管做什么事是你急他不急，在你当面回答得好转身就忘记。

对于这两种学习态度的学生，前一种的是靠引导，后一种的就只能是严抓了。所以我们读者都要注意，不可走极端，要避免成为上述两种人之一。

电工新手的学习目标其实是很明确的，就是学习电工基础和安全的知识，学习电气安装、维修方面的实用性知识。大家要牢记：电工是要到工厂企业凭着技术去动手干活的，而不是去做电气设计和研究的。

电工理论知识的学习是我们的一个重点，首先还是要讲学习的方法，磨刀不误砍柴工；有很多的学员在开始学习的时候信心很足，干劲也很大。但学习了一段时间后就学习不下去了，感觉是越来越难学了，认为自己的文化水平太低、电工的知识太难了，就失去了学习的兴趣。其实这主要是学习的方法不对，在不必要的地方消耗了自己太多的时间和精力，做了太多的无用功。就像我们要用一块钢来磨一把刀，这把刀好不好用，主要是看刀刃是否锋利，但你将刀的四周磨得闪闪发光，刀刃的部分你却没有磨，你说你的力气和时间花了不少，但又有什么实际的作用呢？这与电工知识的学习是一个道理。

对于电工基础理论，要依据你的水平、时间、用处来考虑。在基础理论的学习过程中，一定要勤学好问，这样可以帮你节省大量的时间和精力。要真正地将原理搞懂，你只有将原理搞懂了，才能够举一反三、一通百通。不懂的东西你不去问，就可能永远也搞不清楚。我不建议大家死记硬背，因为背的东西越多，就越容易搞混淆，理清思路才是关键。

比如：拿到了一张电路图，首先就要熟悉电路图的结构、特点和要求，确定正确的接线方法。如果只是按着图去一遍遍地去接线练习，认为多花时间、多练习就会熟能生巧，那一定不能收到良好的效果，因为那样只是被动地接线，没有了自己的思考，甚至不知道自己接的线路是干什么用的，更不知道用什么样的方法去接才能更快捷、更简便、不容易出错误。

二、电工初学者学习的技巧

掌握了正确的学习方法后，还应注意学习中的技巧。要将学习的重点，放在对现在有用的地方。

学习现在要用的知识，现在用不上的知识那是以后的事情！

这里就举几个例子：电是什么？大家可能会说电是天天用的，谁不知道。但就有没有人能说出电的形状、颜色、大小、重量来，这种看不见、摸不着的概念是抽象的。对于抽象的知识只要理解即可，不需要深究，否则进去了就不容易出来了。比如对于电压、电动势、电位、电流、电阻等，只要了解其概念，知道其单位，掌握测量方法就可以了。至于具体的研究方法、内部结构等，都用处不大，现在就不要学习，等以后有能力时间的时候再去学习。

再举个例子，我们电工学的第 1 章里，有个电阻的计算公式 $R = \rho \dfrac{L}{S}$，它可以算出导线的电阻，刚开始做电工时，笔者认为这个公式很有用，但其实在实际工作中几乎用不到这个公式，笔者已经做了三十多年电工，一次都没有用过。在实际的工作中，导体是用它的截面积来表示的。实际的工作中是不问导线电阻的，而是问导线的平方数的，问多少平方的导线能够通过多大的电流等。如导线的截面规格有 $1mm^2$、$1.5mm^2$、$2.5mm^2$、$4mm^2$、$6mm^2$、$10mm^2$、$16mm^2$、$25mm^2$、$35mm^2$、$50mm^2$、$70mm^2$、$95mm^2$、$120mm^2$、$150mm^2$、$185mm^2$、$240mm^2$、$300mm^2$、$400mm^2$ 等，这是我们要牢记的，有的单位在招聘时就问这个问题，就看你有没有实际的工作经验。

不管是什么样的技术，都有它们操作上的技巧，只有经过不断的摸索、探讨、总结，才能够真正地掌握它们。如在线路连接的过程中，怎么样做到线路的连接可靠，线路的连接美观，线路的连接经济实用，线路的连接省时省力，这些都只有在你掌握了正确的接线方法后，才能够在操作的过程中，逐步地熟悉和熟练后，在慢慢地摸索和体会中，学习和掌握接线中的技巧。

三、电工初学者学习目标的选择

学习如果没有目标，就如航海时没有灯塔，很容易迷失了方向。学习目标的概念就是："学习中学习者预期达到的学习结果和标准"。俄国伟大作家托尔斯泰说："要有生活目标，一个月的目标，一个星期的目标，一天的目标，一个小时的目标，一分钟的目标，还得为大目标牺牲小目标。"

学习目标具有导向、启动、激励、凝聚、调控、制约等心理作用。有了明确的学习目标，就会朝着目标自觉地、努力地学习，会对学习产生更积极的影响。完成同样的学习任务，如果学习者学习目标明确，会比没有目标可以节省 60% 以上的时间。有人打过形象的比喻：没有明确目标的学习像是饭后散步；

有明确目标的学习就像是运动会上赛跑。

学习目标的确定要量力而行，不要盲目地好高骛远，目标要明确但也要合理。要根据自己的具体情况，如工作上的需要、学习的时间、学习的条件等来最终确定自己学习方向和目标。

就拿电工学习来说吧。如你是电工的初学者，确定在两个月的时间内，考取电工的特种作业操作证，这就是你确定的二个月时间内要完成的既定目标。这就要求你在这两个月的时间内，根据自己的实际水平，来安排自己的学习时间，掌握适当的学习方法，去学习电工特种作业操作证的相关知识，要能够参加电工操作证考试，并要保证能够考试合格并取得电工操作证。这就是一个电工的初学者，根据自己的文化水平、学习时间等情况，量力而行地确定自己的短期学习计划。并且是能够在自己确定的时间内，能够完成的切实可行的学习计划。

对于刚开始学习电工知识的人来说，看什么都好奇，对什么都感兴趣，什么都想学，这是很正常的，但不管怎样，首先要确定的是一个适用于自己的短期学习目标，并且确定这个学习的过程你可以在半年内完成。电工技术的学习，就像盖房子，我们不能只去赶速度，而是要先打好地基，一层层地去完成，而不可能一下子就去盖第四层、第五层。如果你一开始就将学习的目标设定得太高，就算在短时间内完成了，因你的基础并没有打牢，在实际的工作中也很容易出现问题。对于长远学习的目标，就没有必要现在确定了，因在学习的过程中，还有很多的变数，学习的目标不宜设定得太大，待完成了既定目标后，再来确定下一步的学习目标就更为实际。

有很多的人在学习中总想走捷径，总想着能够急功近利地一步登天，在很短的时间里就想学习到很高的水平，如在电路接线的练习过程中，只要一个电路图接对了，马上就转入到了下一个电路图，根本就没有对所接的电路进行分析和了解，更不要说熟练和巩固了，基本的电路原理、接线的方法、接线的过程都没有学习扎实。前面的知识还没有巩固和真正地完成，就开始了下一步的学习，只去注意学习的进度，对于基础知识没有打下良好的基础，这样肯定是学不好的。

确定了切实可行的目标之后，要做的事情就是——坚定地走下去。有付出，就一定会有收获；没有付出，就不可能有收获。饭要一口口地吃，路要一步步地走，技术上是不可能一步登天的，要靠自己的勤奋和努力才能够做到。

第2节 直流电路与电磁

一、电路的基本概念

1. 电路与电路的概念

（1）电路。电路就是电流所流过的路径。

（2）电路的组成。电路一般由三个部分组成，即电源、负载、连接导线，如图 1-1 所示。图 1-1（a）为实物的电路图，图 1-1（b）为电路图。

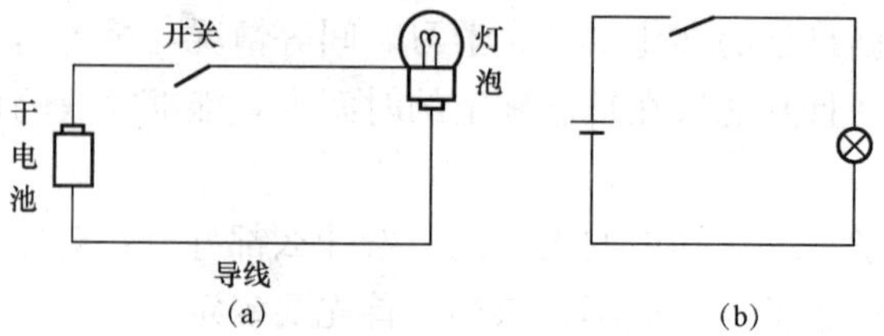

图 1-1 电路的组成

（a）实物；（b）电路

电源的作用是将其他形式的能量转换为电能。如电池将化学能转换为电能，发电机将机械能转换为电能等，它们是推动电路中电流流动的原动力。

负载的作用是将电能转换为其他形式的能量。如电灯将电能转换为热能和光能，电炉将电能转换为热能，电动机将电能转换为机械能，扬声器将电能转换为声能等。

连接导线的作用是传输和分配电能。

上面的电路是最简单的电路组成，实际的电路还有很多的附件，如熔断器、仪表、调节器等，对电路进行保护、测量、控制、调节等。

（3）电路的作用。电路的作用是用来输送、分配和转换电能。

2. 电流

电流是带电粒子有规则的定向移动所形成的。通常，将正电荷定向移动的方向规定为电流的正方向。但在金属导体中，自由电子定向移动的方向与电流移动的方向相反，因此它移动的方向与规定的电流正方向正好相反。电流的大小用电流强度来衡量，常用大写的字母 I 表示，电流强度的单位为 A（安培），其数值等于单位时间内通过导体某一横截面的电荷量。

电流的单位关系为

$$1A = 1000mA \qquad 1mA = 1000\mu A \qquad 1kA = 1000A$$

用电流表测量电流时，电流表应与被测电路串联。大小和方向都不随时间变化的电流称为直流电流，用直流电流表测量电流时，要注意电流表的极性，否则表针将反偏，容易损坏表头。大小和方向都随时间变化的电流称为交变电流，用交流电流表测量电流时没有极性要求。

在分析、计算较复杂的电路时，在开始时难以判断电路中电流的实际方向。通常可以事先任意选定某一方向作为电流的正方向作为参考方向，把电流看成代数量进行计算。如果计算后该电流值为正值，说明电流的实际方向与参考方向相同；反之，电流值为负值，则电流的实际方向与参考方向相反。

3. 电压

电路中某两点间的电位之差称为电压，也可以说是电场力将电荷从 A 点移到 B 点所做的功电动势、电压、电位的单位均为 V（伏特），简称伏。电压与电流一样，电压也分为直流电压、交流电压。电压的实际方向为高电位点指向低电位点。

电压的单位关系为

$$1V=1000mV \qquad 1mAV=1000\mu V \qquad 1kV=1000V$$

用电压表测量电压时，电压表应与被测电路并联。用直流电压表测量电压时，要注意电压表的极性，否则表针将反偏，容易损坏表头。用交流电压表测量电压时没有极性要求。

4. 电位

电场力将单位正电荷从某一点 A 沿任意路径移到参考点所做的功称为该点的电位。就是在电路中任选参考点 0，从电路 A 点到参考点 0 的电压，就称为 A 点的电位。电位的单位也是 V。

电位可为正值或负值，某点的电位高于参考点，则为正，反之则为负。

TIPS▶
电压与电位的区别

就像人们以海平面作为衡量某地所处高度的参考点一样，电位的计算也必须有一个参考点，才能确定它的具体数值。参考点的电位一般规定为零，高于参考点的电位为正，低于参考点的电位为负。现在以图 1-2 为例说明电压与电位的区别。

电压是两点电位之差，它与参考点的选择或变化是没有关系的。如 A 与 C 点的电压是 3V，这是两点之差，不管你的参考点是设在 A、B、C、D、E 的任何一个点，都不会改变 A 与 C 点之间的电压，因它们是两点之差，所以电压是绝对值。

图 1-2　电压与电位的区别

但电位就不同了，如果问 C 点的电位是多少？那谁也说不出来。因为 C 点的电位是多少，要看参考点是设在哪里。如将参考点设在 E 点，C 点的电位就是 3V；如将参考点设在 A 点，那 C 点的电位就是 −3V。可见，C 点的电位会随着参考点的改变而改变。也就是说，电位是随着参考点的改变而改变的，参考点是可以任意设定的，所以电位是相对值。

参考点一经选定之后，各点电位的计算即以该点为准。因此，在电路分析中不指明参考点而讨论电位是没有意义的。在电工技术中通常以大地作为参考点。有的用电器是以电路的金属外壳为参考点的，有些用电设备为了使用安全，将机壳与大地相连，大地即称为参考点。

5. 电动势

电动势是电源内部推动电荷移动的电源力。电动势能把电源内部的正电荷从低电位端（负极）移向高电位端（正极），如图 1-3 所示。电动势的单位与电压、电位一样是 V。

闭合的电路和电源（电动势）是保证电路中形成持续的电流的条件。

6. 电阻

金属导体中的自由电子做定向移动时，导体对电流有阻碍的作用，我们把导体对电流的阻碍作用称为电阻。电阻用 R 表示，其单位为 Ω（欧姆），简称欧。

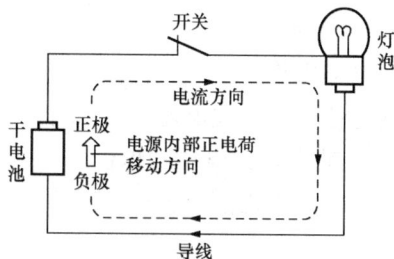

图 1-3　电动势

自然界中，根据物质导电能力的强弱，一般可分为导体、半导体和绝缘体。其中，导电性能良好的物质叫导体，其内部存在着大量的自由电荷；导电性能很差的物质叫绝缘体，其内部几乎没有自由电荷；导电性能介于导体与绝缘体之间的物质称为半导体。

电阻单位关系为

$$1k\Omega = 1000\Omega \qquad 1M\Omega = 1000k\Omega$$

导体的电阻不仅和导体的材料有关，而且还与导体的尺寸有关。实验证明，当温度一定时，同一材料的导体电阻和导体长度 L 成正比，和导体的截面积 S 成反比，这个结论称为电阻定律，即

$$R = \rho \frac{L}{S}$$

式中　R——电阻，Ω；

　　　L——导体长度，m；

　　　S——导体的截面积，mm^2；

　　　ρ——导体的电阻率，$\Omega \cdot mm^2/m$。

不同的金属材料有着不同的电阻率。例如，银的电阻率 $\rho = 0.0162\Omega \cdot mm^2/m$，铜的电阻率 $\rho = 0.0175\Omega \cdot mm^2/m$，铝的电阻率 $\rho = 0.029\Omega \cdot mm^2/m$。导体的电阻除了与其材料和尺寸有关外，还与温度有关。对于金属导体来说，它的电阻是随温度的升高而成正比增加。

7. 电导

电导是表示物体导电能力的一个物理量，用 G 表示，其单位为 S（西门子），简称西。电导也就是电阻的倒数 $G = \frac{1}{R}$，通常用来表示物件传到电流的本领。

二、欧姆定律

欧姆定律可分为部分电路的欧姆定律与闭合电路的欧姆定律。

1. 部分电路的欧姆定律

部分电路的欧姆定律是电工技术中最基本的定律，也是使用得最多的公式，它是表示电压、电流、电阻三者之间关系的基本定律。公式表示为

$$I = \frac{U}{R}$$

式中　U——电压，V；

　　　I——电流，A；

　　　R——电阻，Ω。

2. 闭合电路的欧姆定律

这里以图1-4所示电路为例讲解闭合电路的欧姆定律。其中电源的电动势为 E，电源的内阻为 R_0，E 与 R_0 构成了电源的内电路，如图中虚线所框的部分；负载电阻只是电源的外电路，外电路和内电路共同组成了闭合电路。

闭合电路的欧姆定律的公式表示为

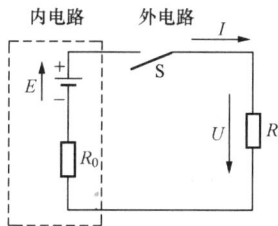

图1-4　闭合电路的欧姆定律

$$I = \frac{E}{R + R_0}$$

式中　E——电压，V；

　　　I——电流，A；

　　　R——外阻，Ω；

　　　R_0——内阻，Ω。

三、电路的三种状态

下面以图 1-5 所示电路为例讲解电路的三种状态。

1. 通路工作状态

图 1-5 所示的电路中开关 S 在 1 的位置时，电源则向负载 R_L 提供电流，负载 R_L 处于额定工作状态。

这时电路有如下特征：电路中有一定的电压、电流和电阻。

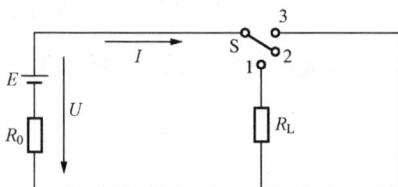

2. 断路（开路）状态

图 1-5 所示的电路中开关 S 在 2 的位置时，为开关断开或连接导线折断时的开路状态，也称为空载状态。

这时电路有如下特征：电压为电动势或空载电压，电路中无电流，外电路的电阻可视为无穷大。

图 1-5　电路的三种状态

3. 短路状态

图 1-5 所示的电路中开关 S 在 3 的位置时，电源的两输出端线，因绝缘损坏或操作不当，导致两端线相接触，电源被直接短路，这就叫短路状态。

这时电路有如下特征：电路中的电流很大，电压接近于零伏，电路当电源被短路时，外电路的电阻可视为零，只有电源的内阻。

四、电功率、电流的热效应

1. 电功

电功就是电流做功的多少。电能转换其他形式能量的过程，是通过电流做功来实现的，就是能量转换的度量。测量电功的仪表，就是我们常用的电能表，常用的单位为 kW·h，或简称为"度"。在实际的工作中，电功常用"度"来表示，1 度电就表示：功率为 1 千瓦的用电器使用 1 小时，所消耗的电能。

2. 电功率

单位时间内电流所做的功叫做电功率，以符号"P"表示。通常所称电动机的大小，就是指其电功率的大小。其数学表达式为

$$P = UI$$

式中　P——电功率，W；

　　　I——电流，A；

　　　U——电压，V。

在电工的实际使用中，常用的电功率的单位还有千瓦、马力等，其换算关系为

1kW（千瓦）＝1000W（瓦）　　1 马力＝0.736kW　　1kW＝1.36 马力

3. 电流的热效应

当电流通过金属导体时，由于自由电子的碰撞，导体就会发热。这是因为电流通过导体时，要克服导体电阻的阻碍作用而做功，促使导体分子的热运动加剧，电能就转换为热能，使导体的温度升高，导体就会发出热量。把这种将电能转化为热能而放出热量的现象，叫做电流的热效应。通过实验得出结论：电流通过导体时所产生的热量 Q 与电流 I 的平方、导体本身的电阻 R 以及通电时间 t 成正比。这个关系称为焦耳-楞次定律，即

$$Q = UIt = I^2Rt$$

在现代工业生产中，电流的热效应是一种重要的加热的方法，如电炉炼钢、电焊机、烘干设备等。在日常的生活中，也有着很广泛的应用，如电灯、电烤炉、电饭煲、电热水器、电烙铁等，都是利用电流的热效应来为生活和生产服务的。然而，任何事物都有其相反的一面。同样，电流的热效应也有不利的一面，因为各种电气设备中的导线等都有一定的电阻，通电时，电气设备的温度会升高。如在变压器、电动机等电气设备中，电流通过线圈时产生的热量会使这些设备的温度升高，如果散热条件不好，严重时可能烧坏设备。

为了使电气设备能够安全、经济地运行，就必须对电压、电流和功率等参数值给予一定限制。各种电气设备在安全工作时，所能允许承受的最大工作电压、电流和功率等数值，称为额定电压、额定电流、额定功率。

4. 基尔霍夫定律

基尔霍夫定律包含有两条定律，分别称为基尔霍夫第一定律（电流、节点定律）和基尔霍夫电压定律（电压回路定律）。

基尔霍夫第一定律（电流、节点定律）：在电路中任一时刻，流入节点的

电流之和等于流出该节点的电流之和，节点上电流的代数和恒等于零，即

$$\sum I_i = \sum I_0 \quad \text{或} \quad \sum I = 0$$

基尔霍夫电压定律（电压回路定律）：在电路中任一瞬时，沿回路方向绕行一周，闭合回路内各段电压的代数和恒等于零，也就是回路中电动势的代数和恒等于电阻上电压降的代数和，即

$$\sum U = 0 \quad \text{或} \quad \sum U_s = \sum RI$$

五、简单直流电路计算

1. 电阻的串联

电阻的串联为几个电阻依次连接，当中无分支电路的串联电路。

串联电路的特点如下。

◆流过各电阻中的电流相等，即

$$I = I_1 = I_2 = I_3 = \cdots = I_n$$

◆电路的总电压等于各电阻两端的电压之和，即

$$U = U_1 + U_2 + U_3 + \cdots + U_n$$

◆电路取用的总功率等于各电阻取用的功率之和（可由以上两点推到得出），即

$$P = P_1 + P_2 + P_3 + \cdots + P_n = (R_1 + R_2 + R_3 + \cdots + R_n)I^2$$

◆电路的总电阻等于各电阻之和，即

$$R = R_1 + R_2 + R_3 + \cdots + R_n$$

◆电路中每个电阻的端电压与电阻值成正比，即

$$U_1 = \frac{R_1}{R}U$$

$$U_2 = \frac{R_2}{R}U$$

串联电路的实际应用主要有：通过电阻的串联来获得阻值较大的电阻，以达到限流的目的。利用串联电阻的方法来限制和调节电路中电流的大小。采用几个电阻构成分压器，使同一电源能供给几种不同的电压。当负载的额定电压低于电源电压时，可用串联的办法来满足负载接入电源的需要。在电工测量中，应用串联电阻的分压，来扩大电压表测量的量程。

2. 电阻的并联

电阻的并联为几个电阻的首尾分别连接在电路中相同的两点之间的并联电路。

并联电路的特点如下。

◆各并联电阻的端电压相等，且等于电路两端的电压，即
$$U = U_1 = U_2 = U_3 = \cdots = U_n$$

◆并联电路中的总电流等于各电阻中流过的电流之和，即
$$I = I_1 + I_2 + I_3 + \cdots + I_n$$

◆并联电阻电路消耗的总功率等于各电阻上消耗的功率之和，即
$$P = P_1 + P_2 + \cdots + P_n = \frac{U^2}{R_1} + \frac{U^2}{R_2} + \cdots + \frac{U^2}{R_n}$$

可见，各并联电阻消耗的功率与其电阻值成反比。

◆并联电路的总电阻的倒数等于各并联电阻的倒数之和，即
$$\frac{1}{R} = \frac{1}{R_1} + \frac{1}{R_2}$$
$$R = \frac{R_1 R_2}{R_1 + R_2}$$

◆并联电路中，流过各电阻的电流与其电阻值成反比，阻值越大的电阻分到的电流越小，各支路的分流关系为
$$I_1 = \frac{R_2}{R_1 + R_2} I$$
$$I_2 = \frac{R_1}{R_1 + R_2} I$$

并联电路的实际应用有：①工作电压相同的负载，都是采用并连接法，如工厂中的各种电动机、电炉、电烙铁与各种照明灯都是采用并连接法，人们可以根据不同的需要起动或停止各支路的负载；②利用电阻的并联来降低电阻值，例如将两个 1000Ω 的电阻并联使用，其电阻值则为 500Ω。

在电工测量中，常用并联电阻的方法来扩大电流表量程。

3. 电阻的混联

电阻的混联就是在电路中有电阻串联和并联相结合的连接方式，一般是采用逐步化简的方法，将电路变为单一连接方式的电路，再进行计算。

六、磁场与电磁的概念

这一章的内容对于电工来说是相当重要的，但因这部分的内容比较抽象，这里就重点介绍一些重要的概念，希望大家能够理解这些概念的要点。

1. 磁场与电磁场

说起磁，我们都很熟悉，通常将能吸引铁、镍、钴的物体称为磁铁或磁体，如常见的磁铁、指南针等。磁体的两端有两个磁极，南极（S）与北极（N），并具有同性相斥、异性相吸的特点。磁体的这种作用力叫磁力，也就是磁场力，通常用磁力线来表达，并用它来表示磁场的强弱与方向。在磁体的外部，磁力线是从北极到南极的；而在磁体的内部，磁力线是从南极到北极的，这与电源的内部与外部电流的方向很相似。

但磁场并不是只有磁铁能产生，我们使用最多的是电磁场，因为有电就有磁，在通电导体的周围就有磁场的存在。用右手螺旋法则就能判别载流导体的磁场方向，它主要是判断通电直导体和螺旋管的磁场方向的。磁场的强度主要是以磁通与磁感应强度来表示。

2. 电磁感应

电磁感应是电工最重要的理论，就是我们常说的电能生磁与磁能生电的概念。电磁感应主要是从下面三种方式产生。

（1）使导体在磁场中切割磁力线。导线在外来力量下运动来切割磁力线，在导体中产生感应电动势。发电机就是在机械力的带动下旋转来切割磁力线，在绕组中产生感应电动势而发出电的，可用右手定则来进行判定。将右手伸直并四指与大拇指垂直，让磁力线垂直穿过掌心，使大拇指指向导体切割磁力线的运动方向，则其余四指为电流的方向。发电机就是根据这一原理工作的，所以又将右手定则称为发电机定则。

（2）使磁力线切割导体。说明是移动磁场的磁力线运动来切割导体，在导体中产生感应电动势，此感应电动势的磁场与移动磁场产生运动力，使导体受电磁力的作用而运动。可用左手定则来进行判定。将左手伸直并四指与大拇指垂直，让磁力线垂直穿过掌心，四指指向电流的方向，大拇指所指的为磁力线的运动方向。电动机就是根据这一原理工作的，所以又将左手定则称为电动机定则。

（3）使交变的磁场或磁通穿过线圈。根据楞次定律得知，穿过导体的磁通发生变化时，就会在导体中产生感应电动势，如是闭合的回路就会产生感应电流。变压器就是利用铁心中交变磁通的变化，而在绕组中产生感应电动势的原理工作的。

所以说要在导体或绕组中产生感应电动势，就必须要切割磁力线或有变化的磁通。如果没有切割磁力线或变化的磁通，就是有再强的磁场也是没有用的。

TIPS▶
与电磁感应相关的铁磁材料

铁磁材料分为软磁材料、硬磁材料及矩形材料3类。

（1）软磁材料其特点是磁导率高，易磁化也易退磁，常用来作为电动机和变压器的铁心。

（2）硬磁材料其特点是不易磁化，也不易退磁，常用来作磁铁、磁钢等。

（3）矩形材料其特点是在很小的外磁的作用下就会磁化，并能够保持磁化的状态，常用来作存储器。

电工接触得较多的是软磁材料，如果线圈是空心的，它的导磁率很低的，如果在线圈中放入了导磁率很高的铁心，其导磁率会提高几千倍，甚至上万倍。所以我们常见的变压器、电动机都是用了铁心的，但使用硅钢片铁心的电器只能用于低频率范围，使用铁氧体磁心的可用于中频或高频，空心的就可用于高频和甚高频。电工接触变压器和电动机较多，它们所用铁心的导磁率越高，那它们的体积就越小和效率就越高。

3. 自感与互感

（1）自感。自感是由流过线圈本身的电流发生变化而产生的电磁感应。自感而产生的电动势就叫自感电动势，自感电动势的方向与回路中电流的变化相反。自感电动势的应用如在日光灯电路中的镇流器，就是由于镇流器线圈中自身电流的变化而产生较高的自感电动势，来击穿日光灯管中的水银蒸汽产生紫外线来激发荧光粉而发光的。

（2）互感。互感是两个相邻的线圈之间的电磁感应，它们只有磁的联系而没有电的联系。如我们常用的变压器，在一次侧线圈中加上交流电，通过铁心中磁通的变化，在二次侧线圈中通过电磁感应就产生了电动势，这就是互感的。

互感产生的电动势与线圈的匝数成正比，电动势与电流成反比，并与互感系数或互感量有关。这在后面的变压器和电动机章节有解释。

第3节 单相交流电路

所谓交流电，就是指电压是随时间不断变化的。电压随时间按正弦规律变化的交流电，是工厂企业及日常生活中应用最为广泛的。正弦交流电的电压变换容易，输送和分配方便，其供电性能好，效率高；交流电器的结构简单、价格低廉、运行可靠、维修方便。所以，在工业中得到广泛的应用。另一种电流（或电压）是不随时间变化的电能叫直流电。

一、正弦交流电的基本概念

1. 正弦交流电的三要素

正弦交流电的最大值或幅值、角频率和初相位，称为正弦交流电的三要素。

2. 最大值、瞬时值、有效值

最大值是反映正弦量变化幅度的，又称幅值或峰值，规定用大写字母加下标 m 表示，即 E_m、I_m、U_m。

瞬时值是正弦量任一时刻的值，规定用小写字母表示，分别为 e、u、i。

而我们平常所说的电压高低、电流大小，用电器上的标称电压或电流，用万用表测量的电压或电流所指的都是有效值。有效值是由交流电在电路中做功的效果来定义的。叙述为：交流电流 i 通过电阻 R 在一个周期 T 内产生的热量与直流电流 I 通过 R 在时间 t 内产生的热量相等时，这个直流电流 I 的数值称为交流电流的有效值。正弦交流电的有效值分别以 E、U、I 表示。正弦交流电的波形如图 1-6 所示。

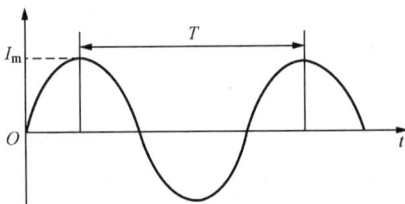

图 1-6　正弦交流电的波形

正弦交流电有效值与最大值的关系为

$$E = \frac{E_m}{\sqrt{2}}, \quad I = \frac{I_m}{\sqrt{2}}, \quad U = \frac{U_m}{\sqrt{2}}$$

即
$$E = 0.707 E_m,$$
$$I = 0.707 I_m,$$
$$U = 0.707 U_m$$

3. 周期、频率、角频率

反映交流电变化快慢的物理量是频率（或周期）。即交流电在 1s 内完成周期性变化的次数，叫做交流电的频率，用 f 表示，单位是 Hz。交流电完成一次周期性变化所需的时间，叫做交流电的周期，用 T 表示，单位是 s。它们是互为倒数的关系，周期和频率的关系为 $T = \dfrac{1}{f}$ 或 $f = \dfrac{1}{T}$。

目前我国工农业生产和生活用的交流电；周期是 0.02s，频率是 50Hz，电流方向每秒改变 100 次。世界各国电力系统的供电频率有 50Hz 和 60Hz 两种，这种频率称为工业频率，简称工频。不同技术领域中的频率要求是不一样的。

角频率用 ω 表示，角频率的单位是弧度/秒（rad/s），因为交流电每交变一周期，电角度就改变 2π 弧度，所需要的时间为 T，所以电角速度（角频率）与频率的关系为

$$\omega = \frac{2\pi}{T} = 2\pi f$$

周期、频率和角频率三者之间是互相联系的，如我国的电力系统交流电的频率是 50Hz，则周期 $T = \frac{1}{f} = 0.02$s，角频率 $\omega = 2\pi f = 314$rad/s（弧度/秒）。

4. 相位、初相位与相位差

一般正弦交流量的瞬时表达式为

$$e = E_{\mathrm{m}}\sin(\omega t + \varphi_{\mathrm{e}})$$
$$u = U_{\mathrm{m}}\sin(\omega t + \varphi_{\mathrm{u}})$$
$$i = I_{\mathrm{m}}\sin(\omega t + \varphi_{\mathrm{i}})$$

其中，$(\omega t + \varphi)$ 叫做正弦量的相位（相位角），如图 1-7 所示。φ 称为正弦量的初相角，它是 $t = 0$ 时的相位角，简称初相。

同频率正弦量的相位之差称为相位差，用 $\Delta\varphi$ 表示，$\Delta\varphi = \varphi_{\mathrm{u}} - \varphi_{\mathrm{i}}$。

正弦交流电的表示方法有解析法、相量法、正弦曲线法和矢量法。它们能表现出正弦交流电的瞬时值随时间的变化规律。

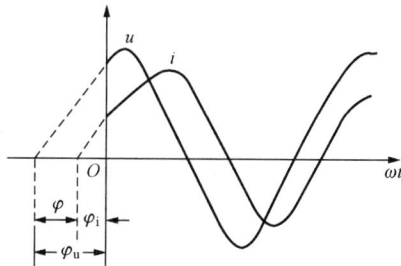

图 1-7 相位角

二、单一元件的正弦交流电路

在交流电路中为了分析的方便，可将电路分为纯电阻电路、纯电感电路、纯电容电路 3 种。

1. 纯电阻电路

在纯电阻电路中通过电阻 R 的电流和电压的相位相同，电流和电压是同相位的。所以，电流、电压、功率的计算可用欧姆定律和电功率公式来计

算，即

$$I = \frac{U}{R}$$

$$P = UI = I^2R = \frac{U^2}{R}$$

所以，纯电阻电路的功率因素 $\cos\varphi$ 等于1，功率因素角为 $0°$，它只吸收有功功率，而不吸收无功功率。

2. 纯电感电路

在纯电感电路中，因当交流电通过线圈时，在线圈中会产生自感电动势。根据电磁感应定律，自感电动势总是阻碍电路内电流的变化，形成对电流的阻力作用，这种阻力称为电感电抗，简称感抗，用符号 X_L 表示，单位也是欧姆，有

$$X_L = \omega L = 2\pi f L$$

这说明在交流电路中，感抗与频率成正比，感抗具有通直隔交的特性；就是交流电的频率越高，就越不容易通过；频率越低，就越容易通过，对直流就相当于通路。在交流电路中，纯电感电路它不消耗能量，而只与电源进行能量的交换。

所以，纯电感电路的功率因素 $\cos\varphi$ 等于0，功率因素角为 $90°$，它只吸收无功功率，而不吸收有功功率。在纯电感电路中，其电压的相位总是超前电流的相位 $90°$。

3. 纯电容电路

电容有储存电荷的能力，当电容器的两端接上交流电时，它就会有充放电的过程，在外电压比它高时，它就会储存电能；在外电压比它低时，它就会释放电能。在充电和放电时，电路中就形成了电流。但是电容器储存电荷的能力不是无限制的，在积有电荷或积满了电荷时，就对电流表现有一种抗拒作用，这种抗拒作用称为电容电抗，简称容抗。用符号 X_C 表示，单位也是欧姆，有

$$X_C = \frac{1}{\omega C} \frac{1}{2\pi f C}$$

这说明在交流电路中，容抗与频率成反比，容抗具有通交隔直的特性；就是交流电的频率越高，就越容易通过；频率越低，就越不容易通过。在交流电路中，纯电容电路它不消耗能量，而只与电源进行能量的交换。

所以，纯电容电路的功率因素 $\cos\varphi$ 等于0，功率因素角为 $90°$，它只吸收无功功率，而不吸收有功功率。在纯电容电路中，其电流的相位总是超前电压的相位 $90°$。

三、简单的正弦交流电路

在实际的工作中，纯电阻、纯电容和纯电感的电路并不多见，如日光灯、电动机的负荷中，不仅有电感还有电阻。下面就分析一下电阻与电感的串联电路和有电容的并联电路。首先，我们来解释一下视在功率、有功功率和无功功率的概念。

（1）视在功率（S）：在交流电路中，电流和电压有效值的乘积叫做视在功率，即 $S = IU$。它可用来表示用电器本身所容许的最大功率（即容量）。视在功率的单位为伏安（VA）或千伏安（kVA）。

（2）有功功率（P）：电路中实际消耗的功率。有功功率的单位为瓦（W）或千瓦（kW）。

（3）无功功率（Q）：在交流电路中，电流、电压的有效值与它们的相位差 φ 的正弦的乘积叫做无功功率，即 $Q = IU\sin\varphi$。它和电路中实际消耗的功率无关，而只表示电容元件、电感元件和电源之间能量交换的规模。无功功率的单位为乏（var）或千乏（kVar）。

有功功率，无功功率和视在功率之间的关系，可以用"功率三角形"来表示，如图 1-8 所示。

1. 电阻与电感的串联电路

在日光灯的电路中，用交流电压表测量灯管和镇流器两端的电压，并将这两个电压相加后。这时，就会发现相加后的电压竟会大于电源的电压。

这是因为灯管是电阻性的，镇流器是电感性的，虽然是同一个电流流过电阻和电感，但是它们各自产生的电压降 U_R 和 U_L 的相位是不同的。电路中的电流与电阻的电压是同相位，但电路中的电流与电感的电压滞后 90°，可用三角形的勾股定律进行计算。

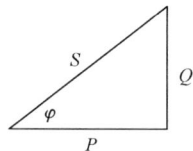

图 1-8 功率三角形

在 R、L 串联交流电路中，只有 R 是耗能元件，故电路的有功功率为

$$P = UI\cos\varphi$$

无功功率为

$$Q_L = UI\sin\varphi$$

视在功率为

$$S = UI = \sqrt{P^2 + Q^2}$$

在进行功率的计算时，只有有功功率才可以直接进行相加，其他的都不能够直接进行相加。

2. RLC 电路

如果 $X_L > X_C$，即 $\varphi > 0$，则电路是电感性的。

如果 $X_L < X_C$，即 $\varphi < 0$，则电路是电容性的。

如果 $X_L = X_C$，即 $\varphi = 0$，则电路是电阻性的。

TIPS▶
提高功率因数的意义

供电部门对用户负载的功率因数是有要求的，100kVA 及以上高压供电的用户功率因素为 0.9 以上。其他电力用户和大、中型电力排灌站、趸购转转售电企业，功率因素为 0.85 以上。农业用电功率因素为 0.8，如某供电变压器容量为 100kVA，如果负载的功率因数只有 0.5，则变压器可以输出的有功功率只有 50kW，其他的容量为电源与负载间的无功互换占有了。如果负载的功率因数为 1，则变压器可以输出的有功功率就为 100kW。所以，负载的功率因数越低，供电变压器输出的有功功率就越小，设备的利用率就越不充分，经济损失就越严重。

功率因数的提高，意味着电网内的发电设备得到了充分利用，提高了发电机输出的有功功率和输电线上有功电能的输送量。一般工矿企业大多数为感性负载，感性负载需并联容性元件去补偿其无功功率，工矿企业常在变配电室中安装电容器来统一调节。

第 4 节 三 相 交 流 电 路

在工农业的生产和生活中，应用最广泛的是三相交流电，三相交流电是由三相交流发电机发出来，采用的是三相输电系统输送给用户。三相交流电具有输送方便、构造简单，造价低廉，维护简便等优点，与单相交流电相比，其具有利用率高、省材料、体积小、容量大、电压波动小等特点，因而得到了广泛的应用。

三相交流电是由三相交流发电机产生的。三相交流电是由 3 个最大值相等、频率相同，而相位互差 120°的 3 个正弦电动势组成，每一个电动势组成的那部分电路叫做一"相"。图 1-9 所示为三相交流电的波形图和相量图。

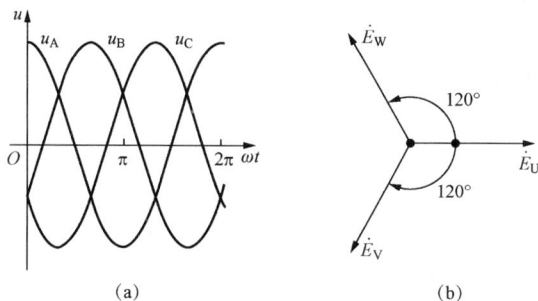

图 1-9　三相对称电动势的波形图和相量图

（a）波形图；（b）相量图

三相交流电动势的解析式表示为

$$e_{U} = U_{m}\sin\omega t$$

$$e_{V} = U_{m}\sin(\omega t - 120°)$$

$$e_{W} = U_{m}\sin(\omega t + 120°)$$

在实际的工作中，我们常用 U、V、W 的次序来表示三相电动势的顺相序，所谓三相电动势的相序是指三相电动势，在 t_0 时三相电动势通过最大值或零值的先后顺序。就是 U 相比 V 相的电动势超前 120°；V 相比 W 相的电动势超前 120°；W 相比 U 相的电动势超前 120°。在实际的应用中，如果将那一相定为 U 相，那比 U 相滞后的就分别是 V 相与 W 相了，这就是三相电动势的顺相序。在实际的作用中，通常将三相电动势用颜色来表示，用黄色表示 U相；用绿色表示 V 相；用红色表示 W 相。也有将三相电动势的顺相序，称为A、B、C 三相的。

一、三相电源的星形（Y）连接

将发电机三相绕组的末端（U2、V2、W2）连接在一起，而把三相绕组的始端（U1、V1、W1）分别引出导线，这种连接方式称为三相电源的星形连接，如图 1-10 所示。3 个线圈的末端连接点称为中性点，由中性点引出的导线叫"中性线"，将中性点接地后，由中性点引出的导线就叫做"零线"（就是我们常叫的"地线"）。由三相绕组的始端（U1、V1、W1）分别引出三根导线叫做"相线"（俗称"火线"）常用 L1、L2、L3 表示。导线上可涂以黄、绿、红、淡蓝颜色标记以区分。

由相量图上可知，线电压与相电压都是对称的，线电压在相位上比相应的相电压超前 30°。

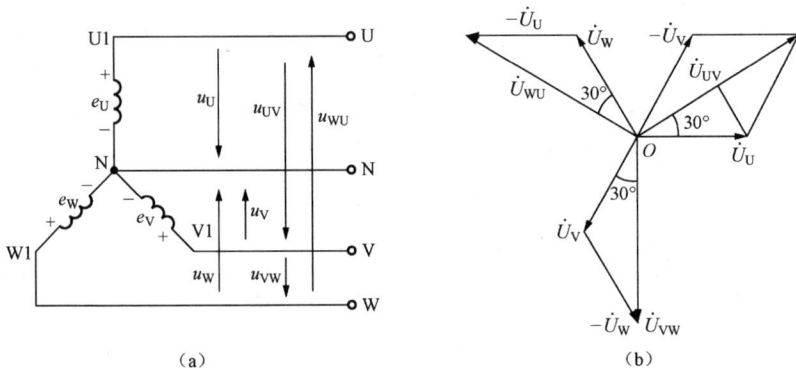

图 1-10　三相电源的星形连接

(a) 接法；(b) 相量图

三相四线制供电系统可输送两种电压：一种是相线与中线之间的电压，称为相电压，用 U_U、U_V、U_W 表示。另一种是相线与相线之间的电压，称为线电压，用 U_{UV}、U_{VW}、U_{WU} 表示。由三条相线和一条中线构成的供电系统称为三相四线制供电系统。通常低压供电网都是采用三相四线制。

电源的星形连接的低压供电系统的相电压是 220V，线电压是 380V。电气设备上标明的额定电压都是指的线电压。

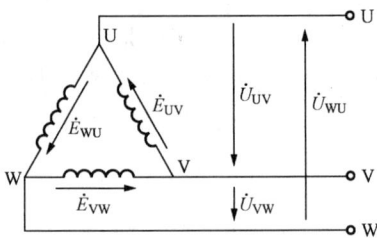

图 1-11　三相电源的三角形连接

二、三相电源的三角形（△）连接

发电机的三相绕组，将一相绕组的末端和相邻一相绕组的始端按顺序连接起来，形成一个三角形回路，再从 3 个连接点引出 3 根导线，这种连接方式称为三相电源的三角形连接，如图 1-11 所示。

三相电源的三角形（△）连接只能输出线电压 380V。

> 三相电源有接成星形的，也有接成三角形的。但如果是用于三相四线制供电系统，那电源只能接成星形的，这样才能提供二种电压。

三、三相负载的星形（Y）连接

三相交流电路中，负载的连接方式也有星形连接和三角形连接两种。三相负载的星形连接如图 1-12 所示。

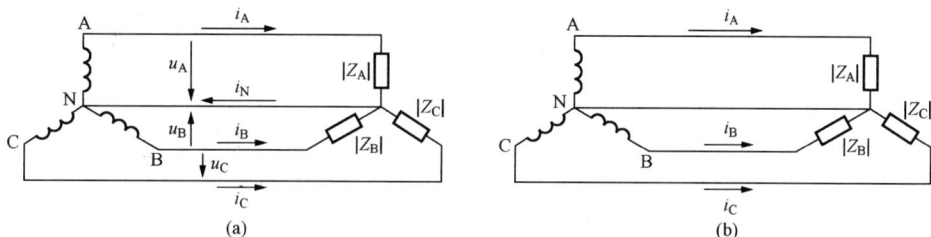

图 1-12　三相负载的星形连接

（a）三相四线制；（b）三相三线制

采用星形连接的三相负载，在负载对称的条件下，线电压是相电压的 $\sqrt{3}$ 倍，且超前于相应的相电压 30°，有

$$线电压＝\sqrt{3}相电压 \qquad 线电流＝相电流$$

在负载对称条件下，由于中性线中无电流，故可将中线除去，而成为三相三线制电路系统。工业生产上所用的三相负载（比如三相电动机、三相电炉等）通常情况下都是对称的，可用三相三线制电路供电。但是，如果三相负载不对称时，中性线中就会有电流通过，此时中性线不能除去，否则会造成负载上三相电压严重不对称，使用电设备不能正常工作。

三相四线制供电系统中，除了三相对称负载外，还有单相的负载（如照明、单相电动机等），在实际的使用中负载不可能对称，各相的电流就会不一样，这时就需要中性线作为各相的公共回路线，这时中性线上就会有电流。中性线的作用是保持各相负载上的相电压基本对称。

所以，在三相四线制供电系统中，中性线的作用是很重要的。中性线在实际的使用中是进行接地的，这时的中性线就是零线了。零线上是不允许安装熔断器和开关的，为了安全和可靠，在负载处还将进行零线的重复接地。

四、三相负载的三角形（△）连接

如果将三相负载的首尾端顺序地相连接，再将负载三个连接点与三相电源端线的 U、V、W 连接，就构成了三相负载的三角形连接，如图 1-13 所示。三相负载的三角形连接一般是用于三相负载对称的电路中。

由于各相负载都是直接连接在电源的线电压上，对于三相负载的三角形连接，有

$$线电压＝相电压$$

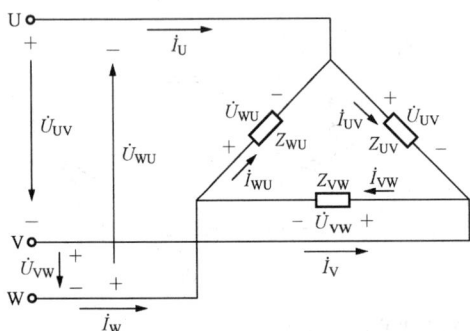

图 1-13 三相负载的三角形连接

线电流 $=\sqrt{3}$ 相电流

五、三相交流电路的功率

在三相交流电路中，三相电路总的有功功率等于各相有功功率之和，即

$$P = P_U + P_V + P_W$$

无论负载是星形连接还是三角形连接，三相电路总的有功功率均为

$$P = \sqrt{3}U_L I_L \cos\varphi$$

式中　P——有功功率；

　　　U_L——线电压；

　　　I_L——线电流；

　　　$\cos\varphi$——功率因数。

这里要注意的是，在三相交流电路中，负载消耗的功率有三种形式，分别为有功功率 P、无功功率 Q、视在功率 S。视在功率 S 内包含了有功功率 P 和无功功率 Q。但是只有有功功率 P，是可以直接进行相加的，其他的功率是不能互相之间直接相加的。这一点在实际的使用和计算时，要加以注意。

三相对称负载的无功功率 Q 的计算公式为

$$Q = U_L I_L \sin\varphi$$

三相对称负载的视在功率 S 的计算公式为

$$S = \sqrt{P^2 + Q^2} = \sqrt{3}U_L I_L$$

通过上述的计算表明，我们在进行负载的连接时，一定要注意负载的实际使用电压。在电源电压不变的情况下，同一负载作星形连接或三角形连接时，负载所消耗的功率是不同的。星形连接的负载错接成三角形连接时的电流是星形连接时的三倍，三角形连接的负载错接成星形连接时的电流是三角形连接时的 1/3 倍。我们在实际使用的工作中，若要使负载能够正常地工作，负载的接法就必须正确。如果将正常工作为星形连接的负载误接成三角形，则会因功率过大而烧毁负载；如果将正常工作为三角形连接的负载误接成星形时，则会因功率过小而不能使负载正常工作，严重时也将烧毁负载。

在实际的使用中一定要记住：在三相交流电路中，电路的连接只有星形连接和三角形连接二种连接方法；就与直流电路或单相电路中，只有串联连接和并联连接二种连接方法是一样的。

第5节　电力拖动知识

随着社会的进步和发展，电能成了我们工农业生产和日常生活中必不可少的能源，与人们的生活息息相关。由于电能具有输送快捷，分配简单、使用方便，转换容易，易于控制等特点，在实际的工农业生产中已被大量地使用。对于电力的控制也是在不断地在进步和完善，特别是对于工业自动化的控制系统，生产的规模化、电气化的要求越来越高，生产过程的电气控制将更加普遍和完善。从最原始的控制，发展到现代的数字化和程序化的控制。

在这里简单地介绍一下电力拖动，电气控制与电力拖动有着密切的关系，电力拖动的发展推动了电气控制的进步。

由电动机通过传动装置来驱动生产机械的传动机构叫电力拖动。电力拖动装置包括3个主要环节。

（1）电动机：电力拖动的动力能源。

（2）电气控制设备：由各种电器组成的控制电动机运转的设备。

（3）传动机构：连接电动机和工作机构的装置。如齿轮、涡轮、塔轮、皮带轮、皮带、联轴节等。

一、电力拖动的发展过程

1. 单台电动机成组拖动

在电动机面世后的相当一段时间里，因电动机价格较高并比较稀缺，机械的传动刚刚起步，加上三相电力网的不普及等多方面的原因，电动机的动力传输，还是采用相当落后的皮带传动轴的形式。

一台电动机经天轴（或地轴）由皮带传动驱动若干台机床工作，这就是电动机与机械传动的最原始的传动方式。由于这种方式存在有传动线路长、效率低、结构复杂等缺点，随着科学技术的发展和进步，这种方式逐渐被淘汰。

笔者小时候在木器加工厂就见过这种皮带传动轴的传动方式，在一个很大的房子里面，用一台电动机来带动多根空中横梁上的天轴和地沟内的传动轴，每一根传动轴上有几个皮带轮，再用皮带将滑轮和各台机器连接起来。每一个加工台上的动力都是通过转轴、皮带轮、皮带等再经过地沟或空间的连接将动力传递到每一个加工点上，用的时候将皮带和皮带轮靠上，不用时将皮带和皮带轮脱离。电动机的闸刀开关合上以后，整个大房子里面是机声隆隆，皮带飞舞，那个场面真的是相当的壮观和振奋，这种情景一辈子都忘记不了。这种传动的方式很不安全，地沟里和上空到处都是旋转的皮带和皮带轮，一般人只有在电动机停止以后才敢进去，生怕被飞舞的皮带打到了，传动轴与皮带大部分都是裸露的，没有防护罩等保护装置，每台加工机械动力的传输，都是用手杆拨叉来将皮带与滑轮的套入和拔出，运行时噪声也很大，所需的空间也比较大。

2. 单电动机拖动

一台电动机拖动一台机床，这比上面的天轴（或地轴）的传动要先进很多了。由单电动机组成拖动的系统，大大地简化了传动机构，缩短了传动线路，提高了传动的效率。但这种单电动机拖动，也有它的缺点，如有几个加工部件时，就要用皮带或齿轮来进行传动，增加了机械的复杂程度，这在单项加工设备应用较多，至今中小型通用机床仍有采用单电机拖动的。

3. 多台电动机拖动

由于工业生产对动力的需求，随着机床加工自动化程度的提高和重型加工机床的发展，机床加工时的运动部件不断地增多，对电气设备控制要求的提高，出现了采用多台电动机驱动一台机床乃至十余台电动机拖动一台重型机床的拖动方式，如车、铣、磨床等，这样可以简化机床的动力传动机构，易于实现各工作部件运动的自动化。

4. 交、直流无级调速

由于电气无级调速具有可灵活选择最佳切削用量和简化机械传动结构等优点，20 世纪 30 年代出现的交流电动机—直流电动机—直流电动机无级调速系统，至今还在重型机床上有所应用，如龙门刨床、起重机、塔吊。

二、电气控制的发展过程

电力拖动系统由最初的电动机集中拖动，到一台电动机要拖动多台设备，到现在的多台电动机拖动，这大大地简化了生产机械的结构。电力拖动系统的这些进步，必然也对电气控制系统提出了更高的要求，由于电气设备的功能不断扩展，对电气控制系统的要求也不断提高，因此，随着生产力的发展，电气设备的更新换代，电气控制技术也经历了一次又一次革命，电气控制技术经历了从手动控制到自动控制的发展过程。

上面我们讲了电气拖动系统随电动机的发展而发展，电气的控制也在不断地发展和更新换代。20世纪二三十年代，人们开始使用刀闸开关来对电动机进行直接控制。直接控制的确有它的优点，如电路简单、价格低廉、安装方便、操作容易等。它是电气控制中最原始和最简单的控制，现在一些地方对电动机控制，还是采用的直接控制。

随着社会的发展和科学的进步，现在对电气控制的要求是越来越高，如远距离控制、大功率控制、异地控制、自动化的控制、较高频率的频繁控制等。加上对电气设备的各种保护，如失压保护、欠压保护、过载保护等。这靠简单的手动电气控制是根本做不到的。

这就产生了第二代的电气控制方式—继电器—接触器电气控制—它是用按钮、主令开关、继电器、接触器等电器组成，继电器—接触器控制装置对电动机进行控制。它的出现解决了远距离控制、大功率控制、异地控制、自动化的控制、较高频率的频繁控制的问题，继电器—接触器控制技术以它的优势一直沿用到今天。现在大部分的电气控制，还是采用继电器—接触器控制技术，就是后来的数控技术、可编程控制器、计算机控制还是需要继电—接触控制技术来进行辅助的。但继电器—接触器电气控制也有它的缺点：如体积较大、重量重、功耗大、噪声大、操作频率有限、变动程序不方便等。

因此，我们广大的电工初学者，也要改变控制观念，从原来的直接控制模式，适应现在的间接控制模式。间接控制就是：我们先控制接触器线圈→线圈得电衔铁吸合→接触器的触头动作后→再去控制其他的电器。

电气线路的连接技术和电气设备的维修技术是本书的重点内容，这部分的知识有理论的知识和实际操作的知识，是要花相当的时间和精力来进行学习的，在学习和操作的过程中一定要去理解，而不是照样做几遍就算完成了。这对今后的技术提高是起着关键性作用的，因技术的提高就像是一个个台阶上去的，中间有一个台阶的基础没有牢固，就会影响到后面的技术学习。

三、无触点技术与程序控制

20世纪50年代出现了半导体逻辑元件和晶闸管（可控硅）。可控硅为无触点元件，它改变了有触点电路的触点寿命短、可靠性差、有干扰和有噪声的缺点，特别是通断的速度上有了很大的提高，并能完成各种逻辑及顺序控制的要求。它的缺点是：过压和过流能力较差，哪怕是极短时间的过压或过流都极易造成损坏。

20世纪60年代出现了可编程序控制器（PLC）。PLC的内部有寄存器、定时器、计数器等器件，它就相当于继电器—接触器控制方式中的各类继电器（中间继电器、时间继电器），PLC 的"软继电器"在数量上可以达到数百个，而且是无触点的，并且可以无限次地使用，但注意"软继电器"并不是真实的继电器，而是内部的程序，这一点是有触点继电器无法比拟的。PLC 另一特点为当生产的过程改变或某些顺序变动时，它不需要改变电气线路的接线，而只要修改 PLC 内的编程程序即可，在极短的时间里就可以完成，这一功能是继电器—接触器控制无法做到的。

按现在实际使用的情况来看，固定程序的控制还是以继电器—接触器控制装置为主，经常变化程序和复杂程序控制是 PLC 的使用量大一些而已。为了今后的技术发展，我们还是要先学习好继电器—接触器控制的原理，只有打好了基础才能有更好的发展，就是今后的程序控制、数字控制，也是离不开对继电器—接触器控制的原理的。按现在的发展来讲，这两种控制方式都在大量的使用，它们不可能互相取代，只能是取长补短、相互并存。

继电器—接触器控制和可编程序控制器（PLC）控制是现代电气控制两种主要的控制方式。但继电器—接触器控制的原理，是可编程序控制器（PLC）的基础，换句话说只有先学会继电器—接触器控制的原理，才能更好地理解和学习可编程序控制器（PLC）的知识，所以必须先要学好继电器—接触器控制的相关的知识。

但随着科学技术的不断发展，特别是计算机技术的发展，电气控制技术出现了革命性重大进步，数控技术、可编程控制器、计算机控制已开始广泛应用到了电气设备控制的系统中。这就是电气控制的三步曲，手动控制→继电接触控制→程序控制。

第6节 电工安全知识

电工的安全知识，是为了保证电气设备的正常运行与人身安全，而制定的各项规章和制度。国家关于安全的《工厂企业电工安全规程》、《电业安全工作规程》、《施工现场临时用电安全技术规范》、《爆炸危险场所电气安全规程》等，都对电工的各种操作做了详细的规定。在此将一些常用的安全知识摘录下来，便于电工新手的学习。

电气工作人员必须具备下列条件。

（1）经医师鉴定，无妨碍工作的病症（体格检查约两年一次）。

（2）具备必需的电气知识，且按其职务和工作性质，熟悉《电业安全工作规程》（发电厂和变电所电气部分、电力线路部分、热力和机械部分）的相关部分，并经考试合格。

（3）学会紧急救护法，特别要学会触电急救。

一、电气事故

电气事故一般可分为五类：①触电事故；②雷电事故；③静电事故；④电磁场伤害事故；⑤电路故障事故。

触电一般是指人体触及带电体时，电流对人体所造成的伤害。电流对人体有两种类型的伤害，即电击和电伤。

电击是指电流通过人体内部，破坏人的心脏、肺部及神经系统的正常工作，乃至危及人的生命。电击分为直接电击和间接电击。

电伤是指由电流的热效应、化学效应或机械效应对人体外部造成的局部伤害。

触电事故的原因有缺少电气安全知识、违反操作规程、设备不合格、维修不善、偶然因素等。电气事故的多发部位即"事故点"的位置常常发生在电气连接部位，各类接头如绞接头、压接头、焊接头，各种开关、插座处等。

电流通过人体内部，对人体伤害的严重程度与电流通过人体电流的大小、电流通过人体的持续时间、电流通过人体的途径、电流的种类以及人体的状况等多种因素有关，而且各因素之间，特别是电流大小与通电时间之间有着十分密切的关系。不同大小电流流过人体时的反应如图 1-14 所示。电流通过人体时，最危险的两种触电形式如图 1-15 所示。

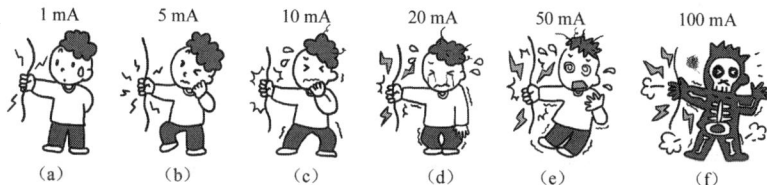

图 1-14　不同大小电流流过人体时的反应（交流）

(a) 1mA 能使人感觉到；(b) 5mA 有痛感；(c) 10mA 无法自主摆脱，剧痛；

(d) 20mA 身体麻痹，呼吸困难；(e) 50mA 呼吸困难，心房震颤；

(f) 100mA 呼吸麻痹，3s 内心脏停止跳动，危及生命

对于工频交流电，按照通过人体电流的大小不同，人体呈现不同的状态，可将电流划分为以下 3 级。

（1）感知电流。引起感觉的最小电流称为感知电流，成年男性约为

(a)　　　　　　(b)

图 1-15　最危险的两种触电形式

（a）从双手途径的两相触电；（b）从左手到
前胸途径的触电

1.1mA，成年女性约为 0.7mA。

（2）摆脱电流。电流超过感知电流时，发热、刺痛的感觉增强，人能够自主摆脱电源的最大电流。男性摆脱电流为 9mA，女性摆脱电流为 6mA。

（3）致命电流。在较短时间内危及生命的电流称为致命电流。伤害的程度与电流的途径有关，从左手到前胸的途径最危险，因其途经心脏且途径最短。伤害的程度与电流的种类有关，25～300Hz 的交流电对人体的伤害最严重。伤害的程度与人体的状况有关，女性比男性敏感；小孩遭受电击较成人危险；并与体重等因素有关。伤害的程度与人体的电阻有很大的关系，因人体是复杂的有机体，其电阻与人的体质、皮肤的潮湿程度、触电电压高低、年龄、性别、乃至工种职业都有关系。

TIPS▶ 电磁场对人体的伤害

电磁场对人体的伤害主要是由电磁能量转化的热能引起的。由于热量使人体的一些器官的功能受到不同程度的伤害。电磁场的防护措施有：采取屏蔽措施将电磁能量限制在一定的范围内，屏蔽体的边角要圆滑，避免尖端效应。工作人员应穿特制的金属服、戴特制的金属头盔和使用特制的金属眼镜等。高频接地体宜采用铜材制成，高频接地装置的接地线不宜太长，应限制在 1/4 波长内。

二、触电急救

国家规定所有电力行业的从业人员都必须具备触电急救的知识和能力，规定触电急救是电工除思想政治、业务技术、身体健康等必备条件以外的第 4 种必备条件。有资料表明，从触电后 1 分钟开始急救 90% 有良好的效果，从触电后 6 分钟开始急救 10% 有良好的效果，拖得时间越久，救活的可能性就越小。可见在现场急救时时间的重要性。

当发生人身触电事故时，应立即切断电源，尽快地使触电者脱离电源，低压电源的脱离方法有拉、切、挑、拽、垫等措施，同时要做好防止人员摔伤的安全措施。如果事故发生在夜间，应准备好临时照明工具。如果是高压触电，要立即通知供电部门拉闸停电，或抛短路线迫使保护设施动作断电。

当触电者脱离电源后，将触电者移至通风干燥的地方，再根据触电者的具体情况而采取相应的急救措施。触电程度轻重的判断如下：①程度较轻，主要体征为四肢发麻、神志清醒；②程度较重，主要体征为昏迷不醒，但尚有呼吸和脉搏；③程度严重，主要体征为呼吸停止，脉搏消失。

对于呼吸停止而有心跳的触电者，应采用口对口（鼻）人工呼吸法进行抢救。具体方法是：先使触电者头偏向一侧，清除口中的血块、痰液或口沫，取出口中假牙等杂物，以免堵塞呼吸道。让触电者头向后仰，急救者深深吸气，捏紧触电者的鼻子（或口），紧贴触电者口（或鼻）向内吹气，为时约 2s。然后放松鼻子（或口），使之自行呼气，为时约 3s，每分钟 12 次。触电者如是儿童，只可小口吹气，以免将肺泡吹裂。

口对口（鼻）人工呼吸法的操作方法如图 1-16 所示。

图 1-16　口对口（鼻）人工呼吸法的操作方法
（a）捏紧触电者鼻子，贴嘴吹气；（b）离开嘴让其自主呼气

对有呼吸而心跳已停的触电者，应采用胸外心脏按压法进行抢救。先伸触电者头部后仰，急救者骑跨在触电者臀部位置，右手掌根放在触电者的心胸上方，左手掌压在右手掌上，向下挤压 3~4cm。挤压后掌根迅速放松，每秒钟挤压 1 次，每分钟 80 次为宜。对儿童进行抢救时，应适当减小按压力度。

胸外心脏按压法的操作方法如图 1-17 所示。

对于呼吸与心跳都停止的触电者的急救，应该同时采用"口对口（鼻）人工呼吸法"和"胸外心脏按压法"。两种方法要交替进行，每吹气 2~3 次，再挤压 10~15 次，如此交替进行，如图 1-18 所示。抢救要坚持不中断，运送

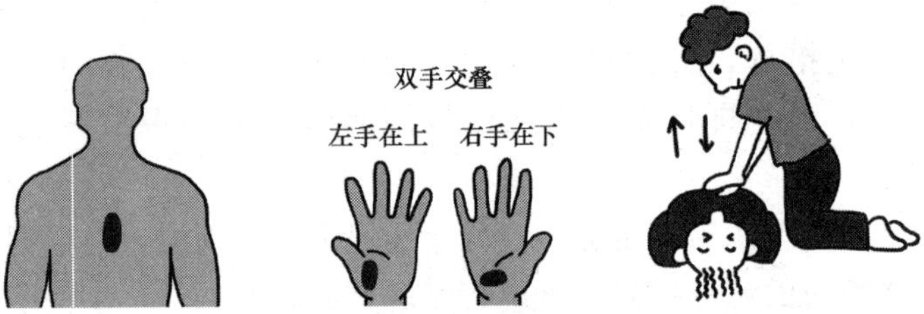

图 1-17　胸外心脏按压法的操作方法
(a) 按压位置；(b) 手掌部位；(c) 向下按下后迅速放松

图 1-18　两种方法交替进行

到医院的途中也不能中止抢救，不可放弃一丝希望。即使触电者全身僵冷甚至身上出现尸斑，也要等医生诊断后方可停止抢救。

三、保证安全的措施

按照《电业安全工作规程》和《工厂企业电工安全工作规程》的要求，保证电气工作的安全措施可分为组织措施和技术措施两个方面。

1. 保证安全的组织措施

在电气设备上工作，保证安全的组织措施为：认真实行工作票制度；工作许可制度；工作监护制度及工作间断、转移和终结制度这 4 项制度。

在电气设备上工作，应填用工作票或按命令执行，其方式有下列 3 种。

(1) 第一种工作票。填用第一种工作票的工作为：高压设备上工作需要全部停电或部分停电的；高压室内的二次接线和照明回路上的工作，需要将高压设备停电或做安全措施的。

(2) 第二种工作票。填用第二种工作票的工作为：带电作业和在带电设备外壳上的工作；控制盘和低压配电盘、配电箱、电源干线上的工作；二次线路回路上的工作，无须将高压设备停电者；转动中的发电机、同期调相机的励磁回路或高压电动机转子电阻回路上的工作；非当值人员用绝缘棒和电压互感器定相或用钳形电流表测量高压回路的电流。

(3) 口头或电话命令。

工作班成员的安全责任

　　工作班成员安全责任为认真执行安全工作规程和现场安全措施，互相关心施工安全，并监督安全工作规程和现场安全措施的实施。

　　全部工作完毕后，工作班应清扫、整理现场。工作负责人应先周密检查，待全体工作人员撤离工作地点后，再向值班人员讲清所修的项目、发现的问题、试验的结果和存在的问题等，并与值班人员共同检查设备状态，有无遗留物件，是否清洁等，然后在工作票上填明工作终结时间，经双方签名后，工作票方告终结。

　　只有在同一停电系统的所有工作票结束，拆除所有接地线，临时遮栏和标示牌，恢复常设遮栏，并得到值班调度员或值班负责人的许可命令后，方可合闸送电。

2. 保证安全的技术措施

　　在全部停电或部分停电的电气设备上工作，必须先完成停电、验电、装设标示牌和装设接地线这一系列措施。

　　下列各项工作可以不用操作票：①事故处理；②拉合断路器（开关）的单一操作；③拉开接地刀闸或拆除全厂（所）仅有的一组接地线。

　　在高压设备上工作，必须遵守下列各项：①填用工作票或口头、电话命令；②至少应有两人在一起工作；③完成工作人员安全的组织措施和技术措施。

　　巡视高压设备时，不得进行其他的工作，不得移开或越过遮栏。雷雨天气，需要巡视室外高压设备时，应穿绝缘靴，并不得靠近避雷器和避雷针。高压设备发生接地时，室内不得接近故障点 4m 以内，室外不得接近故障点 8m 以内。进入上述范围人员必须穿绝缘靴，接触设备的外壳和架构时，应戴绝缘手套。高压验电必须戴绝缘手套。装卸高压可熔保险器，应戴护目眼镜和绝缘手套，必须使用绝缘夹钳，并站在绝缘垫或绝缘台上。

　　将检修设备停电，必须把各方面的电源完全断开（任何运用中的星形接线设备的中性点，必须视为带电设备）。禁止在只经开关断开电源的设备上工作。必须拉开刀闸，使各方面至少有一个明显的断开点。与停电设备有关的变压器和电压互感器，必须从高、低压两侧断开，防止向停电检修设备反送电。断开开关和刀闸的操作把手必须锁住。

　　标示牌示例如图 1-19 所示。

图 1-19　标示牌示例

　　配电装置单列布置时安全通道不小于 1.5m，配电装置双列布置时安全通道不小于 2m，低压配电装置背面通道，宽度一般不应小于 1m，有困难时可减为 0.8m，通道内高度不低于 2.3m，维护通道不小于 0.8m。变配电室要做到五防一通。五防是防火、防水、防漏、防雨雪、防小动物；一通是保持通风良好。动力盘、配电箱、开关、变压器等各种电气设备附近，不准堆放各种易燃、易爆、潮湿和其他影响操作的物件。在配电总盘及母线上进行工作时，在验明无电后应挂临时接地线，装拆接地线都必须由值班电工进行。由专门检修人员修理电气设备或其带动的机械部分时，值班电工要进行登记，并注明停电时间。完工后要作好交代并共同检查，然后方可送电，并登记送电时间。值班电工必须具备必要的电工知识，熟悉安全操作规程，熟悉供电系统和配电室各种设备的性能和操作方法，并具备在异常情况下采取措施的能力。

　　自备电压为 230/400V 发电机组，发电机组电源应与外电源联锁，严禁并列运行。发电机组应采用三相四线制中性点直接接地系统，并须独立设置，其接地电阻值应符合要求。发电机组应设短路保护和过负荷保护。发电机控制屏宜安装下列仪表：交流电压表、交流电流表、有功功率表、电能表、功率因素表、频率表、直流电流表。

　　用熔断器对电力电容器保护时，熔丝额定电流不应大于电容器额定电流的 1.2～1.3 倍。高压电容器用电压互感器作为放电负荷，低压电容器用灯泡或电动机作为放电负荷。放电电阻不宜太大，电阻大小宜满足经过 30s 放电后，电容器两端残留电压不超过 65V 的要求。电容器在运行中，电流不应超过额定值的 1.3 倍，电压不应超过额定值的 1.1 倍，外壳温度不应超过 65℃，周围环境温度不应超过 35℃。当发现电容器外壳膨胀，漏油严重或有异常响声时，应停止使用防止爆炸。如果三相电流出现严重的不平衡，也应该停止运行。在电容器组回路上工作时，必须将电容器逐个放电后并接地。

四、电力系统与接地

我们把发电厂、电力网和用户组成的统一整体称为电力系统。把连接发电厂和用户的输配电线路、变电站、配电所的环节称为电力网。电网可分为直流电网、单相电网和三相电网，单相和三相电网又可分为接地或不接地两种电网。低压电网的标准额定线电压，按国家规定可分为127V、220V、380V三种。

电气设备分为高压和低压两种：设备对地电压在250V以上者为高压；设备对地电压在250V及以下者为低压。

我国的绝大部分地区都是使用的接地电网，电力系统按接地分为TT系统和TN系统，TT系统的第一个T是指电源端中性点直接接地，第二个T是指所有负载的外露金属部分对地直接连接，但与电力系统的任何接地点无关。TN系统的第一个T也是指电源端中性点直接接地，N是指电网所有受电设备的外露可导电部分通过保护零线（PE）或零线（PEN）连接。

TN系统又分为3种形式：①TN-S系统，在整个系统中，保护零线与工作零线是严格分开的，也就是常用的单相三线制和三相五线制；②TN-C-S系统，系统中有一部分保护零线与工作零线是严格分开的，另一部分保护零线与工作零线是共用的；③TN-C系统，在整个的系统中，保护零线与工作零线是共用的（PEN）。与电气设备相连接的保护零线应为截面不小于2.5mm^{2}的绝缘多股铜线。保护零线的统一标志为绿/黄双色线，在任何情况下不准使用绿/黄双色线作负荷线。我国的城市正从TN-C系统向TN-S系统过渡，现在对于要进行消防验收的建筑物，都是采用TN-S系统标准的。如果没注意是采用的TN-C系统，那可能就麻烦了，消防验收不过关就无法使用了。

对于不接地电网采用绝缘监视的方法，在正常三相平衡时，3只电压表的读数相同。当一相接地或一、二相绝缘明显恶化时，3只电压表将出现不同的读数。不接地电网中所有输配电的电器设备，当发生一相接地故障时，另二相线路的对地电压会升高$\sqrt{3}$倍达到线电压。接地电网发生接地故障后的特点为：时间极短、电流很大、另二相对地电压基本不变。不接地电网发生接地故障后的特点为：时间较长、电流不大、另二相对地电压升高到约为线电压。

按照接地的不同用途，接地可分为正常接地和故障接地两类。正常接地又有工作接地和安全接地之分。安全接地主要包括防止触电的保护接地、防雷接地、防静电接地及屏蔽接地等。故障接地是指带电体与大地之间发生的意外的连接。

在高土壤电阻率地区，可采用下列方法降低接地电阻：外引接地法、化学处理法、换土法、深埋法、接地体延长法。

接地电阻是接地体的流散电阻与接地线及接地体的电阻之和，接地线及接地体的电阻很小，可以说流散电阻就是接地电阻。可以认为在远离接地体 20m 以外，电流就不再产生电压降了。也可以说远离接地体 20m 处，电压就已降为零了。电工上通常所说的"地"就是指的这里的地。

变压器低压中性点的接地称为工作接地，工作接地的作用有两个：①减轻高压窜入低压的危险；②减轻低压一相接地时的触电危险。保护接地就是把电气设备在正常情况下不带电的金属部分同大地紧密地连接起来，保护接地是把漏电设备的对地电压限制在安全电压范围内。保护接零或接零保护就是将电气设备在正常情况下不带电的金属部分与电网的零干线紧密地连接起来。在接地的低压电网中，严禁个别设备只接地不接零。将零线上的一处或多处通过接地装置与大地再次进行连接，称为重复接地，重复接地的作用有：降低漏电设备的对地电压、减轻零线断线时的触电危险、缩短碰壳或接地短路的持续时间、改善架空线路的防雷性能。架空线路的终端、分支线长度超过 200m 的分支处以及沿线每 1km 处，零线应重复接地。

工作中常用的接地电阻为：大于 100kVA 变压器或发电机工作接地、电气设备保护接地、阀型避雷器（FZ）接地电阻这 3 个为 4Ω；防静电接地电阻为100Ω；线路杆塔、绝缘子、烟囱防雷接地电阻为 30Ω 外，其余的接地电阻为 10Ω。

装设接地线必须由两人进行，装设接地线必须先接接地端，后接导体端，且必须接触良好。拆接地线的顺序与此相反。装拆接地线均应使用绝缘棒和戴绝缘手套。接地线应用多股软裸铜线，其截面不得小于 25mm^2。接地线必须使用专用夹固定在导体上，严禁用缠绕的方法进行接地或短路。

必须征得值班员的许可（根据调度命令装设接地线，必须征得调度员的许可）才可进行，工作完毕后立即恢复的接地工作有：①拆除一相接地线；②拆除接地线，保留接地线；③将接地线全部拆除或拉开接地刀闸。

电气线路按照敷设方式可分为：架空线路、电缆线路、室内线路。高压架空线路的铝绞线截面不得小于 50mm^2，钢心铝绞线截面不得小于 35mm^2。低压架空线绝缘铝线截面不得小于16mm²。绝缘铜线截面不得小于10mm²，明配线路水平敷设时对地面距离不小于2m，垂直敷设时对地面距离不小于1.3m。电缆线路敷设的方法有：直埋地敷设、电缆沟敷设、电缆隧道敷设、排管敷设、室内外明敷设。埋设时沟深为0.7m，沟底铺一层厚100mm的细砂土，上盖板覆盖宽度为50mm，覆土要高出地面150～200mm。直接埋在地下的电缆埋设深度一般不应小于0.7m，并应在冻土层以下。低压电缆与高压电缆之间的最小距离不应小于150mm；电缆与铁路或道路交叉时应穿管保护，保护管应伸出轨道或路面2m以外。直接埋在地下的电缆与一般接地装置的接地体之间应相距离0.25～0.5m。

电气线路按其用途可以分为：母线、干线、支线。按其绝缘状况可分为：裸线、绝缘线和电缆线。从安全的角度考虑，无论是哪种线路，对于导线的要求有3个方面：导线的导电能力、导线的绝缘强度、导线的机械强度。在进行导线的选择时，这3个要求是要全部达到的。导线在使用的过程中，有电流通过会发热，橡皮绝缘线允许的最高工作温度为65℃，塑料绝缘线允许的最高工作温度为70℃，70℃是导线的最高工作温度，就是裸线的最高工作温度也是70℃。导线中有一定的电阻，通过电流时会产生电压降，所以规定线路中的电压损失不应超过5%的额定电压。导线的安全载流量是截面越大，其单位截面的安全载流量越小。

第1章 37

TIPS▶ 雷电的危害和静电产生的方式

雷电的危害可分为三种形式：直击雷、静电感应过电压、电磁感应过电压。雷电有以下三方面的破坏作用：电性质的破坏作用、热性质的破坏作用、机械性质的破坏作用。防护雷电的危害有两种方法：①使用避雷针；②使用避雷器。避雷针主要用于保护高大建筑物和露天设备，避雷针由三部分组成：接闪器、引下线、接地体。避雷器用来防止高电压侵入室内电力设备的保护。避雷器有保护间隙、管型避雷器和阀型避雷器。

静电产生的方式有：固体起电、液体起电、蒸气与气体起电、粉尘起电、接触电位差和双电荷层、容易产生和积累静电的工艺过程。静电的特点为：静电电压高、静电能量不大、绝缘体上静电泄漏很慢、静电感应、尖端放电、静电屏蔽等。静电的消失主要有两种形式：中和与泄漏。静电的危害有三种形式：可造成爆炸和火灾、电击、妨碍生产。静电的安全防护措施有：接地、增湿、抗静电剂、工艺控制。

五、防止电击的措施

电击有直接电击和间接电击两种。为了防止直接电击，可采取绝缘、屏护、间距等安全措施；为了防止间接电击，可采取保护接地、保护接零、应用漏电保护等安全措施。

绝缘是用绝缘材料把带电体封闭起来。设备或线路的绝缘必须与所采用的电压等级相符合，还必须与周围环境和运行条件相适应。电工常用的绝缘材料有瓷、玻璃、云母、橡胶、木材、胶木、塑料、布、纸、矿物油等。电气的加强绝缘是指绝缘材料的机械强度和绝缘性都加强了的基本绝缘。双重绝缘是指除基本绝缘外，还有一层独立的附加绝缘。绝缘材料的质量，可用绝缘电阻和损耗角来衡量，超过绝缘材料承受电压后，绝缘材料就会被击穿，固体有热击穿和电击穿。绝缘材料还会因各种外来因素和老化而降低或失去绝缘性能。耐压试验以工频耐压应用较多。

新装和大修后的低压电力和照明线路，要求绝缘电阻值不低于 $0.5M\Omega$。配电盘的二次线路，绝缘电阻不应低于 $1M\Omega$，潮湿的环境可降低为 $0.5M\Omega$。对于电力变压器、电容器、电动机等高压设备除测量绝缘电阻外，为了判断绝缘的受潮情况，还要求测量吸收比 $\dfrac{R_{60}}{R_{15}}$。一般没有受潮的绝缘，吸收比应大于 1.3，受潮的绝缘，吸收比接近于 1。

屏护和间距都是防止人体触及或接近带电体所采取的安全措施。屏护是采用遮栏、护罩、护盖、箱匣等把带电体同外界隔绝开来，以防止人身触电的措施。除防止触电的作用之外，有的屏护装置还起防止电弧伤人、防止弧光短路或便利检修工作的作用。

对于低压设备，网眼遮栏与裸导体距离不应小于 0.15m；10kV 设备不应小于 0.35m；户内栅栏高度不应低于 1.2m，户外不应低于 1.5m。对于低压设备，栅栏与裸导体距离不应小于 0.8m。户外变电装置围墙高度一般不应低于 2.5m。

间距就是保证人体与带电体之间的安全距离。为了避免车辆或其他器具碰撞或过分接近带电体造成事故，以及为了防止火灾、防止过电压和各种短路事故，在带电体与地面之间，带电体与其他设施和设备之间，带电体与带电体之间均需保持一定的距离。安全距离的大小取决于电压的高低、设备的类型、安装的方式等因素。

架空线路断线接地时，为防止跨步电压伤人，在接地点周围 8～10m 范围内，不能随意进入。架空导线在电杆上的排列，一般有水平、垂直和三角形方式。10kV 接户线对地距离不应小于 4.0m，低压接户线对地距离不应小于 2.5m，低压接户线跨越通车街道时，对地距离不应小于 6m。低压进户线进线管口对地面距离不应低于 2.7m，高压一般不应小于 4.5m。

工作人员工作中正常活动范围与带电设备的安全距离 10kV 以下为 0.35m；20～35kV 为 0.6m。设备不停电时的安全距离 10kV 以下为 0.7m；20～35kV 为 1.0m。在低压回路停电检修时，应断开电源取下熔断器。并在刀闸把手上悬挂"禁止合闸，有人工作!"的标示牌。工作人员应穿长袖衣服扣紧袖口，穿绝缘鞋或站在干燥的绝缘垫上，戴好防护手套和安全帽，严禁穿汗背心或短裤进行带电作业。低压设备上必须进行带电工作时，要经领导批准并要有专人监护。工作时要戴工作帽穿长袖衣服，戴绝缘手套，使用有绝缘柄的工具，并站在绝缘垫上进行，邻近相带电部分和接地金属部分应用绝缘板隔开。严禁使用锉刀、钢尺和带有金属物的刷、毛掸等工具进行工作。电器或线路拆除后，可能来电的线头必须及时用绝缘胶布包扎好。有五级以上大风时严禁部分停电检修操作，有六级以上大风、大雨、雷电等情况下严禁登杆作业及倒闸操作。

使用喷灯时，油量不得超过容积的 3/4，打气要适当，不得使用漏油、漏气的喷灯，不准在易燃物品附近将喷灯点火。在高压设备附近使用喷灯时，火焰与带电部分的距离：电压在 10kV 及以下时不得小于 1.5m，电压在 10kV 以上时不得小于 3m。不得在带电导线、带电设备、变压器、油开关及易燃材料附近将喷灯点燃。

手持电动工具每季度至少检查一次，手持电动工具按触电保护分为Ⅰ类、Ⅱ类、Ⅲ类 3 类工具。Ⅰ类工具是指具有基本绝缘外还有接零（接地）保护的工具。Ⅱ类工具是指具有基本绝缘外还有双重绝缘或加强绝缘的工具（同时还应有接零或接地保护）。Ⅲ类工具是指安全特低电压的工具。

手持电动工具使用前要进行安全检查，如手电钻使用前的安全检查为：对于第一次使用或长期停用的手电钻，在使用前要用兆欧表进行绝缘检查，绝缘电阻必须符合安全要求，保护接零（接地）是否连接正确与可靠，短路保护和漏电保护装置是否正常，并要保证线路的连接可靠。下面的检查与购买时的检查是一样：手电钻的外壳、手柄有无破裂缝和破损；软电缆是否完好无损无缺陷，插头是否完整并无破损，开关是否动作灵活和有无卡阻的现象，工具的转动部分是否转动灵活无卡阻等。手持式电动工具简单数据见表 1-1。

表1-1　　　　　　　　　　手持式电动工具简单数据

位　置	绝缘电阻	试验电压
Ⅰ类工具带电零件与外壳之间	2MΩ	950V
Ⅱ类工具带电零件与外壳之间	7MΩ	2800V
Ⅲ类工具带电零件与外壳之间	1MΩ	380V

安全电压为交流（50～500Hz）有效值不超过50V，安全电压额定值等级为42V、36V、24V、12V、6V。但照明的安全电压为36V、24V、12V。

36V：行灯、隧道、人防工程、有高温、导电灰尘或灯具离地面高度低于2.4m、机床局部照明。

24V：超过时必须采取防直接接触带电体的保护措施、潮湿和易触及带电体场所。

12V：在地点狭窄、行动不便、特别潮湿的场所、导电良好的地面、周围有接地的大块金属、锅炉或金属容器内工作的照明。

对于电焊机使用前的安全检查为：对于第一次使用或长期停用的电焊机，在使用前要用兆欧表进行绝缘检查，绝缘电阻必须符合安全要求，电焊机的保护接零（接地），是否连接正确与可靠，短路保护和漏电保护装置是否正常，并要保证线路的连接可靠，电源开关要单独设置，熔丝按额定电流的2倍选用。对于220V/380V两种使用电压的电焊机，要按照使用说明书的要求进行线路的连接，绝对不允许接错，以防烧毁电焊机。电焊机的一次电源线一般不超过5m，二次电源线一般不超过30m，宜用橡皮绝缘铜芯软电缆。电源线的连接必须紧固可靠，特别二次电源线接线板上的螺母必须压紧，二次电源线必须要采用接线端子（接线鼻子），不得采用导线的直接连接。电焊机的裸露带电部分，要用护板、护罩进行安全保护，焊把钳与导线不能有破损。

照明装置一般可分为工作照明与事故照明两种，一般照明电压是使用220V的，室外照明灯具不得低于3m，室内不得低于2.4m。在灯具高度达不到规定时，采用36V安全电压等级作为局部照明用。照明系统中每一单相回路上，灯具和插座数量不应超过25个，并应装熔断电流为15A及15A以下的熔断器进行保护。单相及二相线路中，零线截面与相线截面应相同。在三相四线线路中，零线截面按相线截面的50%选择。

霓虹灯的变压器为双圈式的，一次侧电压为220V，霓虹灯的一般工作电压为6000～15000V，但它的工作电流较小约为18～30mA。霓虹灯离地面高度不得小于4m，与阳台、窗口、架空线的距离不得小于1m。霓虹管与易燃物体、其他线路、水管、煤气管等距离不应小于 0.3m，变压器对地距离一般不应小于 2.5m。彩灯的干线与支线的最小截面不得小于 2.5mm²，灯头导线的截面不得小于 1mm²，每一分支线的工作电流不应超过 10A。彩灯电源除统一控制外，每一分支线都应装有单独控制开关和熔断器，每一回负荷不应超过 2kW，线路垂直敷设时，离地面高度不应小于 3m。

室内配线：铜线截面应不小 1.5mm²，铝线截面不小于 2.5mm²。在安装灯头时，开关必须接在火线上，离地面高度可取 1.4m，拉线开关为 3m，螺口灯头的螺纹端必须接在零线上，室内吊灯灯具高度应大于 2.5m，受条件限制时可减为 2.2m；户外照明灯具高度不应小于 3m，墙上灯具高度允许减为 2.5m。在安装插座时，明装插座离地面高度为 1.3～1.5m，暗装插座离地面高度可取 0.2～0.3m，三孔插座接法线为左零右火上 PE 线。

起重机具与线路导线的最小距离 1kV 以下为 1.5m，10kV 为 2m，35kV 为 3m。

六、临时线路

临时线最长期限为 7 天，临时线使用期满，需要继续使用者，必须在期满前一天，续办延长使用手续，但延长时间最多不得超过一个月，否则必须拆除。

装设临时线路需用绝缘良好的导线，要采取悬空架设和沿墙敷设，临时线路在户内离地高度不得低于 2.5m，户外离地高度不得低于 3.5m。架设时需要设专用电杆和专用瓷瓶固定，禁止在树上或脚手架上挂线。

全部临时线装置必须有一总开关控制，每一分路需装熔断器。临时线与设备、水管、热水管、门窗等距离应在 0.3m 以外，与道路交叉处不低于 6m。临时装设的电气设备必须将金属外壳接地。

七、高空作业与危险环境

在高空作业时，应遵守《高空作业安全操作规程》，必须扎好安全带，戴好安全帽。高处工作传递物件不得上下抛掷。使用梯子时，不准垫高使用，梯子与地面之间的角度以 60°为宜。

我们的工作环境有一些是比较恶劣的，按触电、火灾的危险的角度考虑，可分为危险环境、高度危险环境、爆炸危险环境、火灾危险环境等。有下列条件之一者为危险环境，也是触电危险性大的环境：潮湿（相对湿度大于 75％）；有导电性粉尘、金属占有系数大于 20％；炎热、高温（气温经常高于

30℃）；有泥、砖、湿木板、钢筋混凝土、金属或其他导电性的地面。属于这类环境的有机械厂的锻工车间、冶金厂的压延车间、拉丝车间、电炉电极和电机碳刷制造车间、锅炉煤粉磨制车间、水泵房、空压站、室内外变配电站、成品库、车辆库等。

凡特别潮湿（相对湿度接近 100％）、或有腐蚀性气体或蒸气、或有游离物的环境均属于高度危险环境。凡具有上列危险环境条件中的二条者，也属于高度危险环境。属于这类环境的有机械厂的铸工车间、锅炉房、酸洗车间、电镀车间、印染厂的调色漂染车间、化学工厂的大多数车间等。

凡制造、处理或储存爆炸性物质，或者能产生爆炸性混合气体或爆炸性粉尘的环境均属于爆炸危险环境。如乙炔站、蓄电池充电室、煤气站、电石库、浸漆室等。凡制造、加工或存放易燃物质的环境均属于火灾危险的环境，如油库、木工厂等。

> **TIPS▶ 燃烧和爆炸**
>
> 燃烧是一种化学反应，多数是化合反应，有的是分解反应，也有的既有化合反应，同时也有分解反应。燃烧这种化学反应常伴有大量的热和光产生，从而又引起其他物质的连锁反应，造成重大的人身和财产的损失。燃烧必须具备的三个基本条件是：①有可燃物质存在，凡能与空气中的氧或其他氧化剂起剧烈化学反应的物质都称为可燃物质。如木材、纸张、钠、镁、汽油、酒精、乙炔、氢等都属于可燃物质。可燃物与氧气混合时占有一定的比例才会发生燃烧。②有助燃物质存在，凡是能帮助燃烧的物质称为助燃物质。如氧、氯酸钾、高锰酸钾等，助燃物质数量不足时不会发生燃烧。③要有着火源存在。
>
> 爆炸分为化学性爆炸和物理性爆炸。化学性爆炸是由于爆炸性物质本身发生了化学反应，产生大量气体和较高温度而发生的爆炸。物理性爆炸是由于液体变成蒸汽或气体，体积膨胀，压力急剧增加，大大超过容器所能承受的极限压力而发生的爆炸。

危险物品的闪点、燃点、自燃点、爆炸极限、最小引爆电流（或最小引燃能量）和传爆能力是表征危险物品性能的重要参数。闪点越低，危险性越大，一般认为闪点是可能引起火灾的最低温度。爆炸性混合物按最小引爆电流分级：Ⅰ级 120mA 及以上、Ⅱ级 70～120mA、Ⅲ级 70mA 及以下。

防火防爆的综合性措施包括选用合理的电气设备、保持必要的防火间距、保持电气设备正常运行、保持通风良好、采用耐火设施、装设良好的保护装置等技术措施。电火花包括工作火花和事故火花。引起电气设备过度发热的不正常运行情况有短路、过载、接触不良、铁心发热、散热不良等。在有粉尘或纤维爆炸性混合物的场所，电气设备外壳的表面温度一般不应超过 125℃。

八、漏电保护

漏电保护器是一种电气安全装置，是电网中防止直接电击和间接电击的漏电保护装置。它安装在低压电路中，当发生漏电和触电时，在达到保护器所限定的动作电流值时，就立即在限定的时间内动作，自动断开电源进行保护。它的主要功能有防止设备漏电引起的触电事故、防止单相触电事故、防止因漏电而引起的火灾和爆炸事故等，有的还能防止电动机缺相运行事故。

漏电保护器按动作方式可分为电压动作型和电流动作型；按脱扣方式不同分为电子式与电磁式两类；按极数分为单相双极、三相三极、三相四极三类；按动作时间分为快速型（动作时间不超过 0.1s）、定时限型（动作时间不超过 0.1~2s）、反时限型（随漏电电流越大、漏电动作时间越短）；按动作灵敏度可分为：高灵敏度（漏电动作电流在 30mA 以下）、中灵敏度（30~1000mA）、低灵敏度（1000mA 以上）。

用于防止各类人身触电事故时，应选用高灵敏度的漏电保护器；用于防止因漏电而引起火灾事故时，可选用中灵敏度的漏电保护器；用来监视单相接地故障时，可选用低灵敏度型的漏电保护器。漏电保护器以防止触电为目的的漏电保护装置，宜采用高灵敏度快速型漏电保护装置（漏电动作电流在 30mA 以下、动作时间不超过 0.1s）。

现在广泛使用由漏电保护装置与自动空气断路器组装在一起的漏电断路器或称为漏电自动开关。它主要由漏电保护器检测元件、中间放大环节及操作执行机构 3 部分组成。

（1）检测元件。由零序电流互感器组成，检测漏电电流并发出信号。

（2）放大环节。将微弱的漏电信号放大，放大部件可采用机械装置，也可采用电子装置；构成电磁脱扣式漏电保护器或电子式漏电保护器。

（3）执行机构。收到信号后，断路器由闭合位置转换到断开位置，从而切断电源，使被保护电路脱离电网的跳闸部件。在中点接地的三相四线制低压电网中，穿过互感器的零线不可再接地（重复接地），以免造成漏电保护器的误跳闸。

1. 单相双极式漏电保护器

单相双极式漏电保护器由零序电流互感器、电子开关、磁力开关及检验机构这4个主要的部分组成，其原理如图1-20所示。单相双极式漏电保护器的工作原理为：在正常工作时，相线 L 与零线 N 同时穿过零序电流互感器的圆孔内，相当于零序电流互感器的一次侧。这时相线进去的 I_1 与零线出来的 I_2 电流相等，此时电路中没有漏电流，零序电流互感器的二次线圈中无感应电流，则漏电保护器不动作。当设备绝缘损坏或发生人身触电时，则有漏电流 I_0 存在。这时，相线进去的 I_1 与零线出来的 I_2 电流不相等（$I_1 > I_2$），零序电流互感器的二次线圈中就有感应电流，并感应出电压信号，经过电子放大器 IC 放大后，电磁脱扣器 T 动作跳闸切断电源。试验电路由电阻 R 与试验按钮 SB 串联后组成，它的作用是在试验按钮 SB 按下后来模拟漏电电流，检验漏电保护器是否能跳闸。要定期进行检验（一般为每周或二周检验一次），以保证漏电保护器能够正常工作。

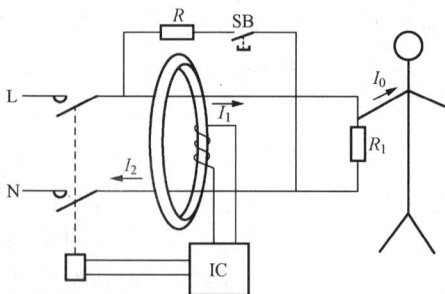

图1-20　漏电保护器原理图

2. 三相三极漏电保护器

三相三极漏电保护器如图1-21所示，其工作原理是：当三相电路正常工作时，不论三相负载是否平衡，穿过零序电流互感器孔内主电路的三相电流相量之和等于零，零序电流互感器的二次绕组中，就没有感应电动势产生，漏电保护器工作于闭合状态。如果发生漏电或触电事故，因漏电或触电的电流就会通过人体、大地、变压器中性接地点形成回路，三相电流相量之和便不再等于零，这样零序电流互感器的二次侧，感应出电压信号，经过电子放大器放大后，电磁脱扣器 T 动作跳闸切断电源。试验电路由电阻与试验按钮串联后组成，它的作用是在试验按钮按下后来模拟漏电电流，检验漏电保护器是否能跳闸。

九、灭火器的使用

1. 干粉灭火器

干粉灭火器主要适用于扑救石油及其衍生产品、油漆、可燃气体和电气设备的初起火灾。使用干粉灭火器时先打开保险销，手要抓紧喷粉管并将喷口对准火源，另一手压下把手开关，干粉立即就会喷出。

图 1-21　三相三极漏电保护器

干粉灭火器的结构及使用方法如图 1-22 所示。

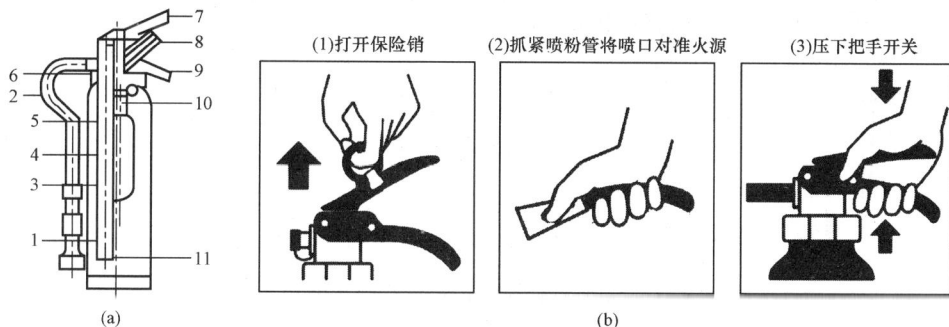

(1)打开保险销　(2)抓紧喷粉管将喷口对准火源　(3)压下把手开关

图 1-22　干粉灭火器的结构及使用方法

（a）结构图；（b）使用方法

1—进气管；2—出粉管；3—钢瓶；4—喷筒；5—喷管；6—铜盖；
7—后把；8—保险销；9—提把；10—钢字；11—防潮堵

2. 二氧化碳灭火器

二氧化碳灭火器主要适用于扑救额定电压低于 600V 的电气设备、仪器仪表、档案资料、油脂及酸类物质的初起火灾，但不适用于扑灭金属钾、钠、镁、铝的燃烧。

二氧化碳灭火器在使用时，一手拿着喷筒，喷口要对准火源，一手握压紧鸭舌把手，气体即可喷出。二氧化碳的导电性差，当着火设备电压超过 600V 时必须先停电后灭火；二氧化碳怕高温，存放地点温度不得超过 42℃。使用时不要用手摸金属导管，也不要把喷筒对着人，以防冻伤。喷射时应朝顺风方向进行。

二氧化碳灭火器的结构如图 1-23 所示。

3. 1211 灭火器

1211 灭火器适用于扑救电气设备、仪表、电子仪器、油类、化工、化纤原料、精密机械设备及文物、图书、档案等的初起火灾。

使用时拔掉保险销，握紧把开关，由压杆使密封阀开启，在氮气压力作用下灭火剂喷出，松开压把开关，喷射即停止。

1211 灭火器的结构如图 1-24 所示。

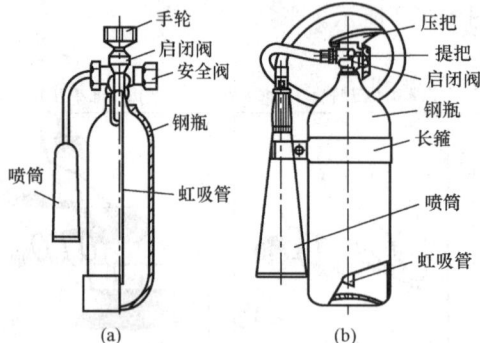

图 1-23　二氧化碳灭火器的结构

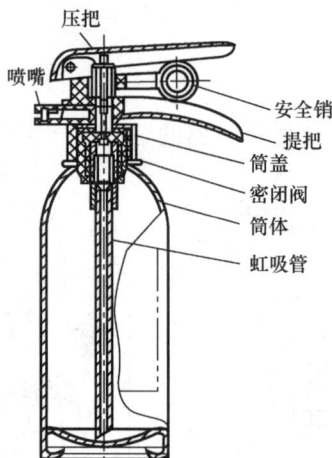

图 1-24　1211 灭火器的结构

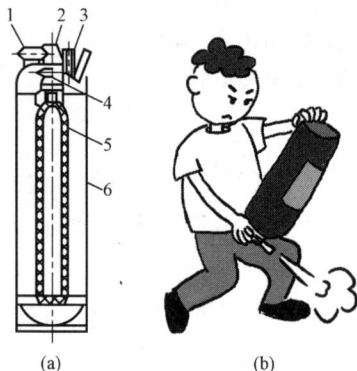

图 1-25　泡沫灭火器的结构及使用方法
(a) 结构图；(b) 使用方法
1—喷嘴；2—筒盖；3—螺母；
4—瓶胆盖；5—瓶胆；6—筒身

4. 泡沫灭火器

泡沫灭火器适用于扑救油脂类；石油类产品及一般固体物质的初起火灾。使用时将筒身颠倒过来，使碳酸氢钠与硫酸两溶液混合并发生化学作用，产生的二氧化碳气体泡沫便由喷嘴喷出使用时，必须注意不要将筒盖、筒底对着人体，以防意外爆炸伤人，泡沫灭火器只能立着放置。

泡沫灭火器的结构及使用方法如图 1-25 所示。

用二氧化碳等不导电的灭火器灭火时，机体、喷嘴至带电体的最小距离：10kV 不应小于 0.4m，35kV 不应小于 0.6m。泡沫灭火器不能用于带电电气设备的灭火，发电机和电动机等旋转电机起火时，为防止轴和轴承变形，可令其慢慢转动并用喷雾水灭火，但不宜用干粉灭火器、砂子和泥土灭火。

灭火时人体与带电体之间保持必要的安全距离。用水灭时水枪喷嘴至带电体的距离：电压110kV及以下者不应小于3m，220kV及以上者不应小于5m，人体位置与带电体之间的仰角不应超过45°。

第7节 机械基础知识

对于电气维修的电工来说，一定要学习一定的钳工知识和机械相关的知识，公制和英制的单位、钳工工具（锯弓、锉刀、虎钳、管钳等）的使用，丝板和丝攻的规格及操作，简单的电弧焊的焊接、机械的运动止位挡块的相关的知识，机修也要会做，特别是螺丝，一看就要知道用什么规格的工具，还有内六角扳手或外六角扳手（别小看了它，平常维修固定螺丝是少不了它的，这样能节约时间和不损坏机件）。

实践证明，学习并掌握一些机床机械和液压系统知识，如电磁阀、节流阀、单向阀的安装和调整，不但有助于分析机床故障原因，而且有助于迅速、灵活、准确地判断、分析和排除故障。在检查机床电气故障时首先应对照机床电气系统维修图进行分析，再设想或拟订出检查步骤、方法和线路，做到有的放矢、有步骤地逐步深入进行。除此以外，维修人员还应掌握一些机床电气安全知识。

在许多电气设备中，电器元件的动作是由机械、液压来推动的，与它们有着密切的联动关系，所以在检修电气故障的同时，应检查、调整和排除机械、液压部分的故障，或与机械维修工配合完成。

一、钳工基本操作

钳工的基本操作包括：锯削、锉削、錾削、钻孔、攻螺纹、套螺纹等。锯削是用手锯来分割材料或在工件上进行切槽的操作，锯削的常用工具是手锯，由锯弓和锯条组成，锯弓可分为固定式和可调式两种。锉削是用锉刀对工件表面进行切前加工的方法。加工范围包括平面、曲面、内孔、台阶面及沟槽等。錾削是用手锤打击錾子对金属工件进行切削加工的方法，錾削主要用于不便机械加工场合，工作范围包括去除凸缘、毛刺、分割材料、錾油槽等，有时也作较小的表面粗加工。钻孔是用麻花钻在实体材料上加工孔的方法称为钻孔。攻螺纹是用丝锥加工内螺纹的操作。套螺纹是用板牙在圆杆上加工外螺纹的操作。

二、滚动轴承

因我们接触最多的是滚动轴承，这里主要就以滚动轴承为例。滚动轴承是以滑动轴承为基础发展起来的，其工作原理是以滚动摩擦代替滑动摩擦。滚动轴承的结构是由内圈、外圈、滚动体和保持架所组成。滚动轴承在使用过程中，由于本身质量和外部条件的原因，如安装不当，润滑不良，密封不好、滚道、珠粒磨损、轴承保持架突然断裂、轴承内外圈突然断裂等外部因素，造成滚动轴承损坏。轴承一旦发生损坏情况时，将会出现使机器设备停转，电动机受到损伤等各种异常现象。

滚动轴承在设备中的应用非常广泛，滚动轴承运行状态的好坏，直接关系到旋转设备的运行状态，在滚动轴承的实际故障诊断中，必须尽快判断出滚动轴承存在的故障，并及时更换避免大事故发生。

拆卸滚动轴承时，要采用科学的方法，轴承拆卸的好坏与否，将影响到轴承的精度、寿命和性能。拆卸轴承时，要采用专用的拆卸工具拆卸，有时也可用铜棒或其他软金属衬垫敲击，但不得使用易破裂的物件敲击。拆卸轴颈上的轴承时，应施力于轴承的内圈；拆卸轴承座上的轴承时，应施力于轴承的外圈，用力应平衡、均匀，不得歪斜，以防卡死。

在轴承的安装前，必须先检查滚动轴承的间隙情况和轴承的润滑状态，若原来的润滑脂已变质、干涸或弄脏时，必须用汽油将轴承洗净，再加入清洁的润滑脂，注入量约为轴承室净容积的 1/2（2 极电机），或 2/3（4 极及以上电机），润滑脂为 3 号锂基脂或其他高温润滑脂。电动机运行时，轴承温度不得超过 95℃，轴承每运行 2500 小时至少检查一次。

轴承的安装应根据轴承结构，压力应直接加在与轴承紧配合的套圈端面上，不得通过滚动体传递压力。轴承的安装方法一般采用两种方法，一是将轴承内圈套入轴内，用外力均匀地击打轴承内圈，直到轴承均匀地压到轴的端面。二是用加热轴承或轴承座，利用热膨胀将紧配合转变为松配合的安装方法。

三、螺纹及螺纹紧固件

在安装与维修工作中，需要对电器与机械上起紧固作用的螺栓和螺母等的规格和使用有一定的了解，如果连螺钉的规格都不认识，必然会给维修工作带

边学边看边实践

来很多不便。在实际生产的使用中，国家对于需用量大且使用广泛的零件制订了专门的标准，此类零件统称为标准件。常见的标准件有螺钉、螺栓、螺母、垫圈、键等。

螺纹配合是旋合螺纹之间松或紧的大小，配合的等级是作用在内外螺纹上偏差和公差的规定组合。螺纹是指在圆柱或圆锥表面上，沿螺旋线所形成的具有相同剖面的连续凸起，一般称其为"牙"。外螺纹是在圆柱或圆锥外表面上形成的螺纹。内螺纹是在圆柱或圆锥内孔表面上形成的螺纹。使用时将内、外螺纹旋合在一起。加工螺纹的方法比较多，常见的是用车床加工，或用丝锥、板牙加工螺纹。

螺纹根据其用途可分为普通螺纹、传动螺纹和密封螺纹三大类，按其结构特点则可分为普通螺纹、梯形螺纹、锯齿形螺纹及管螺纹等。普通螺纹主要用于连接和传动三角形螺纹；梯形螺纹一般用于承受双向载荷的传动；锯齿形螺纹用于承受单向载荷的传动；管螺纹用于管道连接。

TIPS ▶
公制螺纹、美制螺纹及英制螺纹

当今世界上长度的计量单位主要有两种，一种为公制，计量单位为米（m）、厘米（cm）、毫米（mm）等。另一种为英制，计量单位主要为英寸，1英寸＝25.4mm。公制螺纹是以mm（毫米）为单位，它的牙尖角为60°。美制螺纹和英制螺纹都是以英寸为单位的。美制螺纹的牙尖角也是60°，而英制螺纹的牙尖角为55°。由于计量单位的不同，导致了各种螺纹的表示方法也不尽相同。例如像M16-2X60表示的就是公制的螺纹。它的具体意思是表示该螺丝的公称直径为16mm，牙距为2mm，长度为60mm，又如：1/4—20X3/4表示的就是英制的螺纹，它的具体意思是该螺丝的公称直径为1/4英寸（一英寸＝25.4mm），在一英寸上有20个牙，长度为3/4英寸。另外要表示美制螺丝的话一般会在表示英制螺丝的后面加上UNC以及UNF，以此来区别是美制粗牙或是美制细牙。

一般使用的螺纹紧固件，是通过螺纹起连接作用的各种零件，螺纹紧固件的种类很多，如螺栓、螺母、螺钉、螺柱、垫圈等，大多数都为标准件。如：螺栓M12×80、螺栓M24×100、螺母M12。符号说明：M为普通螺纹代号，12为螺纹大径，80为螺栓杆长。

螺纹紧固件的外形有圆柱内六角螺钉、梅花槽、开槽盘头、开槽沉头、圆头（R）、沉头（F）、半沉头（O）、平头、盘头（P）、大扁头、米字槽等。螺帽也有普通螺帽、薄型螺帽、重型螺帽、机械螺帽等。

再就是常用键的作用，在机械设备中键主要用于连接轴和轴上的零件（如齿轮、皮带轮等）以传递扭矩。也有的键具有导向的作用。键的种类有平键、半月键和钩头楔键，普通平键应用最为广泛。

常用的机械的公差配合有间隙配合、过盈配合及过渡配合 3 种，也就是我们常说的松配合、紧配合和过渡配合。

（1）间隙配合。当孔的公差带在轴的公差带之上，形成具有间隙的配合（包括最小间隙等于零的配合）。

（2）过盈配合。当孔的公差带在轴的公差带之下，形成具有过盈的配合（包括最小过盈等于零的配合）。

（3）过渡配合。当孔与轴的公差带相互交迭，既可能形成间隙配合，也可能形成过盈配合。

电工一定要掌握常用的螺纹紧固件的知识，不要小看这些螺纹紧固件，有时安装错了，就会造成电器或线路端子的紧固无法完成，有时还会损坏电器或机械的部件。

四、传动方式的类型

现在常用的传动方法有机械传动、电传动、液压传动、气压传动、复合传动等。机械的传动机构有摩擦传动机构、啮合传动机构、连杆机构等。常用的机械传动部件有螺旋传动、齿轮传动、皮带传动等。这里主要讲解气压传动和液压传动的基本知识。

1. 气压传动系统

气压传动是以压缩空气为工作介质进行能量传递和信号传递，控制和驱动各种机械和设备，以实现生产过程机械化、自动化的一门技术。

（1）气压传动系统的组成。

一般气压传动系统由气源装置、控制元件、执行元件及辅助元件 4 部分组成。

1）气源装置是获得压缩空气的装置，其主体部分是空气压缩机，它将原动机供给的机械能转变为气体的压力能。

2）控制元件是用来控制压缩空气的压力、流量和流动方向的装置，以便使执行机构完成预定的工作循环，具有一定的输出力和速度。例如压力控制阀、流量控制流阀、方向控制阀和逻辑阀等。

3）执行元件是将气体的压力能转换成机械能的一种能量转换装置，它包括实现直线往复运动的气缸和实现连续回转运动或摆动的气马达等。

4）辅助元件是保证压缩空气的净化、元件的润滑、元件间的连接及消声等，它包括空气过滤器、油雾器、管接头和消声器等。

（2）气压传动的优缺点。

1）气压传动的优点：①工作介质是空气，空气随处可取，气体不易堵塞流动通道，取之不尽，用之不竭，无介质费用和供应上的困难，用过后的空气直接排入大气，不污染环境，处理方便，不必设置回收管路，因而也不存在介质变质、补充及更换等问题；②空气的黏度小（约为液压油的万分之一），在管内流动阻力小，在管道中流动的压力损失较小，便于集中供气和远距离输送；③与液压传动相比，气动动作反应快，动作迅速，维护简单；④气动装置结构简单、制造容易、成本低、维护方便、可靠性高、寿命长、能够实现过载自动保护；⑤气动系统对工作环境适应性好，特别是在易燃、易爆、多尘埃、强磁、辐射、振动等恶劣环境中，安全可靠性优于液压、电子、电气传动系统；⑥空气具有它的可压缩性，使气动系统具有较强的自保持能力，也便于储气罐储存能量，以备急需之用。

2）气压传动的缺点：①由于空气的可压缩性较大，气动装置的动作稳定性较差，负载变化时对工作速度的影响较大，速度调节较难；②由于气压传动系统工作压力低，输出力或力矩较小，气压传动装置比液压传动装置输出的力要小得多，传动效率较低；③气动装置中的信号传递速度比光、电控制速度慢，其工作频率和相应速度远不如电子装置，不宜用于信号传递速度要求高的复杂线路中；④气动系统有较大的排气噪声，尤其是在超音速排气时要加消声器；⑤需对空气中的杂质及水蒸气进行净化处理，净化处理的过程较复杂。空气无润滑性能，故在系统中需要设润滑给油装置。

（3）维修工作中经常遇到的器件。

1）气缸。单作用是指气缸压缩空气仅在气缸的一端进气，仅有一个方向推动活塞运动，而返回时要靠借助外力如弹簧力、膜片张力和自重力等。单作用活塞式气缸多用于短行程及对活塞杆推力、运动速度要求不高的场合，如定位和夹紧装置等。双作用气缸就是两个方向作用气缸，一端进气输出推力和拉力时，另一端排气，活塞的往复运动均由气压传动来推动。此种气缸常用于气动加工机械及包装机械等设备上。还有缓冲气缸、薄膜式气缸、气—液阻尼缸、回转气缸、冲击气缸、标准化气缸等，普通气缸其种类及结构形式与液压缸基本相同。

2）油水分离器。油水分离器又称除油器，用于分离压缩空气中所含的油分及水分，使压缩空气得到初步净化。其工作原理是：当压缩空气进入油水分离器后产生流向和速度的急剧变化，再依靠惯性作用，将密度比压缩空气大的油滴和水滴分离出来。油水分离器的结构形式有环形回转式、离心旋转式、水浴式及以上形式的组合使用，其中撞击并环形回转式油水分离器最常见。

3）干燥器。干燥器的功用是为了满足精密气动装置用气，对初步净化的压缩空气进行干燥、过滤，进一步脱水和去除杂质。

4）空气过滤器。空气过滤器又称分水滤气器、空气滤清器，它是气动系统中最常用的一种空气净化装置。其作用是滤除压缩空气中的水分、油滴及杂质，以达到气动系统所要求的净化程度。它属于二次过滤器，它和减压阀、油雾器一起构成气动三联件，安装在使用压缩空气的设备气动系统的气源入口处，是气动系统不可缺少的辅助元件。

5）气动控制元件。气动控制元件的作用是控制和调节压缩空气的压力、流量、流动方向和发送信号等，保证气动执行元件具有一定的力（力矩）和速度，按预定的方向与程序正常地工作。气动控制阀按其功能和作用分为压力控制阀、流量控制阀和方向控制阀三大类。

6）减压阀。减压阀的主要作用就是调压和减压，储气罐的空气压力往往比各台设备实际所需要的压力高些，同时其压力波动值也较大。因此每台气动装置的供气压力都需要用减压阀或称调压阀来减压，并保持供气压力值稳定。所有的气动回路或储气罐为了安全起见，当压力超过允许压力值时，需要实现自动向外排气，这种压力控制阀叫安全阀（溢流阀）。流量控制阀包括节流阀、单向节流阀、排气节流阀和快速排气阀等。单向阀是指气流只能向一个方向流动而不能反向流动的阀。与液压单向阀相比，气动单向阀阀心和阀座之间有一层密封垫，其他与液压单向阀基本相同。

2. 液压传动系统

液压传动所基于最基本的原理就是帕斯卡原理，就是说，液体各处的压强是一致的，这样，在平衡的系统中，比较小的活塞上面施加的压力比较小，而大的活塞上施加的压力也比较大，这样能够保持液体的静止。所以通过液体的传递，可以得到不同端面上的不同压力，这样就可以达到一个变换的目的。我们所常见到的液压千斤顶就是利用了这个原理来达到力的传递。

液压传动系统由四种主要的元件组成，分别为液压动力元件、液压控制元件、液压执行元件、液压辅助元件等。

（1）液压动力元件是为液压系统产生动力的部件，是由齿轮泵、叶片泵、柱塞泵等液压泵把机械能转换成液体的压力能。

（2）液压控制元件由各种液压控制阀组成，压力控制阀用以调节系统的压力，如溢流阀、减压阀等；流量控制阀用以调节系统工作液流量大小，如节流阀、调速阀等；方向控制阀用以接通或关断油路，改变工作液体的流动方向，实现运动换相；电液比例控制阀用以开环或闭环控制方式对液压系统中的压力、流量进行有级或无级调节等。

（3）液压执行元件是由液压缸和液压马达液压等，液压执行元件将液体压力能转换为机械能。液压辅助元件是由油箱、油路管道、管接头、蓄能器、滤油器、密封装置等组成的。

（4）液压辅助元件。

液压基本回路是液压系统的核心，无论多么复杂的液压系统都是由一些液压基本回路构成的，液压基本回路是由一些液压元件组成的，用来完成特定功能的控制油路。因此，掌握液压基本回路的功能是非常必要的。

液压传动控制是工业中经常用到的一种控制方式，它采用液压完成传递能量的过程。因为液压传动控制方式的灵活性和便捷性，液压控制在工业上受到广泛的重视。液压传动系统具有运动平稳、可实现在大范围内无级调速、易实现功率放大等特点随着计算机的深入发展，液压控制系统可以和智能控制的技术、计算机控制的技术等技术结合起来，在未来更是有广阔的前景，被广泛地应用于工业生产的各个领域。

3. 电磁换向阀

电磁换向阀是一种利用电磁铁产生的电磁力来直接推动阀心来实现换向的控制阀，以控制气、液流的流动方向。电磁换向阀由电磁控制部分和换向阀两部分组成，常用的电磁换向阀有直动式和先导式两种。按结构形式可分滑阀式、转阀式及球阀式。按阀体连通的主油路数可分为两通、三通、四通等。按阀芯在阀体内的工作位置可分为两位、三位、四位等。按操作阀芯运动的方式可分为手动、机动、电磁动、液动、电液动等。按阀芯定位方式可分为钢球定位式、弹簧复位式等。

直动式电磁换向阀是由电磁铁直接推动阀芯移动的，当阀通径较大时，所需要电磁铁的体积和电力消耗都比较大。先导式电磁换向阀是由电磁铁首先控制气路，产生先导压力，再由先导压力推动主阀阀芯，使其换向。先导式电磁换向阀便于实现电、气联合控制，所以使用得较为广泛。但这与我们在电磁阀的实际使用上关系不大，使用哪一种类型的电磁阀，是在设计时由电气设计人员考虑的，在实际的维修过程中，是不可能去考虑这个问题的。

现在使用的液压传动系统的电磁换向阀与气压传动系统的电磁换向阀，无论是从电磁换向阀的工作原理，还是电磁换向阀的结构上，都有很多的相似之处，在实际的使用中也没有多大的区别。所以，在电磁换向阀的介绍上，就没有区分液压电磁换向阀和气压电磁换向阀。下面就对现在使用量最多的两种电磁换向阀进行介绍。

（1）直动式单电控电磁换向阀。

直动式单电控二位三通换向阀只有一个电磁铁，有两个确定的工作状态（两个工作位置），共有 3 个通气口，其外观结构及图形符号如图 1 - 26 所示。

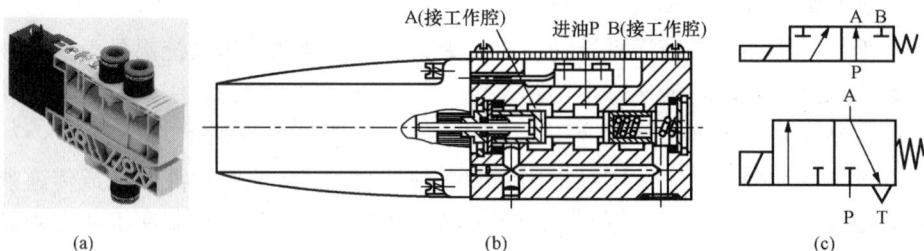

图 1 - 26　直动式单电控电磁换向阀外观结构及图形符号

(a) 外观；(b) 结构；(c) 图形符号

直动式二位三通电磁换向阀利用电磁力来获得轴向力使阀芯迅速移动，来实现阀的切换以控制气流的流动方向，其工作原理如图 1 - 27 所示。

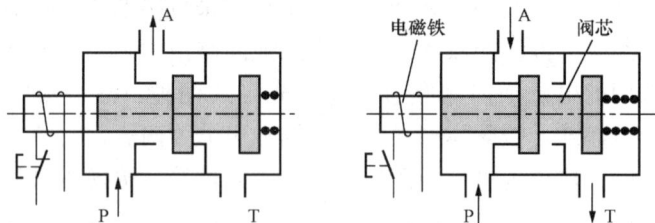

图 1 - 27　直动式单电控电磁换向阀的工作原理

电磁铁不得电时，阀芯在右端弹簧的作用下，处于左极端的位置，油口 P 与 A 通，B 不通；电磁铁得电产生一个电磁吸力，通过推杆推动阀芯右移，使阀体的左位工作，油口 P 与 B 通，A 不通。

在实际使用中，要记住单电控二位三通换向阀的线圈是要保持通电状态的。换言之就是，在单电控二位三通换向阀的线圈没有通电时，气缸或液压缸是保持在一个状态下，如气缸或液压缸保持在原始位置上。当给单电控二位三通换向阀的线圈通电后，气缸或液压缸就变换为另一个状态。这时，与气缸或液压缸连接的加工部件，就会从气缸或液压缸原始的位置上，向气缸或液压缸的终止位置前进运动。这时，如果给单电控二位三通换向阀的线圈断电，与气缸或液压缸连接的加工部件，就会退回到气缸或液压缸的原始位置上。

直动式单电控二位三通换向阀示意及其控制电路如图 1-28 所示。

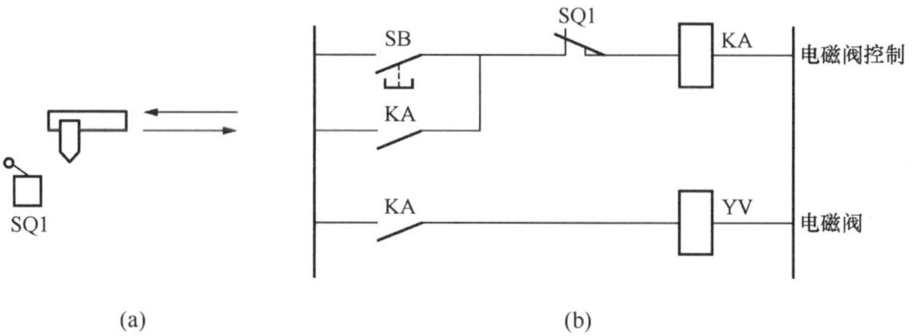

图 1-28　直动式单电控二位三通换向阀示意及控制电路
（a）示意；（b）控制电路

气缸或液压缸连接的加工部件，在右边时是加工的原始位置。气缸或液压缸连接的加工部件，向左运动时是开始加工，在向左运动加工的过程中，碰到行程开关 SQ1 后，说明向左运动加工的过程结束。这时，与气缸或液压缸连接的加工部件换向，向右运动退回到原始的位置。

在电路的设计时，按下按钮 SB，继电器 KA 线圈通电后并自锁，继电器 KA 的动合触点闭合，给单电控二位三通换向阀的线圈 YV 通电，与气缸或液压缸连接的加工部件，开始向左运动加工。在加工部件向左运动加工的过程中，碰到行程开关 SQ1。断开继电器 KA 线圈回路并失电，继电器 KA 的动合触点断开，单电控二位三通换向阀的线圈 YV 断电，向左运动的加工结束，换向阀进行换向。与气缸或液压缸连接的加工部件，向右运动并退回到原始的位置。所以，单电控二位三通换向阀，我们常称为单电阀。单电阀在工作时，是要连续供电的，断电单电阀就会退回原位置。

（2）直动式双电控二位五通换向阀。

直动式双电控电磁阀外观结构及图形符号如图 1-29 所示。

直动式双电控电磁阀的工作原理如图 1-30 所示。

（a）

回油 O_1　A（接工作腔）　进油 P　B（接工作腔）　回油 O_2

（b）

（c）

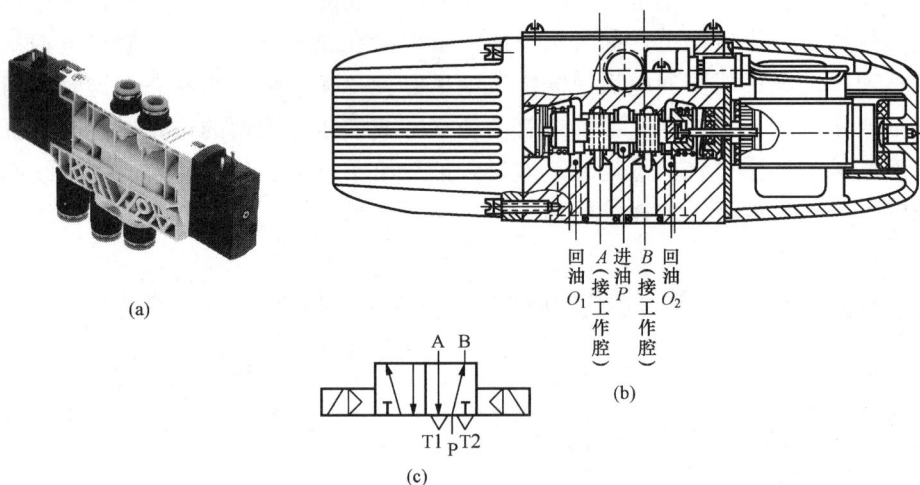

图1-29　直动式双电控电磁阀外观结构及图形符号

（a）外观；（b）结构；（c）图形符号

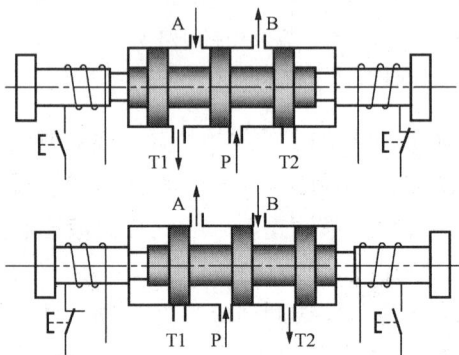

图1-30　直动式双电控电磁阀的工作原理

由图1-30可知，直动式双电控电磁阀有两个电磁铁，当右线圈通电、左线圈断电时，阀芯被推向右端，其通路状态是P与A、B与T2相通，A口进气、B口排气。当右线圈断电时，阀芯仍处于原有状态，即具有记忆性。当电磁左线圈通电、右断电时，阀芯被推向左端，其通路状态是P与B、A与T1相通，B口进气、A口排气。若电磁线圈断电，气流通路仍保持原状态。

双电控电磁阀具有记忆功能，电磁阀通电换向，断电后电磁阀保持原状态。为了保证双电控电磁阀的正常工作，双电控电磁阀的两个电磁线圈，不能同时通电，在电路的设计上要考虑互锁，进行双电控电磁阀的保护。典型双电控电磁阀的控制电路如图1-31所示，其在两个按钮之间具有互锁关系。在按下按钮SB1后，给双电控电磁阀

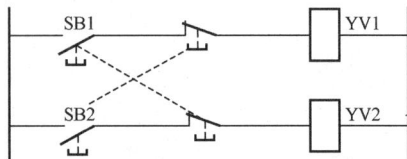

图1-31　典型双电控电磁阀的控制电路

的一个电磁线圈 YV1 供电的同时，也切断了双电控电磁阀的另外一个电磁线圈 YV2 供电回路，以保证双电控电磁阀的两个电磁线圈不会同时供电，达到了双电控电磁阀对电磁线圈的保护。

双电控电磁阀的原理与单电控电磁阀的原理不一样，所以在电路的设计上也不一样。双电控电磁阀在电路设计上，只要给双电控电磁阀的电磁线圈，短时间地通电后，双电控电磁阀就开始换向，在双电控电磁阀的电磁线圈失电后，双电控电磁阀还是保持原方向的状态。在对双电控电磁阀的另外一个电磁线圈通电后，双电控电磁阀才会进行换向，在电磁线圈失电后，保持原方向的状态。这就是说，对双电控电磁阀的电磁线圈的供电是断续的，不需要在加工的过程中连续地供电。

4. 几种常用的液压元件及其符号

下面简单地介绍常用的几种液压元件及其符号。在液压系统图中，液压元件的符号只表示元件的职能，不表示元件的结构和参数。常用液压元件的符号如图 1-32 所示。

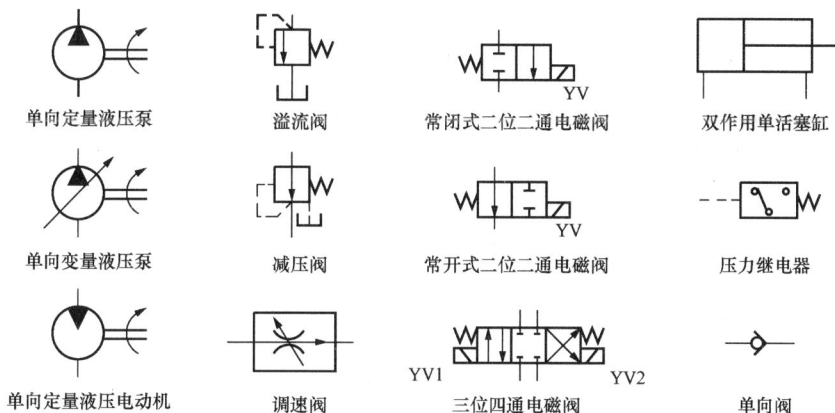

单向定量液压泵	溢流阀	常闭式二位二通电磁阀	双作用单活塞缸
单向变量液压泵	减压阀	常开式二位二通电磁阀	压力继电器
单向定量液压电动机	调速阀	三位四通电磁阀	单向阀

图 1-32　常用液压元件的符号

液压阀的控制有手动控制、机械控制、液压控制、电气控制等。电磁阀线圈的电气图形符号和电磁铁、继电器线圈一样，文字符号为 YV。

前面介绍的电磁换向阀是利用阀芯的相对于阀体的相对运动，使气路或油路接通和关断，或者是改变气、油流的运动方向，从而使液压执行元件启动、停止或变换运动方向，来达到我们加工的方向。但在实际的使用中，我们还要改变气路或油路的压力、流量等，这就要使用其他的一些阀体。如单向阀使气路或油路只能沿一个方向流动,不允许它反向倒流。溢流阀保持液压系统中压力基本恒定。压力控制阀控制系统中气体的压力。气动节流阀改变控制阀的通流面积来实现流量控制。安全阀在系统中起过载保护作用。排气节流阀调节执行元件的运动速度等。对于这些阀体我们要知道它们的作用,这才能够了解这些阀体在加工的过程所起的作用,便于对电路加工程序动作上的分析和判断。

第2章

电工常用工具及仪表

电工常用工具及仪表，对于电工的初学者来说，主要是学习"怎样用"，具体工具及仪表的内部结构，开始时不要去过多地去了解，以免分散学习的精力，以后有时间再去学习也不晚。本章只以常用的工具、仪表的使用方法及使用时的注意事项为重点进行介绍。

第1节 电 工 常 用 工 具

电工工具是电气操作的基本工具，电气操作人员必须掌握电工常用工具的结构、性能和正确的使用方法。

常用的电工工可分为通用电工工具、线路装修工具及设备装修工具等，也可分为普通工具和专用工具。

（1）通用电工工具。通用电工工具指电工随时都可以使用的常备工具。主要有测电笔、螺丝刀、钢丝钳、尖嘴钳、活络扳手、电工刀、剥线钳等。

（2）线路装修工具。线路装修工具指电力内外线装修必备的工具。它包括用于打孔、紧线、钳夹、切割、剥线、弯管、登高的工具及设备。主要有各类电工用凿、冲击电钻、管子钳、剥线钳、紧线器、弯管器、切割工具、套丝器具等。

（3）设备装修工具。设备装修工具指设备安装、拆卸、紧固及管线焊接加热的工具。主要有各类用于拆卸轴承、连轴器、皮带轮等紧固件的拉具，安装用的各类套筒扳手及加热用的喷灯等。

（4）普通工具。普通工具是指既可用于电子产品装配，又可用于其他机械装配的通用工具。

（5）专用工具。专用工具指专门用于电子整机装配加工的工具。包括剥线钳、成型钳、压接钳、绕接工具、热熔胶枪、手枪式线扣钳、元器件引线成型夹具、特殊开口螺钉旋具、无感的小旋具及钟表起子等。

本节主要讲电工常用的工具，其他的工具请大家自行参考相关书籍。

一、低压试电笔

低压试电笔又称测电笔、试电笔、低压验电器，是用来检查低压导体或电气设备是否带电的辅助安全用具。常用的试电笔是氖管式低压试电笔。现在还有用发光二极管作显示的新型数字测电笔。

1. 氖管式低压试电笔

氖管式低压试电笔是用来检测低压线路和电气设备是否带电的低压测试器，检测的电压范围为 60～500V，通常有笔式和螺丝刀式两种。氖管式低压试电笔由壳体、探头、电阻、氖管、弹簧、笔尾金属体等组成。检测时，氖管亮表示被测物体带电。

试电笔的工作原理是，当手拿着试电笔测试带电体时，带电体经试电笔、人体到大地形成了回路。就是穿了绝缘鞋或站在绝缘物上，也认为是形成了回路，因为绝缘物微弱的漏电电流也足以使氖泡起辉，只是辉光要弱一点而已。由于试电笔内降压电阻的阻值很大，在试电时流过人体的电流是很微弱，属于安全电流，不会对使用者造成危险。

氖管式低压试电笔结构如图 2-1 所示。

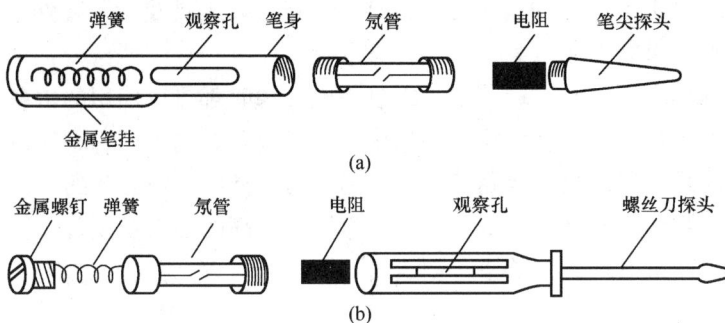

图 2-1　试电笔结构图
(a) 笔式；(b) 螺丝刀式

在使用氖管式低压试电笔验电时，测量时手指握住低压验电器笔身，笔尖探头金属体触及带电体，手指应触及笔身尾部的金属体，使氖管小窗背光朝向自己以便观察。当带电体与大地之间的电位差超过一定数值，电笔中的氖泡就能发出辉光。

氖管式低压试电笔，有结构简单、使用方便、价格低廉、携带便利等特点。电工只要使用这样一支普通的低压试电笔，掌握试电笔的原理，结合熟知的电工原理，就可在维修中灵活地运用，并有很多的应用技巧。

但在使用氖管式低压试电笔之前，一定要首先检查氖管式低压试电笔有无破损或损坏，并在确定带电的物体上检查其是否可以正常发光，检查合格后方可使用。在使用的过程中，如遇试电笔经重击、振动、跌落等情况后，要重新进行试电并确定正常后，才可继续使用。

螺丝刀式试电笔的刀体，与螺丝刀的形状相似，但它只能承受很小的转矩，不可作为螺丝刀来使用，使用时应特别注意以防损坏。

TIPS▶
氖管式低压试电笔的一些应用技巧

◇判断交流电和直流电

交流电通过试电笔中氖泡两极时会同时发亮，而直流电通过时氖泡时，只有一个极发光。把试电笔两端接在直流电的正、负极之间，氖泡发亮的一极为负极，不发亮的一极为正极。人站在地上用试电笔接触直流电，如果氖泡发光，说明直流装置存在接地现象，当试电笔尖端一极发亮时，说明正极接地，若手握的一极发亮，则是负极接地。如果氖泡不发光，则说明直流装置对地绝缘。在进行直流电的测试时，要注意直流电的起辉电压。

◇判断相线与零线及电压的高低

在交流电路中，低压验电器可用来区分相线和零线，当验电器触及导线时，氖管发光的即为相线，正常情况下，触及零线是不会发光的。在测试时可根据氖管发光的强弱来判断电压的高低，氖管辉光越暗，则表明电压越低；氖管辉光越亮，则表明电压越高。若氖泡光源闪烁，则表明某线头松动，接触不良或电压不稳定。在使用试电笔时，要注意氖泡两极的亮度变化，要注意感应电和静电的现象。

◇判断交流电的同相和异相

先确定两条导线是带电的，然后两只手各持一支试电笔，并站在绝缘体上，将两支笔同时触及待测的两条导线上，如果均不太亮，则表明两条导线是同相；若两支试电笔的氖泡有辉光，则说明两条导线是异相。

2. 数字式测电笔

数字式测电笔是一个新型的验电的工具，主要由输入保护电路、稳压源供电电路、A/D模数转换电路等组成。

数字式测电笔的显示比较直观，但在使用中发现，数字式测电笔对电压太敏感了，有时线路上没有电压，但用数字式测电笔测试时，仍会显示一定的电压数值，感觉没有氖管式试电笔可靠。

数字式测电笔通常有两个按键：①直接测量按键（DIRECT），也就是用笔头直接去接触线路时，请按此按钮；②感应测量按键（INDUCTANCE），也就是用笔头感应接触线路时，请按此按钮。

不管电笔上如何印字，请认明离液晶屏较远的为直接测量键；离液晶较近的为感应键即可！

常见的数字式测电笔如图2-2所示。

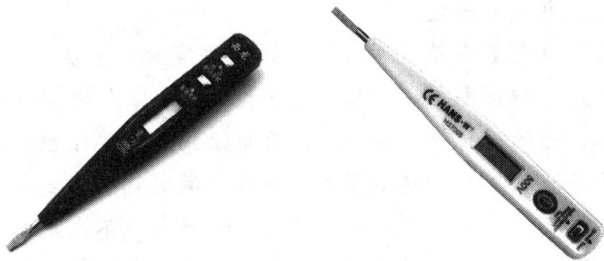

图2-2　数字式测电笔

数字式测电笔通常适用于直接检测12～250V的交直流电和间接检测交流电的零线、相线和断点。

（1）直接检测。①最后数字为所测电压值；②未到高断显示值70％时，显示低断值；③测量直流电时，应手碰另一极。

（2）间接检测。按住感应键，将笔头靠近电源线，如果电源线带电的话，数显电笔的显示器上将显示高压符号。

（3）断点检测。按住感应键，沿电线纵向移动时，显示窗内无显示处即为断点处。

二、螺钉旋具

螺钉旋具俗称螺丝刀，有的地方又叫做起子、螺丝起子、改锥、螺丝批、螺钉旋具、旋凿等，是一种用来拧紧或旋松各种尺寸的槽形机用螺钉、木螺丝以及自攻螺钉的手工工具。是电工在维修中使用得最多的常用工具，螺丝刀由刀柄和刀体组成。刀口部分一般用碳素工具钢经过淬硬处理，耐磨性强。刀柄由木柄、塑料和有机玻璃等制成。

螺丝刀主要用来紧固或拆卸螺钉，安装或拆卸电器元件。螺丝刀按旋杆头部形状的不同，旋杆顶端的刀口形状分为一字形、十字形、六角形和花形等数种，其中以一字形和十字形最为常用，如图 2-3 所示。电工用的螺丝刀的刀体部分一般有绝缘管套住。

螺丝刀的具体操作为：将螺丝刀头部拥有特化形状的端头对准螺丝的顶部凹坑，螺丝刀头部与螺丝顶部凹坑紧密压紧，然后开始旋转螺丝刀手柄，顺时针方向旋转为嵌紧；逆时针方向旋转则为松出。

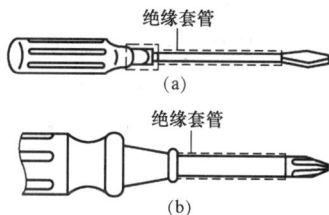

图 2-3　常见的螺丝刀
(a) 一字形；(b) 十字形

（1）一字形螺丝刀。一字形螺丝刀用来紧固或拆卸一字槽形状的螺钉，其常用规格用柄部以外的长度来表示，螺丝刀旋杆的直径和长度与刀口的厚薄和宽度成正比。一字形螺丝刀常用的规格有二种单位：①以英寸为单位的，如 2 寸、3 寸、4 寸、6 寸、8 寸、12 寸等；②以 mm 为单位的，如 50mm、75mm、100mm、150mm、200mm 和 300mm 等。

（2）十字形螺丝刀。十字形螺丝刀用来紧固或拆卸带十字槽的螺钉，其常用的规格有 4 个：①Ⅰ号适用于螺钉直径 2～2.5mm；②Ⅱ号适用于螺钉直径 3～5mm；③Ⅲ号适用于螺钉直径 6～8mm；④Ⅳ号适用于螺钉直径 10～12mm。

（3）带磁性的螺丝刀。现在很多的螺丝刀金属杆的刀口端有磁性，可以吸住待拧紧的螺钉，能够准确将螺钉定位、拧紧，使用起来非常方便。

（4）组合型螺丝刀。组合型螺丝刀的刀头和柄是分开的，要安装不同类型的螺丝时，只需把螺丝刀头换掉就可以，不需要带备多支螺丝刀。组合型螺丝刀的好处是可以节省空间，缺点是容易遗失螺丝刀头。钟表起子，属于精密起子，常用在修理手表、钟表的。

（5）电动螺丝刀。电动螺丝刀就是用直流电动机来代替人手力来安装和移除螺丝，通常是组合螺丝批。

此外，还有一些自成规格的螺丝刀，多用途的螺丝刀品种比较多，这里就不讲了。

TIPS▶ 螺丝刀的使用技巧

◇**大螺丝刀的使用**

大螺丝刀一般用来紧固较大的螺钉。使用时，除大拇指、食指和中指要夹住螺丝刀手柄外，手掌还要顶住手柄的末端，这样就可防止螺丝刀转动时滑脱。

◇**小螺丝刀的使用**

小螺丝刀一般用来紧固电气装置上的小螺钉，在使用时，可用手指顶住螺丝刀手柄的末端捻旋。

◇**较长螺丝刀的使用**

可用右手压紧并转动手柄，左手握住螺丝刀中间部分，以使螺钉刀不滑脱。此时左手不得放在螺钉的周围，以免螺钉刀滑出时将手划伤。

使用螺丝刀时应注意以下几个方面。

（1）螺丝刀的手柄应该保持干燥、清洁、无破损并且绝缘完好。

（2）在实际使用过程中，尽量不要使螺丝刀的金属杆部分触及带电体，可以在金属杆上套上绝缘塑料管，以免造成触电或短路事故。使用螺丝刀紧固和拆卸带电的螺钉时，手不得触及螺丝刀的金属杆，以免发生触电事故。

（3）螺丝刀应根据螺钉沟槽的宽度选用相应的规格，应使螺丝刀头部的长短和宽窄与螺钉槽相适应。不能用小规格的螺丝刀来拧大规格的螺丝，那样容易损坏螺丝刀和螺丝。

（4）不能用锤子或其他工具敲击螺丝刀的手柄，将螺丝刀当作凿子来使用。也不可用螺丝刀来当撬棒或凿子来使用。

（5）螺丝刀的头部要对准螺钉的端部并要压紧与严密，使螺丝刀与螺钉处于一条直线上，压与拧要同时进行，用力要平稳。

在维修的过程中还应注意有部分厂家生产的螺丝刀的硬度比螺丝钉还低，螺丝还没有拧动，螺丝刀就出问题了，而且最怕的就是损坏螺丝钉的得力角，哪怕是一个螺丝拧不出来，设备就没有办法修，特别是一些操作不便的场所。所以最好选用优质的工具，以免造成不必要的麻烦和损失。

三、钢丝钳

钢丝钳又称电工钳、平口钳，一般用碳素结构钢制造，由钳头和钳柄组成，钳头包括钳口、凿口、刀口和侧口。钳柄上套有额定工作电压500V的绝缘套管。钢丝钳主要用于剪切、绞弯、夹持金属导线，钳子的刀口可用来剖切软电线的橡皮或塑料绝缘层。钳子的齿口也可用来紧固或拧松螺母，切断钢丝等较硬的金属线。常用钢丝钳的规格有 150mm、175mm、200mm 和 250mm 几种，其结构及使用方法如图 2-4 所示。

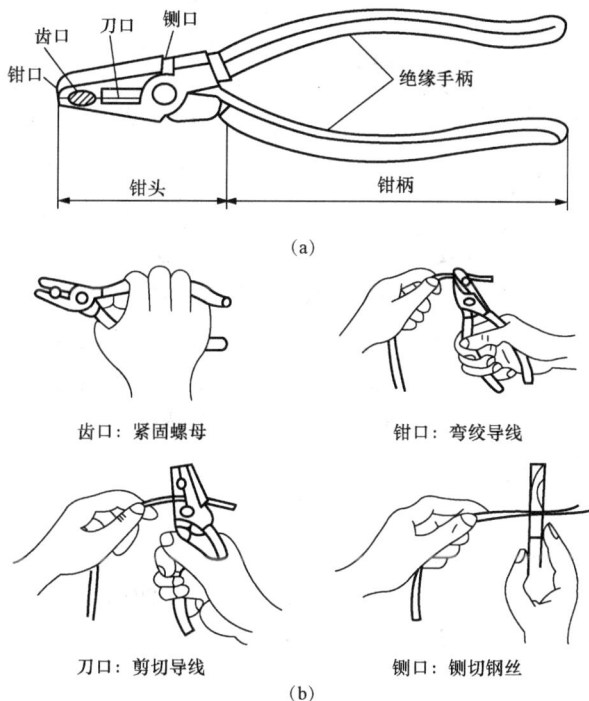

(a)

齿口：紧固螺母　　　　　　　　钳口：弯绞导线

刀口：剪切导线　　　　　　　　铡口：铡切钢丝

(b)

图 2-4　钢丝钳的结构及使用方法

(a) 结构；(b) 使用方法

　　电工应该选用带绝缘手柄的钢丝钳，用钢丝钳剪切带电导线时，不能用刀口同时切断相线和零线，也不能同时切断两根相线。并且切断两根导线的断点应保持一定的距离，以避免发生短路事故。

　　在使用电工钢丝钳以前，首先应该检查绝缘手柄的绝缘是否完好，保持绝缘手柄的绝缘性能良好，是带电作业时人身安全的保证。

　　不得把钢丝钳当作锤子作敲打使用，也不能在剪切导线或金属丝时，用锤子或其他工具敲击钳头部分。另外，钢丝钳的钳轴要经常加油以防生锈。

四、尖嘴钳

尖嘴钳，俗称细嘴钳、修口钳。也是电工常用的工具之一，电工使用的是带绝缘手柄的，如图2-5所示。其绝缘手柄的绝缘耐压为500V，尖嘴钳的头部尖细，适用于在狭小的工作空间操作。主要用来夹持、剪切线径较细的单股与多股线以及给单股导线接头弯圈、剥塑料绝缘层等。尖嘴钳的规格有130mm、160mm、180mm、200mm等。

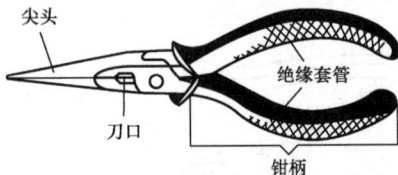

图2-5 尖嘴钳的结构

为确保使用者的人身安全，严禁使用塑料套破损、开裂的尖嘴钳带电操作。尖嘴钳的头部是经过淬火处理的，钳头不要在高温的地方使用，不宜在80℃以上的温度环境中使用尖嘴钳，以防止塑料套柄熔化或老化。为保持钳头部分的硬度，防止尖嘴钳端头断裂，尖嘴钳的钳头不能用力去不宜夹持较大的物件，不允许用尖嘴钳去装拆螺母，不宜用它夹持较硬、较粗的金属导线及其他硬物，以免钳头弯曲或者造成钳头合不严密。

五、扳手

常用的扳手有活动扳手、呆扳手、梅花扳手、两用扳手、套筒扳手、内六角扳手和扭力扳手、专用扳手、管子扳手等。

1. 活动扳手

活动扳手简称活扳手、活络扳手、是一种旋紧或拧松有角螺丝或螺母的工具，活动扳手的结构如图2-6所示。

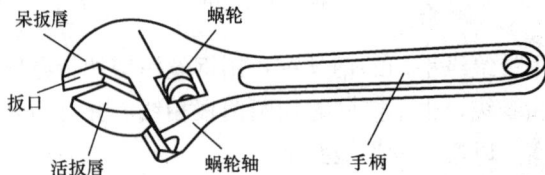

图2-6 活动扳手的结构

活动扳手是一种利用杠杆原理来拧紧或旋松螺栓、螺钉、螺母等螺纹紧固件的专用开口手工工具，扳手通常由碳素结构钢或合金结构钢制成，它由头部和手柄部构成。头部又由活扳唇、呆扳唇、扳口、蜗轮、蜗轮轴等构成，旋动蜗轮可以调节扳口大小，其开口尺寸能在一定的范围内任意调整。

活动扳手的使用技巧

　　活动扳手的扳口在夹持螺母时，要注意呆扳唇在上，活扳唇在下，切不可反过来使用。活动扳手在扳动小螺母时，因需要不断地转动蜗轮，调节扳口的大小，所以手应握在靠近呆扳唇，并用大拇指调节蜗轮，以适应螺母的大小。紧固大螺母时，不应将活动扳手作为撬杠或锤子使用。使用时，右手握扳手手柄。手越靠近扳手手柄的后端，扳动起来就越省力。但不可采用钢管套在活扳手的手柄上来增加扭力，因为这样极易损伤活动扳唇。在扳动生锈的螺母时，可在螺母上滴几滴煤油或机油，过一段时间再去拧，这样就好拧动了。

　　应根据螺母的大小选择活动扳手的规格，活动扳手的规格以长度（mm）×最大开口宽度（mm）表示，公制单位后面的为英制的单位。常用的有150×19（6英寸）、200×24（8英寸）、250×30（10英寸）、300×36（12英寸）等几种。

　　2. 固定扳手

　　固定扳手简称呆扳手、开口扳手，通常用45钢、50钢锻造，并经热处理而成。它有单头和双头两种，即其一端或两端带有固定尺寸的开口，按其开口角度又可分为15°、45°和90°3种，这样既能适应人手的操作方向，又可降低对操作空间的要求。其规格是以两端开口的宽度S来表示的，如8～10mm、12～14mm等。

　　因一把呆扳手的开口大小一般是根据标准螺帽相邻的两个尺寸而定，最多只能拧动两种相邻规格的六角头或方头螺栓、螺母，故使用范围较活动扳手要小。但它的开口为固定口径，不能调整，所以在使用时也不易打滑。

　　呆扳手主要用于拆装一般标准规格的螺栓或螺母。使用时可上下套入或直接插入，其开口是与螺钉头、螺母尺寸相适应的，并根据标准尺寸做成一套。其适用的范围在6～24mm之间。通常是以成套装备，常用的有8件套、10件套等。

　　3. 梅花扳手

　　梅花扳手简称眼镜扳手，通常用45钢或40Cr锻造，并经过热处理。梅花扳手的两端是套筒式圆环状的，梅花扳手两端的圆环内具有带六角孔或十二角孔的工作端，一般能将螺母或螺栓的六角部分全部围住，并且两端分别弯成一定角度，工作时不易滑脱，安全可靠。常见的梅花扳手有乙字型（又称调匙型）、扁梗型和短颈型3种。梅花扳手的规格是以闭口尺寸S来表示，如10～12mm、12～14mm等。通常是成套装备，有6件一套、8件一套、10件一套等，其适用范围在 5.5～27mm 之间。

由于梅花扳手具有扳口壁薄和摆动角度小的特点，使用时，梅花扳手扳动 30°后，即可换位再套，在工作空间狭窄的地方或者螺帽密布的地方使用最为适宜。梅花扳手适用于在活动扳手和呆扳手等普通扳手不能使用的场合，尤其适用于拆装部位受到限制的螺母、螺栓处。

4. 两用扳手

两用扳手是呆扳手与梅花扳手的合成形式，其两端分别为呆扳手和梅花扳手，故而兼有两者的优点。一把两用扳手只能拧转一种尺寸的螺栓或螺母。

5. 套筒扳手

套筒扳手是一种组合型工具，套筒扳手一般都附有一套各种规格的套筒头以及摆手柄、接杆、棘轮手柄、快速摇柄、万向接头、旋具接头、弯头手柄等，使用时由几件组合成一把扳手。操作时，根据作业需要更换附件、接长或缩短手柄。有的套筒扳手还带有棘轮装置，当扳手顺时针方向转动时，棘轮上的止动牙带动套筒一起转动；当扳手沿逆时针方向转动时，止动牙便在棘轮上空转。套筒扳手除了省力以外，还使扳手不受摆动角度的限制。当螺钉或螺母的尺寸较大或扳手的工作位置很狭窄，就可用棘轮扳手。这种扳手摆动的角度很小，能拧紧和松开螺钉或螺母。拧紧时作顺时针转动手柄。

套筒扳手适用于拆装位置狭窄或需要一定力矩的螺栓或螺母，常用套筒扳手的规格是 8～32mn，常用的套筒扳手有 13 件、17 件和 24 件一套等多种规格。

套筒扳手的套筒部分与梅花扳手的端头相似，套筒头是一个内凹的圆筒，用来套入螺帽。可根据需要，选用不同规格的套筒和各种手柄进行组合。如活动手柄可以调整所需力臂，快速手柄用于快速拆装螺母、螺栓，同时还能配用扭力扳手显示扭紧力矩。具有功能多、使用方便、安全可靠的特点，尤其在拆装部位空间狭小、凹下很深或不易接近等部位的螺栓、螺母更为方便、实用、工作效率较高。

6. 内六角扳手

内六角扳手为制成 L 形的六角棒状扳手，专供紧固或拆卸机床、车辆、机电产品、钢架结构、机械设备上的内六角螺钉与螺母用。其规格以六角形对边尺寸 S 表示，有 3～27mm 尺寸的 13 种。

内六角扳手的型号是按照六角形的对边尺寸来说的，螺栓的尺寸有国家标准。

7. 扭力扳手

扭力扳手它是一种可读出所施力矩大小的专用工具，通常分为指针式扭力扳手和预调式铰接扭力扳手两种。其规格是以最大可测力矩来划分的，常用的有 294N·m、490N·m 两种。扭力扳手除用来控制螺纹件旋紧力矩外，还可以用来测量旋转件的起动转矩，以检查配合、装配情况。

8. 专用扳手

专用扳手是一些用途单一的特殊扳手的通称。通常以其用途或结构特点命名，每一种专用扳手又可以按照不同规格、尺寸进行分类。常用的专用扳手有内六角扳手、方形扳手、勾形扳手、叉形扳手、火花塞套筒扳手、轮胎气门芯扳手和其他专用套筒扳手。

在使用专用扳手时，必须选用与工件相适应的扳手，以免在扳手滑脱时造成工件损坏或伤人。

9. 管子扳手

管子扳手它是一种专门用于扭转管子、圆棒形工件以及其他扳手难以夹持、扭转的光滑圆柱形工件的工具。在使用管子扳手时，应使扳口咬紧工件后再用力扳动，否则容易滑脱。由于管子扳手的扳口上有齿槽，使用时应尽量避免将工件表面咬出齿痕，同时还应注意，不能用管子扳手拆装螺母、螺栓或其他有棱角的工件，以防损坏其棱角。

管子扳手的规格是用长度和相应夹持管子最大工件外径尺寸表示的，如 150mm×20mm、200mm×25mm、250mm×30mm、300mm×40mm 等。乘号前的数字表示管子扳手的长度，乘号后的数字表示管子扳手的扳口可夹持最大工件的外径。

TIPS▶ 使用扳手的注意事项

（1）在选用各种类型的扳手开口尺寸时，其开口量必须与螺母、螺栓或工件相符合，扳手开口过大就容易滑脱，还会损坏扳手和螺母、螺纹及工件的棱角，严重时还有可能伤人。

（2）普通扳手是按人手的力量来设计的，遇到较紧的螺纹连接件时，不能使用用锤击的方法敲打扳手。除套筒扳手外，其他扳手都不能套装加力杆，以防损坏扳手或螺纹连接件。

（3）不论使用何种扳手，要想得到最大的扭力，拉力的方向一定要和扳手成直角。

（4）在使用扳手用力时，最好是用拉力而不要用推力，如必须要使用推力时，只能用手掌来推动，手指不能握住扳手的手柄，以防扳手突然滑脱时碰伤手指。

六、剥线钳

剥线钳是应用比较广泛的电工工具，它是内线电工、电机修理、仪器仪表电工常用的工具之一。剥线钳适宜于剥塑料、橡胶绝缘电线、电缆芯线的绝缘皮。

剥线钳由刀口、压线口和钳柄组成，其结构如图2-7所示。剥线钳的手柄采用优质塑料，钳柄上套有额定工作电压500V的绝缘套管。剥线钳用于剥除线芯截面为6mm² 以下塑料或橡胶绝缘导线的绝缘层。剥线钳的刀口有0.5～3mm等多个直径的切口，切口的刃部由特殊机械精细加工，且经高频淬火处理，以适应不同规格的线芯剥削。剥线钳在使用时注意选好刀刃孔径，当刀刃孔径选大时难以剥离绝缘层，若刀刃孔径选小时又会切断芯线，只有选择合适的孔径才能达到剥线的使用目的。

现在常用的剥线钳有手动和自动两种类型。

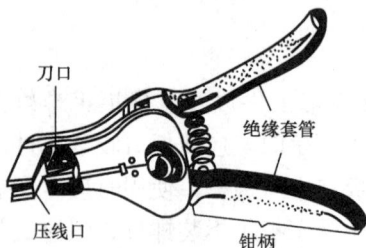

图2-7　剥线钳的结构

1. 自动剥线的剥线钳

使用时根据导线线芯的粗细，选择相应的剥线刀口，将待剥皮的线头置于钳头的刃口中间，选择好要剥线的长度，握住剥线钳的手柄，将线缆夹住，用手将两钳柄用力地一捏，随即松开，绝缘皮便与芯线脱开。

2. 手动剥线的剥线钳

使用时根据导线线芯的粗细，选择相应的剥线刀口，将待剥皮的线头置于钳头的刃口中间，选择好要剥线的长度，握住剥线钳的手柄，剥线刀口将线缆夹住，用手将两钳柄握紧，再向剥线端缓缓用力，使导线的绝缘外皮慢慢地剥落。

七、电工刀

电工刀是电工常用的切削工具。普通的电工刀由刀片、刀刃、刀把、刀挂等构成，如图2-8所示。在不用时，可以把刀片收缩到刀把内。是用来剖削和切割的常用工具，电工刀的规格有大号、小号之分，还有普通式和多用

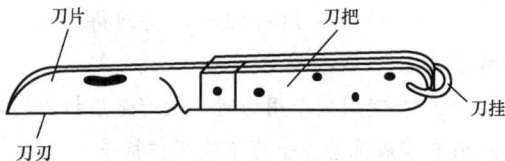

图2-8　电工刀的结构

式之分。

用电工刀来剖削电线的绝缘层时，切忌面向人体切削，可把刀刃略微翘起一点，刀口应朝外剖削，不要把刀刃垂直对着导线切割绝缘层，因为这样很容易割伤电线的线芯，使用完毕随即把刀口折入刀柄内，并注意避免伤手。由于电工刀的刀柄是不绝缘的。应注意不得在带电体或器材上使用，以防触电。

要注意保护好电工刀的刀口，刀刃部分要磨得锋利才容易剥削电线，但不可太锋利，太锋利轻易削伤线芯。刀刃部分太钝则无法剥削绝缘层，刀口用钝后，可用油磨石或磨刀石来修磨。如果刀刃部分损坏较重，可用砂轮磨但须防止退火。应避免在过硬物体上划损或碰缺，要经常保持刀口的锋利。

多功能电工刀除了刀片外，还有锯片、锥子、扩孔锥等，可以用削制木榫、竹榫，还可用来锯割木条、竹条等。

八、电烙铁

电烙铁是电工常用的焊接工具，电烙铁一般由烙铁头、烙铁心、外壳、手柄、电源线和插头等部分组成。电烙铁分为内热式、外热式、快热式（或称感应式）、恒温式等几种。在使用电烙铁之前必须经过外观检查和电气检查，并定期进行安全检查，使其绝缘强度保持在合格状态。使用的场所应是干燥、无腐蚀性气体、无导电灰尘的，用完后应及时切断电源。

电烙铁的规格是用功率来表示的，常用的有 20W、25W、30W、50W、75W 和 100W 等多种。电烙铁的功率越大，电烙铁的热量越大，烙铁头的温度就越高。在焊接印制电路板组件时，通常使用功率为 25W 的电烙铁。

TIPS▶
电烙铁的使用技巧

电烙铁烙铁头插入烙铁心的深度，直接影响到烙铁头的表面温度，一般焊接体积较大的物体时，烙铁头应插得深一些，焊接小而薄的物体时应插得浅些。

烙铁头可以加工成不同形状，如凿式和尖锥形烙铁头的角度较大时，热量比较集中，温度下降较慢，适用于焊接一般焊点。当烙铁头的角度较小时，温度下降快，适用于焊接对温度比较敏感的元器件。斜面烙铁头，由于表面大，传热较快，适用于焊接布线不很拥挤的单面印制板焊接点。圆锥形烙铁头适用于焊接高密度的线头、小孔及小而怕热的元器件。

1. 外热式电烙铁

外热式电烙铁的电阻丝绕在薄云母片绝缘的圆筒上组成烙铁心，烙铁头安装在烙铁心里面，电阻丝通电后产生的热量传送到烙铁头上，使烙铁头温度升高，故称为外热式电烙铁。外热式电烙铁的体积、重量、耗电量都要大于内热式电烙铁，发热的效率也较低，但它的结构简单、经济耐用，寿命较长。

2. 内热式电烙铁

内热式电烙铁的发热芯子装在烙铁头里面，故称为内热式电烙铁。芯子是采用极细的镍铬电阻丝绕在瓷管上制成的，在外面套上耐高温绝缘管。烙铁头的一端是空心的，它套在芯子外面，用弹簧来紧固。由于芯子装在烙铁头内部，热量能完全传到烙铁头上，它发热快，热量利用率高达85%～90%，烙铁头部温度达350℃左右。20W内热式电烙铁的实用功率相当于25W～40W的外热式电烙铁。内热式电烙铁具有体积小、重量轻、发热快和耗电低等优点，因而得到广泛应用。由于其连接杆的管壁厚度只有0.2mm，而且发热元件是用瓷管制成的，所以更应注意不要敲击，不要用钳子夹连接杆。

3. 恒温电烙铁

目前使用的外热式和内热式电烙铁的烙铁头温度都超过300℃，这对焊接晶体管、集成电路等是不利的，一是焊锡容易被氧化而造成虚焊；二是烙铁头的温度过高，若烙铁头与焊点接触时间长，就会造成元件的损坏。在要求较高的场合，通常采用恒温电烙铁。

恒温电烙铁有电控和磁控两种。电控是用热电偶作为传感元件，来检测和控制烙铁头的温度。当烙铁头的温度低于规定数值时，温控装置就接通电源，对电烙铁加热，使温度上升。当达到预定温度时，温控装置就自动切断电源。这样反复地动作，使烙铁头基本保持恒定的温度。

磁控恒温电烙铁是在烙铁头上，装一个强磁性体传感器，用于吸附磁性开关（控制加热器开关）中的永久磁铁来控制温度。升温时，通过磁力作用，带动机械运动的触点，闭合加热器的控制开关，烙铁被迅速加热。当烙铁头达到预定温度时，强磁性体传感器到达居里点（铁磁物质完全失去磁性的温度）而失去磁性，从而使磁性开关的触点断开，加热器断电，于是烙铁头的温度下降。当温度下降至低于强磁性体传感器的居里点时，强磁性体恢复磁性，又继续给烙铁供电加热。如此不断地循环，达到控制烙铁温度的目的。

如果需要控制不同的温度只需要更换烙铁头即可。因不同温度的烙铁头，装有不同规格的强磁性体传感器，其居里点不同，失磁温度各异。烙铁头的工作温度可在 $260\sim450\,℃$ 内任意选取。

4. 吸锡电烙铁

吸锡电烙铁是将吸锡器与电烙铁组合在一起了，在拆卸印刷板上的元器件或部件时，使用吸锡电烙铁能够很方便地吸附焊接点上的焊锡，使焊接件与印刷板脱离，从而可以方便地进行检查和修理。

吸锡电烙铁它由烙铁体、烙铁头、橡皮囊和支架等几部分组成。使用时先缩紧橡皮囊，然后将烙铁头的空心口子对准焊点，待焊锡熔化时按动按钮放松橡皮囊，焊锡就被吸入电烙铁内；移开烙铁头，再按下橡皮囊，焊锡便被挤出。

5. 半自动电烙铁

与普通电烙铁不同的是，半自动电烙铁增加了焊锡丝送料机构。按动扳机，带动枪内齿轮转动，借助于齿轮和焊接丝之间的摩擦力，把焊锡丝向前推进，焊锡丝通过导向嘴到达烙铁头尖端，从而实现半自动送料。这种烙铁的优点是可用单手操作焊接，使用灵活方便。目前，这种电烙铁主要是应用于流水生产线。

TIPS▶
使用电烙铁时的注意事项

（1）必须用有三线的电源插头。一般电烙铁有三个接线柱，其中，一个与烙铁壳相通是接地端。另两个与烙铁心相通，接 220V 交流电压。电烙铁的外壳与烙铁心是不相通的，如果接错就会造成烙铁外壳带电，人触及烙铁外壳就会触电。若用于焊接，还会损坏电路上的元器件。因此，在使用前或更换烙铁心时，必须检查电源线与地线的接头防止接错。

（2）烙铁头一般用紫铜制成，在温度较高时容易氧化，在使用过程中其端部易被焊料浸蚀而失去原有形状，因此需要及时加以修整。初次使用或经过修整后的烙铁头，都必须及时挂锡，以利于提高电烙铁的可焊性和延长使用寿命。目前也有合金烙铁头，使用时切忌用锉刀修理。

（3）使用过程中不能任意敲击电烙铁，以免损坏内部发热器件而影响使用寿命。

（4）外热式电烙铁在使用一段时间后，应及时将烙铁头取出，去掉氧化物再重新装配使用。这样可以避免烙铁心与烙铁头卡住而不能更换烙铁头。

第2节 电工常用仪表

一、电工仪表常识

电工仪表是用于测量电压、电流、电能、电功率等电量和电阻、电感、电容等电路参数的仪表，在电气设备安全、经济、合理运行的监测与故障检修中起着十分重要的作用。电工仪表的结构性能及使用方法会影响电工测量的精确度，电工必须能合理选用电工仪表，而且要了解常用电工仪表的基本工作原理及使用方法。

1. 仪表的分类

常用电工仪表有以下几类：①直读指示仪表，它把电量直接转换成指针偏转角，如指针式万用表；②比较仪表，它与标准器比较，并读取二者比值，如直流电桥；③图示仪表，它显示二个相关量的变化关系，如示波器；④数字仪表，它把模拟量转换成数字量直接显示，如数字万用表。

常用电工仪表按其工作原理分类，可分为有磁电式、电磁式、电动式、感应式、整流式、静电式等。按其结构原理，则可分为以数字技术为基础构成的电子式数字显示仪表和以电磁作用力为基础构成的机械式模拟指针表两大系列。

2. 仪表的误差

误差有3种：①绝对误差；②相对误差；③引用误差。仪表的误差是指仪表的指示值与被测量的真实值之间的差异，仪表的误差分为基本误差和附加误差两部分。基本误差是由于仪表本身特性及制造、装配缺陷所引起的，基本误差的大小是用仪表的引用误差表示的；附加误差是由仪表使用时的外界因素影响所引起的，如外界温度、外来电磁场、仪表工作位置等。

3. 仪表准确度等级

仪表准确度等级共7个，见表2-1。

表2-1 仪表准确度等级

准确度等级	0.1	0.2	0.5	1.0	1.5	2.5	5.0
基本误差（%）	±0.1	±0.2	±0.5	±1.0	±1.5	±2.5	±5.0

通常0.1级和0.2级仪表为标准表；0.5级至1.0级仪表用于实验室；1.5级至5.0级则用于电气工程测量。测量结果的精确度，不仅与仪表的准确

度等级有关，而且与它的量程也有关。因此，通常选择量程时应尽可能使读数占满刻度的 2/3 以上。

二、万用表

万用表是一种多功能、多量程的便携式电工仪表，是电工必备的仪表之一。一般的万用表可以测量直流电流、直流电压、交流电压和电阻等。有些万用表还可测量电容、电感、温度、二极管导通电压、晶体管共射极直流放大系数 h_{FE} 等。所以万用表是电工必备的仪表之一。万用表可分为指针式万用表和数字式万用表。

在使用万用表的时候，应注意电池状况，当欧姆表不能调零（指针式）或屏幕显示缺电符号（数字式）时，就应及时更换电池（9V）。虽然任何标准 9V 电池都可以使用，但是推荐使用碱性电池。

1. 指针式万用表

与数字式万用表相比，指针式万用表的精度要差一些，但指针式万用表指针摆动的过程比较直观，其摆动速度与幅度有时也能比较客观地反映了被测量的大小，故指针式万用表有一个优点是数字式万用表无法替代的，就是测量非线性元件，如晶体管、集成电路等。在测量时要特别注意，测量非线性元件时，红表笔与黑表笔所显示的极性，与实际的极性刚好相反。

指针式万用表内一般有两块电池，一块是低电压的 1.5V，一块是高电压的 9V 或 15V，在电阻档时指针式万用表的输出电流要比数字式万用表的输出电流大很多，用 R×1Ω 档可以使扬声器发出响亮的"哒"声，用 R×10kΩ 档甚至可以点亮发光二极管（LED）。

MF-30 型万用表外形如图 2-9 所示。

指针式万用表的表头是灵敏电流计，表头上的表盘印有多种符号，刻度线和数值。符号 A－V－Ω 表示这只电表是可以测量电流、电压和电阻的多用表。表盘上印有多条刻度线，其中右端标有"Ω"的是电阻刻度线，其右端为零，左端为∞，刻度值分布是不均匀的。符号"－"或"DC"表示直流，"～"或"AC"表示交流，"≃"表示交流和直流共用的刻度线。刻度线下的几行数字是与选择开关的不同档位相对应的刻度值。

万用表的表笔有红、黑两支。使用时应将红色表笔插入标有"＋"号的插孔，黑色表笔插入标有"－"号的插孔。

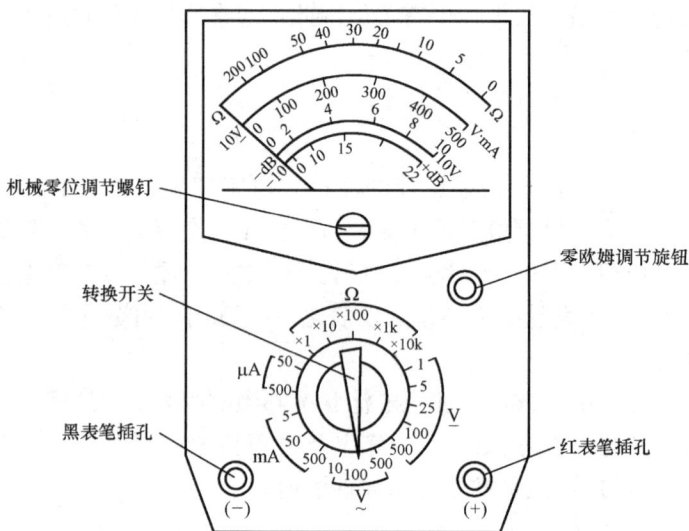

图 2-9　MF-30 型万用表外形

TIPS▶
使用指针式万用表时的注意事项

（1）在测量较高电压或大电流时，不能带电转动转换开关，避免转换开关的触头因转动产生的电弧而被损坏。如需要换挡，应先断开表笔后，再去换挡然后进行测量。

（2）在使用万用表的过程中，不能用手去接触表笔的金属部分，以免影响测量的准确性，另一方面要确保证人身的安全。

（3）万用表在使用时，必须按要求放置，"∏"表示水平放置，"⊥"表示垂直使用，以免造成误差。同时，还要注意到避免外界磁场对万用表的影响。

（4）万用表使用完毕，应将转换开关置于空档或交流电压的最高挡。如果长期不使用，还应将万用表内部的电池取出来，以免电池流液腐蚀表内器件。

（1）用万用表测量电阻。

用万用表测量电阻时，要注意不能带电测量。先要选择合适的倍率，使指针指示在 1/3～2/3 的位置，不要指示在表盘的左右两边，以免造成较大的误差，将测量时指针所标识的读数乘以量程的倍率，这才是所测之电阻值。在使用前要机械调零和欧姆校零，每次换档时后，都要进行欧姆校零，在线测量时被测电阻不能有并串联支路，以免影响测量的数据。在测量电阻时，不可将手指捏在电阻两端，这样人体电阻会使测量结果偏小。

测量晶体管、电解电容等有极性和非线性元件的等效电阻时，必须注意两支笔的极性。用万用表不同倍率的欧姆挡，测量非线性元件的等效电阻时，测出电阻值是不相同的。这是由于各挡位的中值电阻和满度电流各不相同所造成的，指针式万用表，一般倍率越小，测出的阻值越小。

（2）用万用表测量直流电压。

测量前先进行机械调零，再根据实际测量的电压值，选择合适的量程档位。如果不知测量的电压值时，从万用表的最大量程电压量程开始测量，逐步递减档位。测量时注意万用表红、黑表笔，要与被测电压的极性相符，避免指针反打而损坏表头。

测量电压时，万用表的指针指示在 $1/3\sim2/3$ 的位置。在测量万用表的扩展档时，黑表笔不动，红表笔插入电压扩展档的孔内，但测量完后，一定要记住将红表笔复位。

（3）用万用表测量直流电流。

测量前先进行机械调零，再根据实际测量的电流值，选择合适的量程档位。如果不知测量的电流值时，从万用表的最大量程电流量程开始测量，逐步递减挡位，应将万用表串联在被测电路中，即将万用表红、黑表笔串接在被断开的两点之间，因为只有串连才会使流过电流表的电流，与被测支路电流相同。测量时注意万用表红、黑表笔，与被测电流的极性相符，避免指针反打而损坏表头。

测量电流时，万用表的指针指示在 $1/3\sim2/3$ 的位置。在测量万用表的扩展档时，黑表笔不动，红表笔插入电流扩展档的孔内，但测量完后，一定要记住将红表笔复位。

（4）用万用表测量交流电压电流。

在测量交流的电压、电流时，与上面测量直流电压、电流的程序是一样。所不同的是，测量交流电时，挡位要打到交流的相应挡位上。另外一个不同的是，在交流的电压、电流测量时，万用表的红、黑表笔没有极性之分。

（5）用万用表测量电容。

测量电容时要用电阻档，主要是看万用表内的电池，对电容的充电电流的大小，来判断电容的容量。对于 1000pF 以下的电容，因电容量太小，一般指针式万用表测量不出来。即使是 1000pF 的电容，万用表的表针也只有轻微的摆动。在测量时，红表笔要接电容负极，黑表笔要接电容正极。对于电容的容量，也是凭经验或参照相同容量的标准电容，根据指针摆动的最大幅度来判定，一般用对比法来进行比较。例如估测一个 $100\mu F/250V$ 的电容可用一个 $100\mu F/25V$ 的电容来参照，只要它们指针摆动最大幅度基本一样，即可断定容量基本一样，所参照电容的耐压值不考虑，只要容量相同即可。电阻的档位越小，充电的速度越快，对于大容量的电容可先用小档位，然后再用高阻档位来测量，看指针是否停在或十分接近∞处。如果有一定的电阻，指针不能回返接近∞处，说明电容有漏电就不能使用。对于有极性的电容，表笔不能接反，否则万用表的指针不能返回接近∞处。

（6）用万用表测量二极管与三极管。

在第 3 章第 5 节"常用新型电器元件的使用"中，对晶体管的测量有详细的介绍，这里就不再重复了。

2. 数字式万用表

数字式万用表显示清晰、直观、读数方便、准确度高、分辨率高，更接近理想型仪表。数字表电压挡的内阻很大（至少在兆欧级），故对被测电路影响很小。但极高的输出阻抗使其易受感应电压的影响，在一些电磁干扰比较强的场合测出的数据可能是虚的。与指针式万用表相比，数字万用表的各项性能指标均有大幅度的提高。

数字表读数直观，但在测量时数字变化的过程看起来很杂乱，不太容易看清楚。数字表内部常用一块 9V 的电池。

数字式万用表的红表笔应插入标有"＋"的插孔，黑表笔插入"－"的插孔。数字万用表与指针式万用表不同，数字万用表的红表笔接内部电池的正极，黑表笔接内部电池的负极。

数字式万用表测量电阻、电压、电流时，与指针式万用表的测量一样，没有什么区别。但它有一些功能是指针式万用表没有的。如专用的电容测量挡，可以直接测量出电容的容量；二极管及通断测试挡，可以显示二极管的正向压降值，单位为 V（若二极管接反，则显示为"1"）；如测量线路的通断时，将表笔连接在待测线路的两端，如蜂鸣器响则电路为通，反之电路为断开。

数字式万用表的外观如图 2 - 10 所示。

当数字式万用表在显示为 1 时，说明测量的数值太大，无法显示，要换大的挡位进行测量。

电工新手在使用数字式万用表时，最容易犯的错误就是在测量电压时，没有注意电压的类型。数字式万用表对交流常用 AC 来表示，对直流常用 DC 来表示，电工新手在测量是往往只注意了电压的档位，没有注意电压的类型，在

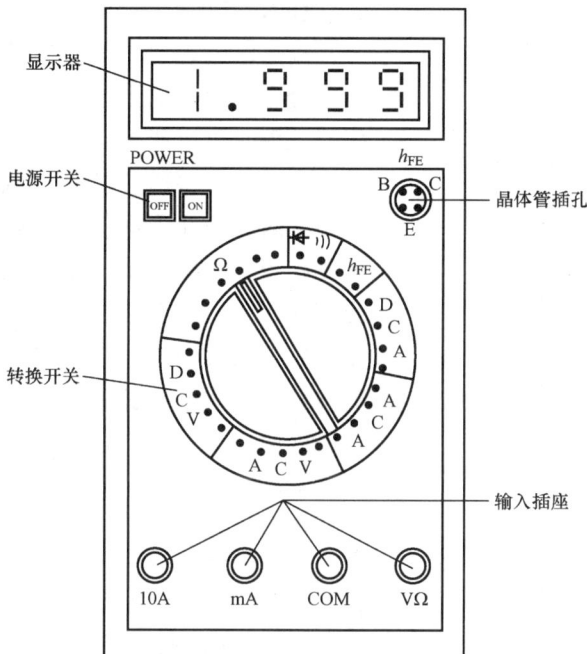

图 2-10 数字式万用表外观

测量中经常出现测量的数据误差很大或没有数据显示的情况，这时就要注意是否是电压的类型搞错了。

三、钳形电流表

钳形电流表是一种用于测量正在运行的电气线路的电流大小的仪表，可在不断线的情况下测量交流电流。有的钳形电流表还有测量电压、电阻的功能。钳形电流表也可分为指针式和数字式两类，根据结构和工作原理的不同，还可分为整流系和电磁系两类。整流系钳形电流表只能用于交流电流的测量；电磁系钳形电流表可以实现交、直流两用测量。

指针式钳形电流表的准确度不高，通常为 2.5～5 级。在测量 5A 以下的小电流时，为提高测量精度，在条件允许的情况下，可将被测导线多绕几圈，再放入钳口进行测量。此时实际电流应是仪表读数除以放入钳口中的导线圈数。

1. 指针式钳形电流表

指针式钳形电流表俗称钳表、卡表，它是由一只电流互感器、钳形扳手和一只整流式磁电式反作用力仪表所组成的，其外形结构如图 2-11 所示。

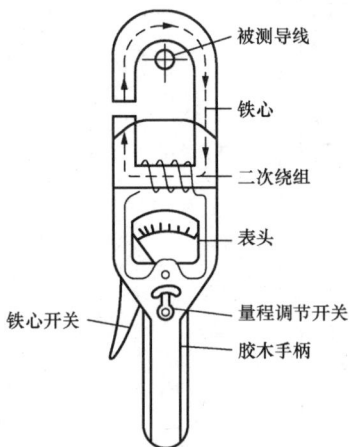

钳形电流表的电流互感器的铁心有一活动部分在钳形表的上端，并与手柄相连，在捏紧扳手时可以张开。使用时按动手柄使活动铁心张开，将通有被测电流的导线放入钳口中，然后松开手柄使铁心闭合。此时载流导体相当于互感器的一次绕组，铁心中的磁通在二次绕组中产生感应电流，通过整流电路之后，电流表指示出被测电流的数值。它的指针所指示的电流，与钳入载流导线的工作电流成正比，可直接从刻度盘上读出被测电流值。

钳形电流表可以通过转换开关的拨档，变换不同的量程。但拨档时不允许带电进行操作。

图 2-11　指针式钳形电流表的外形结构

为使读数准确，应使铁心钳口两个面紧密闭合。如听到钳口发出的电磁噪声，或把握钳形电流表的手有轻微震动的感觉，说明钳口端面结合不严密，此时应重新张、合一次钳口。如果杂声依然存在，应检查钳口端面有无污垢或锈迹，若有应将其清除干净，直至钳口结合良好为止。

2. 数字式钳形电流表

现在常用的是数字式钳形电流表，数字式钳形电流表的读数方便、清晰、直观、准确度高和分辨率高，体积小、价格也不高，得到了比较广泛的使用。

对于数字式钳形电流表而言，其测量结果的读数直观而方便，并且测量功能也扩充了许多，如扩展到能测量电阻、二极管、电压、有功功率、无功功率、功率因数、频率等参数。然而，数字式钳形电流表并不是十全十美的，当测量场合的电磁干扰比较严重时，显示出的测量结果，可能发生离散性跳变，从而难以确认实际电流值。

对于数字式钳形电流表，尽管在使用前曾检查过电池的电量，但在测量过程中，也应当随时关注电池的电量情况，若发现电池电压不足（如出现低电压提示符号），必须在更换电池后再继续测量。如果测量现场存在电磁干扰，就必然会干扰测量的正常进行，故应设法排除干扰。能否正确地读取测量数据，也直接关系到测量的准确性。

数字式钳形表的显示虽然比较直观，但液晶屏的有效视角是很有限的，眼睛过于偏斜时很容易读错数字，还应当注意小数点及其所在的位置，这一点千万不能被忽视。数字式钳形表有一个数据保持键，按下数据保持键"HOCD"后，此时显示屏上将保持测量前显示的最后数据并被固定，并且在显示屏上有"H"符号显示。在测量时不便观察数据或测量现场光线较暗时，可以按下该数据保持键，然后将钳形电流表拿到明亮处观察并记录。在按下数据保持键后，不能再进行测量。因为这时显示屏上将保持测量前显示的最后数据，再按一下数据保持键，仪表便可恢复到正常的测量状态。

每次测量完毕后一定要把调节开关放在最大电流量程的位置，以防下次使用时，由于未经选择量程而造成仪表损坏。

四、绝缘电阻表

绝缘电阻表俗称兆欧表，又称摇表，是用来测量绝缘电阻和高值电阻的仪表。绝缘电阻表可分为手摇发电机式和晶体管式两种。测量时，不要使测量范围过多地超出被测绝缘电阻的数值，以免读数时产生较大的误差。使用时，必须切断被测设备的电源，并将设备对地短路放电，使设备处于完全不带电状态，以保证人身和仪表的安全。

常用的手摇式绝缘电阻表通常由1个手摇发电机、1个表头和3个接线柱（L—电路端、E—接地端、G—屏蔽端）组成，其外形如图2-12所示。

绝缘电阻表的输出电压有500V、1000V、2500V、5000V几种，要根据情况选用。一般情况下，额定电压在500V以下的设备，应选用500V或1000V的绝缘电阻表；额定电压在500V以上的设备，选用1000～2500V的绝缘电阻表。

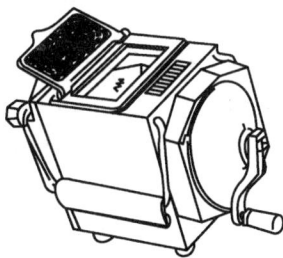

图2-12　常用的手摇式绝缘电阻表

TIPS▶ 绝缘电阻表的使用技巧

（1）绝缘电阻表在使用前要校表，检查其是否完好。测量前应进行一次开路和短路试验，具体方法是：将两连接线开路，以每分钟120转的速度摇动手柄，指针应指在"∞"处。再将两连接线短接，轻摇手柄，指针应指在"0"处。否则，该绝缘电阻表不能使用。

（2）被测设备或线路要断电。被测设备与电路要断开，对于大电容设备还要进行放电。

（3）测量绝缘电阻时，一般只用 L 端和 E 端，但在测量电缆对地的绝缘电阻或被测设备的漏电流较严重时，就要使用 G 端，并将 G 端接屏蔽层或外壳。电路接好后，可按顺时针方向摇动摇把，摇动的速度应由慢而快，当转速达到 120r/min 左右，保持匀速转动 1min 后读数，并且要边摇边读数，不能摇表停止摇动来后再来读数，因这时绝缘电阻表的指针是可以停在任何位置的。

（4）测量大电容的线路或电缆时，在读数完毕后，要边摇边拆线，拆线后绝缘电阻表才可停止摇动，不可做反，否则电容电流将通过表的线圈放电而烧坏表头。测量结束后，要对被测设备放电。

五、电能表

电能表是一种能测量用电量多少（或说电流所做功的多少）的仪表，俗称电度表。电能表由电压线圈、电流线圈、可绕轴旋转的铝盘以及计数机构 4 部分组成。电压线圈的匝数多，导线细，与电源并联；电流线圈的匝数少，导线粗，与用负载相串联。其工作原理是：当有电流通过时，两只线圈就会产生磁场，它们共同作用在铝盘上，便可驱动铝盘绕轴转动，负荷的功率大，通过电能表电流线圈的电流就大、铝盘转得就快、计数器累积的数字就多，用电时间越长，铝盘转动时间就越长，累积的数字也越多，耗电量的多少就可以从计数器中显示出来。

电能表通常可分为单相电能表和三相电能表两种，其接入方式也有直接接入式和经电流互感器接入式两种。图 2-13 所示为单相电能表的接线。

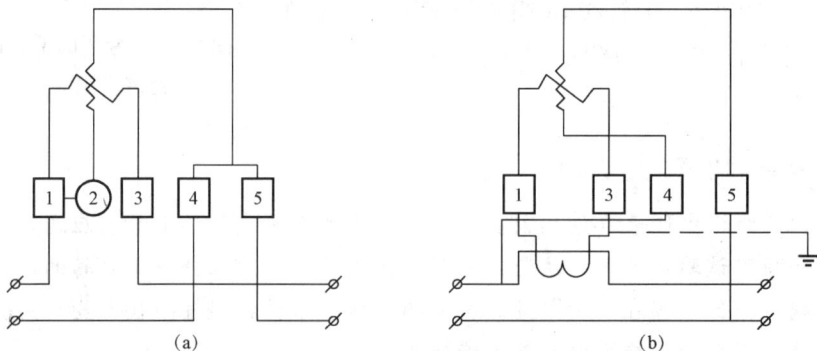

图 2-13　单相电能表的接线
(a) 直接接入式；(b) 经电流互感器接入式

图 2-13 中，直接接入式电能表的 1 端与 3 端为电流线圈，2 端与 4、5 端为电压线圈。2 端在电能表的内部，并没有接出来，只是用一个勾子进行电源相线的连接。

图 2-14 所示为三相四线电能表的接线。

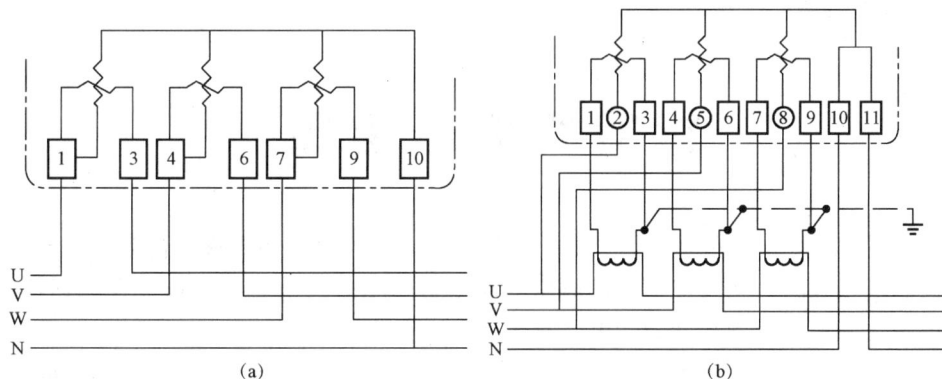

图 2-14　三相四线电能表的接线

(a) 直接接入式；(b) 经电流互感器接入式

图 2-13 和图 2-14 所示都是有功电能表的测量，直接接入式的电能表读数方法为

实际用电数(度) ＝ 本月读数 － 上月读数

使用了电流互感器接入式的电能表读数方法，先要看是使用的电流互感器的变比是多少的，如电流互感器的变比是 200/5A 的，它的变比就是 $200 \div 5 = 40$，电流互感器的变比是 40 倍的；如果电流互感器的变比是 100/5A 的，它的变比就是 $100 \div 5 = 20$，电流互感器的变比是 20 倍的。现在我们假设电流互感器的变比是 150/5A，上月电能表读数为 215 度（kWh），本月电能表读数为 325 度，则有

实际用电数(度) ＝(本月读数 － 上月读数)×互感器变比

$$= (325 - 215) \times (150 \div 5)$$

$$= 110 \times 30 = 3300(度)$$

第3章

常用的低压电器

　　首先说明电器的概念："凡是根据外界特定的信号和要求，自动或手动接通和断开电路，断续或连续的改变电路参数，实现对电路或非电现象的切换、控制、保护、检测和调节的电气设备均称为电器"。

　　电器的品种和种类繁多，即使是同一类电器，也有国产的、合资的、原装进口的等多种品牌。按照使用的电压等级，可将电器分为高压电器和低压电器。有的书上将电压在交流1200V、直流1500V以上的电气设备称作高压设备，有的书上则将交流1000V以上和直流1200V以上的电气设备称作高压设备。但是这对我们的实际工作并没有多大的影响，只要了解大致概念即可。

　　由于初级电工接触高压电器的机会相对比较少，因此在本章中对高压电器只作简单的介绍。实际上，高、低压电器在概念和使用上是基本一样的，它们在电路中所起的作用是一样的，只是应用的电压不同而已。

第1节　常用电器知识

一、常用高压电器

　　高压电器在电力系统中起着控制、保护和测量的作用。维修电工常见的高压电器有高压断路器、高压隔离开关、高压负荷开关、高压熔断器、避雷器等几种。

　　1. 高压断路器

　　高压断路器是变、配电所中的主要设备之一，它具有完善的灭弧结构和足够的断流能力，可在正常情况下可靠地切断工作电流或故障电流。

　　高压断路器的类型很多，按安装位置可分为户内式和户外式。按灭弧介质分为油断路、真空断路器、六氟化硫（SF_6）断路器等。

2. 高压隔离开关

高压隔离开关是一种广泛使用的高压设备。由于它没有灭弧装置，所以它不能用来切断负荷电流，更不能切断短路电流。它的类型按装设地点可分为户内式、户外式两种。

高压隔离开关主要作用为：隔离电压，将设备与带电的电网隔离，以保证被隔离的电气设备有明显的断开点，能安全地进行检修；倒换母线，在双母线的电路中，利用隔离开关将设备或线路从一组母线切换到另一组母线上去；可接通和断开小电流电路。

隔离开关与断路器是配合使用的，在接通负荷时，应先合母线侧隔离开关，再合负荷侧隔离开关，最后合断路器。在切断负荷时，应先断开断路器，再断开负荷侧隔离开关，最后断开母线侧隔离开关。次序绝对不能有错。常见的隔离开关与断路器的配合如图3-1所示，在接通负荷时的操作过程为 QS1→QS2→QF；在切断负荷时的操作过程为 QF→QS2→QS1。这就是我们常讲的倒闸操作，也是电工操作技能中重要的操作项目，现在说的是高压的倒闸操作，低压的倒闸操作过程也是一样的，这是电工必须要掌握的操作技能。

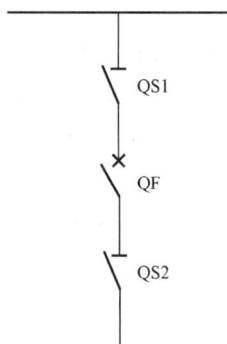

图 3-1 常见的隔离开关与断路器的配合

85

有的人认为隔离开关所起的作用是一样的，那么哪个先操作、哪个后操作应该没有什么关系，为什么还分顺序呢？这主要是从缩小事故的范围来考虑的。比如：现在要停电，必须先断开断路器 QF，但如果这时因断路器 QF内部的原因或者误操作而使得断路器 QF的触头并没有真正断开；那么不管你是断开母线侧隔离开关，还是断开负荷侧隔离开关，都将引起隔离开关三相电弧短路（因隔离开关没有灭弧装置），从而造成隔离开关报废而发生事故。但我们修复负荷侧隔离开关，只要断开本单位的开关就可以进行检修，只是本单位停电而已；但修复母线侧隔离开关只有断开本单位上一级的电源开关才可以进行检修，所以停电的范围就大得多了。所以为了尽量减少停电的损失，规定了上述的倒闸操作规程。送电也是同样的道理，这里就不重复了。

3. 高压负荷开关

高压负荷开关，从外观上看与隔离开关相似，具有明显的触头断开点，其类型可分为户内型和户外型两种。高压负荷开关设置有简单的灭弧装置，能切除一定的负荷电流，其作用是通断正常的负荷电流。高压负荷开关与高压熔断器一起配合使用可代替断路器。

4. 跌落式熔断器

跌落式熔断器就是我们常称的跌落保险，跌落式熔断器在一般的工厂企业都有使用，所以电工必须要能够正确使用、维护、操作它。跌落式熔断器主要作为过载及短路保护之用，所以它是 10～35kV 配电装置中的构造简单、价格低廉、安装维护简便的一种高压设备。中小容量的变压器常采用跌落式保险器作为有明显断开点的开关兼熔断器来使用。

安装跌落式熔断器时应稍倾斜，大致与垂直线保持 25°～30° 的夹角。要正确地选择适当的熔体，熔体的额定电流不得大于跌落式保险器的额定电流，否则，不仅会导致熔丝管发热。甚至还可能引起熔丝管爆炸。

操作跌落式熔断器时应由两人进行（一人监护，一人操作），必须戴绝缘手套、穿绝缘靴、戴护目眼镜，站在绝缘垫上，使用电压等级相匹配的合格绝缘棒操作。跌落式保险器拉闸时为防止窜弧，应先拉开中相，后拉开边上二相，合闸的顺序相反。在有风时的拉合闸要注意风的方向，从下风向侧位置开始逐个拉闸。操作时动作要迅速果断，拉闸时要先快后慢；合闸时要先慢后快，并注意不要击撞保险器的底座。尽量不要在有负荷电流的情况下进行拉合闸操作。

5. 避雷器

避雷器主要用于防止雷电侵入波。避雷器可分为管型避雷、阀型避雷器等。

二、常用低压电器

低压电器是机床电气控制系统的基本组成元件，也就是我们常说的电力拖动系统的基本组成元件。控制系统的可靠性、灵活性、通用性与低压电器的性能有直接的关系。在工矿企业的电气控制设备中，接触和使用的最多的就是低压电器。所以电气的维修人员必须熟悉常用低压电器的型号，对常用低压电器的原理、用途、结构有一定的了解，并能按电气的要求正确的选择和使用，要懂得一定的维护和维修的知识。

本书中对低压电器的介绍主要以实用和实际操作的知识为主，从初级电工的角度出发，主要介绍低压电器的使用、维护及维修方法，对一些不常用的内容不做过深的探讨。

低压电器的种类繁多、功能各样、构造各异、用途广泛、工作原理各不相同，常用低压电器的分类方法也很多，主要有以下几种。

1. 按用途或所控制的对象分

（1）低压配电电器：主要用于低压配电系统中和动力设备中，要求在系统发生故障时能够准确、可靠地动作，在规定条件下具有相应的动稳定性与热稳定性，使电器不会被损坏。常用的这类电器包括刀开关、转换开关、熔断器和自动开关等。

（2）低压控制电器：主要用于电气传动系统中。要求寿命长、体积小、重量轻且动作迅速、准确、可靠。常用的控制电器包括接触器、继电器、起动器、控制器、主令电器、电阻器、变阻器和电磁铁等。主要用于电力拖动系统和自动控制系统中。

2. 按低压电器的动作方式分

（1）非自动切换电器：用手动直接操作来进行切换的电器，如刀开关、转换开关、按钮和主令电器等。

（2）自动切换电器：依靠电器自身参数的变化或外来信号（如电、磁、光、热、压力等）的作用，自动完成接通或分断等动作。如接触器、继电器、自动开关等。

3. 按触点类型分

（1）有触点电器：利用触点的接通和分断来切换电路，如接触器、刀开关、按钮等。

（2）无触点电器：没有可分离的触点。主要利用电子元件的开关效应，即导通和截止来实现电路的通、断控制，如接近开关、光电开关、霍尔开关、固态继电器等。

以上电器的分类只是按其用途及控制的方式等进行的分类，其实各种电器在使用中都是混用的，也就是说配电电器和控制电器或自动电器和非自动电器在使用中并没有严格的区分，只是按照电路的原理或动作要求来选用的。所以不要有它们在使用中是两个不同类型电器的想法，不要以为配电电器只能用于配电系统，而控制电器只能用于控制系统。如最简单的控制电动机正转的电路里有自动开关、熔断器、接触器、热继电器、按钮等组成。

对于电工新手而言，最主要的是先掌握常用的电器，切莫贪大贪多，而是应该一步步地循序渐进地学习。对于低压电器的产品型号和规格的具体规定，不要刻意地去背，一是没有这个必要，二是就是死记硬背记住了，长时间地不使用也会很快忘记。只要先熟悉自己常用的电器，能满足实际工作需要就可以了。时间长了，接触多了，就自然而然地会了解和熟悉，就是遇到了不熟悉的电器，可以去查相关的产品手册来了解。

三、刀开关

刀开关是一种手动电器，它的最主要的特点是有明显的、可见的、不能自动通断的断开点，但它没有灭弧装置。刀开关在结构上可分为单极、二极、三极等。常见的刀开关是瓷底胶盖闸刀开关。

瓷底胶盖闸刀开关是一种手动控制电器，它是由刀开关和熔断器组合而成的一种电器，主要用来隔离电源或手动接通与断开交直流电路，也可用于不频繁的接通与分断额定电流以下的负载，如小型电动机、电炉等。

瓷底胶盖闸刀开关的种类很多，有两极的（额定电压250V）和三极的（额定电压380V），额定电流由 10A 至 100A 不等。常用的闸刀开关型号有 HK1、HK2 系列。瓷底胶盖闸刀开关的外形结构与图形符号如图 3-2 所示。

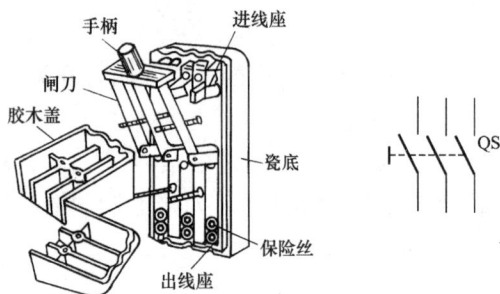

图 3-2　瓷底胶盖闸刀开关外形结构与图形符号

瓷底胶盖闸刀开关由操作瓷手柄相连的动触刀、静触头夹座、熔丝座、进线接线座及出线接线座等组成。这些导电部分都固定在瓷底板座上，并用上、下胶盖进行隔离。瓷底胶盖闸刀开关的胶盖还具有下列保护作用：操作人员不会触及带电部分，将各电极隔开防止因极间飞弧导致电源短路，防止电弧飞出盖外灼伤操作人员。瓷底胶盖闸刀开关的熔丝提供了短路保护功能。

瓷底胶盖闸刀开关安装和使用时的注意事项如下。

（1）胶盖瓷底闸刀开关在安装时底板应垂直于地面，手柄向上时，应是合闸的位置。不得倒过来装和平行安装。如果倒装，当闸刀开关拉开后，会因受到某种震动或因闸刀的自重，使闸刀自然落下，引起误合闸，会使本已应该断电的设备或线路造成误送电，增加了不安全的因素。

（2）瓷底胶盖闸刀开关在接电源时，应接在开关上方的进线端上，负载的线路应接在开关的下方。这样当断开闸刀更换熔丝时，就不会发生触电事故。在接线时应将螺丝拧紧，不要产生接触不良的故障。当引线为铝线时，要对接触处进行处理，避免因电位差引起的接触过热问题。

（3）在安装熔丝的时候，一定要注意接触电阻。因熔丝多为铅锡材料，在与铜材料接触后，很容易在接触处，造成接触电阻大的现象。在实际工作中，经常出现因接触电阻而产生高温，造成螺丝烧死，而造成开关报废或引起负载的故障。更换熔丝必须先拉开闸刀，并换上与原用熔丝规格相同的新熔丝，同时还要防止新熔丝受到机械损伤。

（4）瓷底胶盖闸刀开关在发达地区已很少采用，如同板上另有熔断器，可在胶盖瓷底闸刀开关的装熔丝处用铜丝连接，以减少闸刀开关的烧坏概率。

（5）胶盖瓷底闸刀开关，按相关的规程规定，对于动力负荷，闸刀开关的额定电流应大于负荷电流的 3 倍。胶盖瓷底闸刀开关只能操作 3kW 及以下的电动机。当作为隔离开关使用时，其额定电流应不小于负荷电流的 1.3 倍。

（6）瓷底胶盖闸刀开关如发生瓷底损坏、胶盖失落或缺损，则不可再投入使用，以免发生安全事故。

四、铁壳开关

铁壳开关也称为封闭式负荷开关，它是一种手动的开关电器。铁壳开关可以用于不频繁地接通与分断电路，也可以直接用于异步电动机的不频繁全压启动控制、控制电加热和照明的电路。铁壳开关由夹座、熔断器、速断弹簧、操作机构等组成，其外形结构与图形符号如图 3-3 所示。由图可见，铁壳开关安装在铸铁或钢板制成的外壳内，有坚固的封闭外壳，可保护操作人员免受电弧灼伤。铁壳开关的操作机构为储能合闸式，即利用一根弹簧以执行合闸和分闸的功能，它使开关的合闸和分闸速度与操作速度无关，从而改善开关的动作性能和灭弧性能，又能防止触点停滞在中间位置。并有机械联锁装置，保证了在合闸状态下打不开铁壳开关的箱盖。在铁壳开关箱盖未关闭前合不上闸，起到安全保护作用，提高了安全性能。

铁壳开关安装和使用时的注意事项如下。

（1）铁壳开关必须垂直安装，安装高度以操作的方便为原则，安装在离地面 1.3～1.5m 左右。

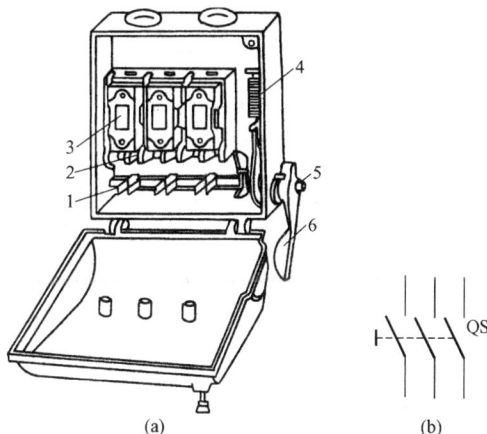

图 3-3　铁壳开关的外形结构与图形符号

（a）外形结构；（b）图形符号

1—刀式触头；2—夹座；3—熔断器；

4—速断弹簧；5—转轴；6—手柄

（2）铁壳开关的外壳接地螺丝钉必须可靠地接地或接零。

（3）电源线和电气设备或电动机的进出线都必须穿过开关的进出线孔，进出线要穿过橡皮圈孔。导线穿过橡皮圈孔时要注意密封问题。

（4）100A 以上的铁壳开关，应将电源进线接在开关的上桩头，电气设备或电动机的出线接在下桩头。100A 以下的铁壳开关，则应将电源进线接在开关的下桩头，电气设备或电动机的出线接在上桩头。接线时应使电流要先经过刀开关、再经过熔断器，然后才能进入用电设备，以便检修。

（5）按规程规定，对于动力负荷，铁壳开关只能操作 4.5kW 及以下的电动机。

五、断路器

低压断路器俗称自动开关或空气开关，它是一种既有手动开关作用，又能自动进行失压（欠电压）、过载和短路保护的电器，适用于不频繁地接通和切断电路或启动、停止电动机，是低压交、直流配电系统中重要的控制和保护电器，在电气系统中得到了广泛的应用。有些低压断路器还能在电路发生过负荷、短路和失、欠压等情况下自动切断电路，而且在分断故障电流后，一般不需要更换零部件又可继续使用。

为了电气线路和电气设备的安全，现在广泛地使用带漏电保护功能的断路器。断路器带不带漏电保护功能，从其外观上就可以看出来，带漏电保护功能的断路器有一个漏电的试验按钮。

低压断路器按灭弧的不同可分为：油断路器（多油断路器、少油断路器）、六氟化硫断路器（SF_6 断路器）、真空断路器、空气断路器等。按结构可分为：万能式和塑壳式的；按操作方式可分为：电动操作、储能操作和手动操作的；按极数可分为：单级、二级、三级和四级等；按动作速度可分为：快速型和普通型；按安装方式可分为：插入式、固定式和抽屉式等。

框架式断路器主要用作配电线路的保护开关，而塑料外壳式断路器除可用作配电线路的保护开关外，还可用作电动机、照明电路及电热电路的控制开关。比较常用的有 DW 系列框架式断路器、DZ 系列塑料外壳式断路器、DS 系列直流快速断路器和 DWX、DWZ 系列限流式断路器等。其中 DZ 系列塑壳式断路器是全国统一设计的系列产品，此外还有从德国西门子公司引进技术生产的 3VE 系列；从德国 BBC 公司引进技术生产的 S0 系列，以及德力西、施耐德、富士、正泰、罗格朗、穆勒、三菱等品牌的断路器，可根据不同的要求和场合，来进行选择和使用。

下面以 DZ 系列断路器为例介绍其结构及工作原理。DZ 系列断路器外形结构与图形符号如图 3-4 所示，其特点是结构紧凑、体积小、重量轻，使用安全可靠，适用于独立安装。它是将触头、灭弧系统、脱扣器及操作机构都安装在一个封闭的塑料外壳内，只有板前引出的接线导板和操作手柄露在壳外。

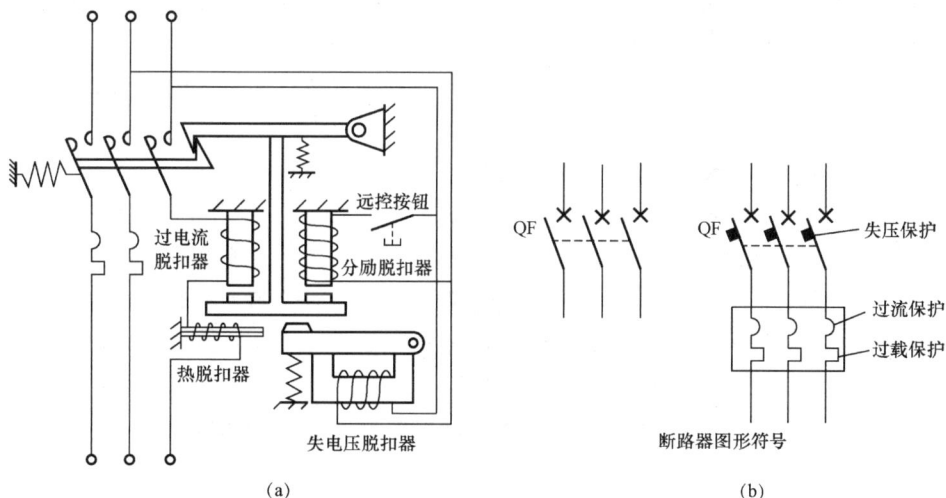

图 3-4　DZ 系列断路器外形结构与图形符号
（a）外形结构；（b）图形符号

由图可见，低压断路器主要由触头系统、灭弧装置、保护装置和传动机构等组成。保护装置和传动机构组成脱扣器，主要有过流脱扣器、分励脱扣器、失压（欠电压）脱扣器和热脱扣器等。

低压断路器的短路、及过载保护分别由过流脱扣器、分励脱扣器、欠压脱扣器和热脱扣器来分别完成。在正常情况下，过流脱扣器的衔铁是释放的，一旦发生严重过载或短路故障时，与主电路相串连的过流脱扣器线圈，将产生较强的电磁吸力吸引衔铁，来推动杠杆顶开锁钩，使主触点断开。失压（欠电压）脱扣器的工作恰恰相反，脱扣器的线圈是直接接在电源上的，在电压正常时，失压（欠电压）电磁吸力吸住衔铁，这时断路器可以正常合闸。一旦电压严重下降或断电时，电磁吸力不足或消失，在弹簧的反作用力下，衔铁将被释放而推动杠杆，实现断路器的跳闸功能。当电路发生一般性过载时，过载电流虽不能使过流脱扣器动作，但能使热元件产生一定的热量，促使双金属片受热向上弯曲，推动杠杆使搭钩与锁钩脱开，将主触点分开。分励脱扣器是用于远方控制跳闸的，当在远方按下按钮时，分励脱扣器得电产生电磁力，使其脱扣跳闸。

TIPS▶
低压断路器的选择技巧

（1）断路器类型的选择：应根据使用场合和保护要求来选择。如一般选用塑壳式；短路电流很大时选用限流型；额定电流比较大或有选择性保护要求时选用框架式；控制和保护含有半导体器件的直流电路时应选用直流快速断路器等。

（2）断路器额定电压、额定电流应大于或等于线路、设备的正常工作电压、工作电流。

（3）断路器极限通断能力大于或等于电路最大短路电流。

（4）欠电压脱扣器额定电压等于线路额定电压。

（5）过电流脱扣器的额定电流大于或等于线路的最大负载电流。

（6）瞬时整定电流：对保护笼型感应电动机的断路器，其瞬时整定电流为（8~15）倍电动机额定电流；对于保护绕线型电动机的断路器，其瞬时整定电流为（3~6）倍电动机额定电流。

（7）当断路器与熔断器配合使用时，熔断器应装于断路器之前，以保证使用安全。

（8）电磁脱扣器的整定值不允许随意更动，使用一段时间后应检查其动作的准确性。

（9）断路器在分断短路电流后，应在切除前级电源的情况下及时检查触头。如有严重的电灼痕迹，可用干布擦去；若发现触头烧毛，可用砂纸或细锉小心修整。

在实际使用中，要注意断路器的过流保护、欠压保护和热保护等，并不是每一种断路器都全部具备的。有的断路器可能全部的保护功能具备，有的断路器可能只具备有两种保护功能，有的断路器可能只具备其中一种保护功能。如我们常用的断路器，大部分的就只有过流脱扣器，只能提供过流保护，这是最基本的保护，也是我们使用最多的断路器。在使用中对于有欠压脱扣器的断路器，它有欠压保护功能，在没有通电的情况下，是不能将断路器的手柄推上去的，要在有电时才能将断路器正常合闸。

六、组合开关

组合开关实质上是一种特殊的刀开关，又称转换开关，它由动触头、静触头、绝缘连杆转轴、手柄、储能弹簧、定位机构及外壳等部分组成。组合开关的刀片是转动式的，操作比较轻巧，它的动触头（刀片）和静触头装在封装的绝缘件内，采用叠装式结构，其层数由动触头数量决定。其动、静触头分别叠装于数层绝缘壳内，动触头装在操作手柄的转轴上，当转动手柄时，每层的动触片随转轴一起转动，随转轴旋转而改变各对触头的通断状态。它的内部结构其实也是一种刀开关，不同的是一般刀开关的操作手柄是在垂直于其安装面的平面内向上或向下转动，而组合开关的操作手柄则是在平行于其安装面的平面内向左或向右转动。组合开关的外形结构与图形符号如图3-5所示。

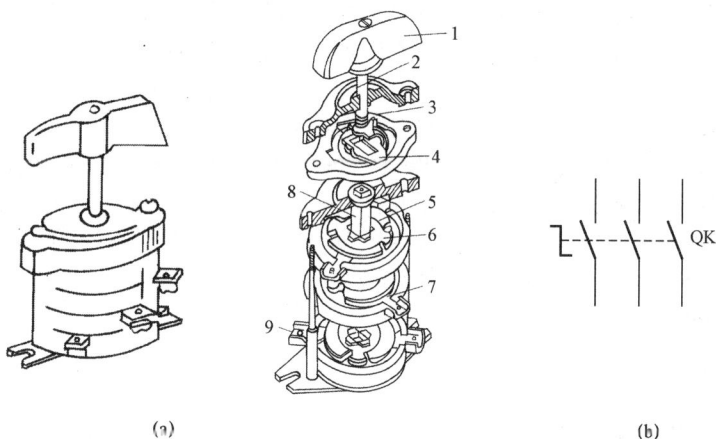

图3-5　组合开关的外形结构与图形符号

（a）外形结构；（b）图形符号

1—手柄；2—转轴；3—弹簧；4—凸轮；5—绝缘垫板；

6—静触头；7—动触头；8—绝缘方轴；9—接线柱

　　组合开关控制容量比较小，结构紧凑，常用于空间比较狭小的场所，具有多触点、多位置、体积小、性能可靠、操作方便、安装灵活等优点，多用于机床电气控制线路中电源的引入开关，起着隔离电源作用。可作为电路控制开关、测试设备开关、电动机控制开关和主令控制开关，及电焊机用转换开关等。还可作为直接控制小容量异步电动机，不频繁接通和断开电路。常用的产品有HZ5、HZ10和HZ15系列。HZ5系列是类似万能转换开关的产品，其结构与一般转换开关有所不同；组合开关有单极、双极和多极之分。

　　1. 组合开关的安装

　　如果在安装前进行线路的连接，然后再进行转换开关的固定安装，将给今后的维修工作带来不便。

组合开关通常有 3 种安装方式。

（1）底板安装，即用螺丝直接固定在转换开关的下方的两个 U 形槽内，此安装方法一般为电气箱内安装或设备的内部安装居多，但也有个别的设备用长螺丝做面板安装的，如做设备的电源开关。

（2）直接用转换开关的紧固螺丝做面板安装，主要用于小功率的三相负载的低频率的起动和停止的操作，如钻床、砂轮机、冷却泵等负载。

（3）在转换开关的紧固螺丝上直接安装固定架，也为面板安装，少量的用于三相负载的起动和停止的操作，但主要是用为电源的隔离用，常用于较大电流的转换开关，这种安装方法多为作设备的电源开关来使用。

> 转换开关的 6 个接线端的方向受安装方式的影响，这也就是说螺丝刀紧固螺丝的方向，如果是板前安装，紧固螺丝的螺面必须要背着面板；如果是底板安装，接线的紧固螺丝的螺面必须和底板螺丝同向。否则将无法进行转换开关的线路连接。紧固面的方向改变，不能简单的将螺丝和压片换面，因连接面只有一面，另一面为攻丝面，不能用来压接导线，只有拆开转换开关来进行静触头换面，6 个静触头的面全部要换。

2. 组合开关的拆卸

拆卸时还要注意转换开关从上到下的每一层都有英文字母或数字进行区别，所以在拆的时候要注意它们的标号和方向，以免安装的时候装错。这里还要特别指出的是，拆上盖的时候，一定要注意弹簧和滑块的相对位置和它的安装方向，否则安装后将会从原来的有级（90°）转动变为无级转动了，也就是没有速断和定位功能，只有进行重新安装。

3. 组合开关的维修

组合开关的维修工作不多，主要为短路后造成粘连和动静触头上有烧蚀、缺口、铜渣等，用细锉刀进行修整即可。动、静触头的修整，以尽量缩小修整面、保证转动灵活、触点接触可靠就可以了。

七、熔断器

熔断器是低压电路和电动机控制电路中用作短路保护和过载保护的电器。通常由熔体和安装熔体的绝缘底座（或称熔管）组成。熔体由易熔金属材料铅、锌、锡、铜、银及其合金制成，形状常为丝状或网状。由铅锡合金和锌等低熔点金属制成的熔体因不易灭弧，多用于小电流电路；由铜、银等高熔点金属制成的熔体，因易于灭弧，多用于大电流电路。熔断器具有结构简单、体积小、重量轻、使用维护方便、价格低廉、分断能力较高、限流能力良好等优点，因此在电路中得到广泛应用。

熔断器的熔体串接于被保护的电路中，当通过熔断器熔体的电流大于熔断电流时，熔体以其自身产生的热量，使熔体熔断，从而自动切断电路，实现短路保护或过载保护。电流通过熔体时产生的热量，与电流平方和电流通过的时间成正比，电流越大则熔体熔断时间越短，这种特性称为熔断器的反时限保护特性或安秒特性。由于熔体在用电设备过载时所通过的过载电流能积累热量，当用电设备连续过载一定时间后熔体积累的热量也能使其熔断，所以熔断器也可用作过载保护。

TIPS▶
熔断器与断路器的配合

熔断器与断路器的配合使用的问题，现在很多的电工认为，随着断路器价格的下降，断路器的大量使用，熔断器的使用是越来越少了，有用断路器来取代熔断器的态势。其实这是不正确的，按断电后的恢复来说，断路器是方便一些，故障排除后只要一扳上去就可以用了，熔断器还需要换熔丝或熔体。但断路器在经过短路的大电流的冲击后，按规定是要进行触头的检查和修复的，这个工作很多的人都没有去做，多次的短路的大电流的冲击后，很容易造成断路器的工作不正常，有很多的断路器，开始的使用是很正常的，但使用一段时间后，就会在使用中有跳闸的现象，这就是断路器的触头，在多次的短路的大电流的冲击后，没有得到及时的维护，触头的接触面接触不良，造成接触面过热而引起的跳闸。从这点来说，短路电流的保护，完全依靠断路器来切断，是得不偿失的。如用熔断器来进行短路保护，无论是从保护的效果，还是从成本来说，都是最佳的选择。

熔断器还有一个很重要的作用，就是在线路的维修和维护工作中，保证在线路上有一个明显的断开点，这个作用是断路器无法做到的。所以，熔断器有熔断器的作用，断路器有断路器的作用，熔断器与断路器是配合使用的，它们是互补的关系，而不是取代的关系。

1. 常见的低压熔断器

常用的低压熔断器有半封闭瓷插式熔断器（RC）、螺旋式熔断器（RL）和封闭管式熔断器（RT0）、无填料封闭管式熔断器（RM），还有保护半导体器件的快速熔断器 RLS、RS0、RS3 及自复式熔断器（RZ）等。下面介绍几种常见的熔断器。

(1) RC1A 系列瓷插式熔断器。

瓷插式熔断器的常用产品即为 RC1A 系列，该熔断器价格便宜，使用方便，主要用于交流 380V 及以下的电路末端作线路和用电设备的短路保护，在照明线路中还可起过载保护作用。低压分支电路的短路保护，广泛用于照明电路和小容量电动机电路中。

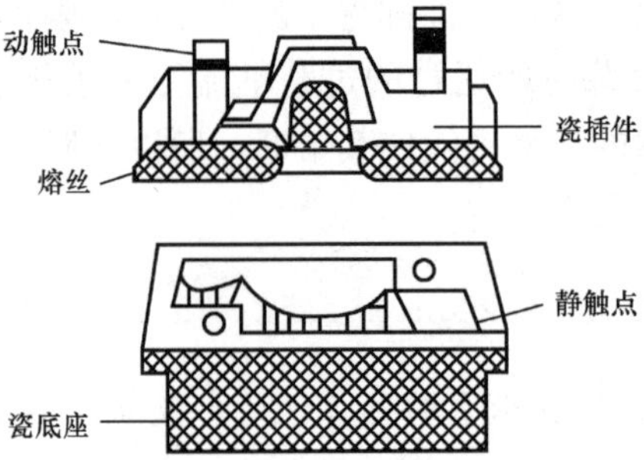

图 3-6　RC1A 系列瓷插式熔断器结构

RC1A 系列瓷插式熔断器结构简单，由瓷盖、瓷底、动触点、静触点及熔丝组成，如图 3-6 所示。瓷盖和瓷底均用电工瓷制成，电源线与负载线分别接在瓷底两端的静触点上。瓷底座中间有一空腔，与瓷盖的突出部分构成灭弧室。熔丝用螺钉固定在瓷盖内的铜插片的端子上，使用时将瓷盖插入底座，拔下瓷盖便可更换熔丝。

RC1A 系列熔断器额定电流为 5～200A，由于该熔断器为半封闭结构，并且其分断能力较小，熔体熔断时有声光现象，对易燃易爆的工作场合应禁止使用。

(2) RL1 系列螺旋式熔断器。

螺旋式熔断器熔芯内装有熔丝，并填充石英砂，熔体熔断时，电弧喷向石英砂及其缝隙，可迅速降温而熄灭。熔体上的上端盖有一熔断指示器，一旦熔体熔断，指示器马上弹出，当从瓷帽的玻璃窗口观测到，带小红点的熔断指示器脱落时，就表示熔丝熔断了。

在实际的工作中，发现很多的电工初学者，甚至已经拿了操作证的电工，都没有搞清楚螺旋式熔断器熔体的安装方向。很多的人在更换熔体时装反了，熔体的指示帽没有对应到观察孔的方向，造成熔体熔断时，熔体的指示帽弹出后无法观察到。

螺旋式熔断器额定电流为 2～200A，熔管的额定电压为交流 500V，主要用于短路电流大的电路或有易燃气体的场所。常用产品有 RL1、RL6、RL7 和 RLS2 等系列，其中 RL6 和 RL7 多用于机床配电电路中。RLS2 为快速熔断器，主要用于保护半导体元件。RL1 系列螺旋式熔断器外形结构如图 3-7 所示。

(3) RM10 系列无填料封闭管式熔断器。

无填料封闭管式熔断器具有结构简单、保护性能好、使用方便等特点，主

图 3-7　RL1 系列螺旋式熔断器外形结构

要用于供配电系统作为线路的短路保护及过载保护，一般均与刀开关组成熔断器刀开关组合使用。

无填料封闭管式熔断器由熔断管、熔体及插座组成。熔断管是由纤维物制成，使用的熔体为变截面的锌合金片，由于熔体较窄处的电阻小，在短路电流通过时产生的热量最大先熔断，因而可产生多个熔断点使电弧分散以利于灭弧。熔体熔断时纤维熔管的部分纤维物因受热而分解，产生高压气体，以便将电弧迅速熄灭。无填料封闭管式熔断器的两端，为黄铜制成的可拆式管帽，更换熔体较方便。

RM10 系列无填料封闭管式熔断器外形结构如图 3-8 所示。

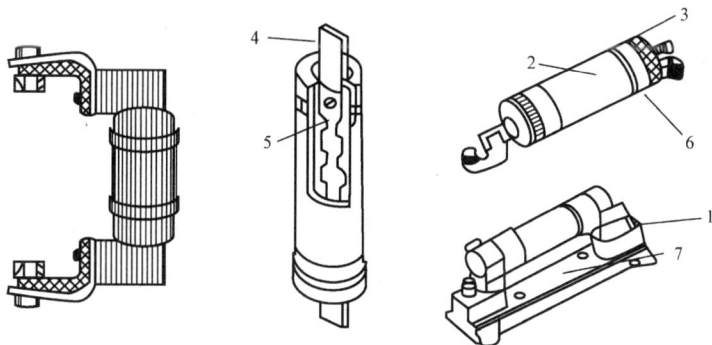

图 3-8　RM10 系列无填料封闭管式熔断器外形结构
1—弹簧夹；2—钢纸纤维管；3—黄铜帽；4—插刀；
5—熔片；6—特种热圈；7—刀座

RM10 系列的极限分断能力比 RC1A 熔断器有提高，适用于小容量配电设备。

（4）RT0 系列有填料封闭管式熔断器。

有填料密封管式熔断器由填有石英砂的瓷熔管、触点和镀银铜栅状熔体组成。短路时可使电弧分散，由石英砂将电弧冷却熄灭，可使电弧在短路电流达到最大值之前迅速熄灭，以限制短路电流。此为限流式熔断器，常用于大容量电力网或配电设备中。常用产品有 RT0、RM10、RT12、RT14、RT15 和 RT16 等系列，RS 系列为快速熔断器，主要用于保护半导体元件。下面以 RT0 系列为例进行介绍。

RT0 系列有填料封闭管式熔断器有一个白瓷质的熔断管，其外形结构如图 3-9 所示。RT0 系列熔断器的基本结构与 RM10 熔断器类似，但管内充填石英砂，石英砂在熔体熔断时起灭弧作用，在熔断管的一端还设有熔断指示器。该熔断器的分断能力比同容量的 RM10 型大 2.5～4 倍。RT0 系列熔断器适用于交流 380V 及以下、短路电流大的配电装置中，作为线路及电气设备的短路保护及过载保护。

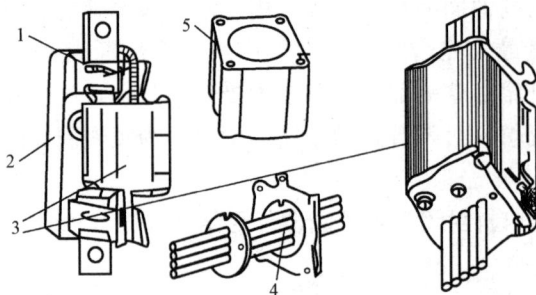

图 3-9　RT0 系列有填料封闭管式熔断器外形结构
1—弹簧夹；2—瓷底座；3—熔断体；4—熔体；5—管体

（5）快速熔断器。

电力半导体器件的过载能力较差，要求过载或短路时必须快速熔断，一般在 6 倍额定电流时，要求熔断时间不大于 20ms。普通的熔断器达不到保护半导体器件的要求，需要使用快速熔断器进行保护。

有填料封闭管式快速熔断器是一种快速动作型的熔断器，由熔断管、触点底座、动作指示器和熔体组成。熔断器的管内有填充有石英砂，熔体也采用变截面形状，采用导热性能强、热容量小的银片，熔体的熔化速度快。熔体为银质窄截面或网状形式，熔体为一次性使用不能自行更换。由于其具有快速动作性，一般作为半导体整流元件保护用。

快速熔断器的熔体外形与同类型的熔断器的熔体基本相同，快速熔断器主要有 RS0、RS3 系列，其外形与 RT0 系列相似，在使用要注意是否有"S"的符号。快速熔断器的熔体，在电流超过额定值时能快速的熔断，熔体熔断所需的时间较短。

（6）自复式熔断器。

自复式熔断器是用低熔点金属制成的，短路时依靠自身产生的热量使金属汽化，从而大大增加导通时的电阻，阻塞导通回路。自复式熔断器的外形结构如图 3-10 所示。

2. 熔断器的主要技术参数

熔断器的主要技术参数包括额定电压、熔体额定电流、熔断器额定电流、极限分断能力等。

（1）额定电压：指保证熔断器能长期正常工作时和分断后能够承受的电压，其值一般等于或大于电气设备的额定电压。

（2）熔断器额定电流：指保证熔断器能长期正常工作时，设备部件温升不超过规定值时所能承受的电流。

图 3-10　自复式熔断器的外形结构

1—瓷心；2—熔体；3—氩气；4—螺钉；5—进线端子；
6—特殊玻璃；7—不锈钢；8—活塞；
9—出线端子；10—软铅

（3）熔体额定电流：指熔体长期通过而不会熔断的电流。

（4）极限分断能力：指熔断器在额定电压下所能分断的最大短路电流值。在电路中出现的最大电流值一般是指短路电流值，所以，极限分断能力也反映了熔断器分断短路电流的能力。

3. 熔断器的选用

首先，应根据使用场合和负载性质选择熔断器的类型，主要是正确选择熔断器的类型和熔体的额定电流。如容量较小的照明负荷，可选 RC1 型熔断器，而用于防爆场合或电流较大时，可选 RL1 系列或 RT0 系列熔断器。对电力半导体器件的保护，要选择快速熔断器进行保护。

其次是熔断器规格的选择。熔断器最主要的部件是熔体（或熔丝、熔片），但熔断器的规格不代表熔体（或熔丝、熔片）的规格。如我们选择螺旋式熔断器（RL1—60A 系列），熔断器的额定电流为 60A，但熔体的额定电流有 20A、25A、30A、35A、40A、50A、60A 供选择，但是没有小于 15A 和大于 60A 的熔体，所以，我们要针对电路中的电流来选择熔断器。再如瓷插式熔断器的额定电流为 30A，如果我们熔丝只装 5A 的，那么这个熔断器能通过的额定电流就是 5A。我们在实际的工作中，是根据电路中的实际电流值，先选择熔断器的等级规格，然后再选择熔体（或熔丝、熔片）的额定电流。

熔断器的熔体在通过额定电流时，熔体的额定电流并不是熔体（或熔丝、熔片）的熔断电流，所以，熔体允许长期通过额定电流而不熔断。一般熔断电

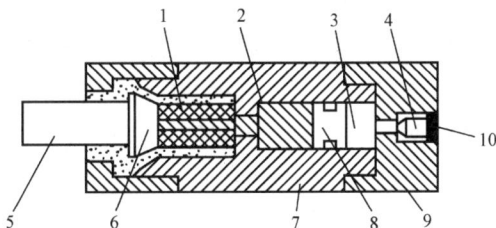

流大于额定电流的 1.3～2.1 倍，熔断器的种类不同，熔断电流的倍数也不相同。熔断器所能切断的最大电流，称为熔断器的断流能力。如果电流大于这个数值，熔体熔断时电弧不能熄灭，可能引起爆炸或其他事故。带电装卸熔断器时，要戴防护眼镜和绝缘手套，必要时使用绝缘夹钳并站在绝缘垫上操作。

选用熔断器时要留有一定的余量，要比实际的电流大一点，但不得小于实际使用的电流。上一级的熔断器必须要大于下一级的熔断器，二者的比例应为 1.6∶1 或 2∶1，上、下级间的过电流保护应相互协调配合，以防止发生越级动作的现象。在单相线路上，零线必须安装熔断器，在三相四线制线路上，零线绝对不允许安装熔断器。作为保护用的熔断器，熔断器必须装在开关后级。作为隔离用的熔断器，熔断器必须安装在开关的前面。当配电线路需要装设短路保护装置时，当保护装置为熔断器时，其熔体的额定电流应不大于线路长期容许负荷电流的 250%。过负荷保护的线路，当保护装置为熔断器时，其导体长期容许的负荷电流，应不小于熔体额定电流的 125%。

对于电阻性负载或照明电路，这类负载起动过程很短，运行电流较平稳，一般按负载额定电流的 1～1.1 倍选用熔体的额定电流，进而选定熔断器的额定电流。

对于电动机等感性负载，这类负载的起动电流为额定电流的 4～7 倍，一般选择熔体的额定电流为电动机额定电流的 1.5～2.5 倍。

对于多台电动机的负载，选择熔体的额定电流为：是先按最大的一台电动机额定电流的 1.5～2.5 倍，再加上其他电动机的电流。

熔断器极限分断电流应大于线路可能出现的最大故障电流。在多级保护的场合，上级熔断器的额定电流等级以大于下级熔断器的额定电流等级两级为宜。

必须在不带电的条件下更换熔体。管式熔断器的熔体应用专用的绝缘插拔器进行更换。更换熔体时，不可用多根小规格熔体代替一根大规格熔体使用。

4. 熔断器熔断后的处理

在电气设备经常采用熔体进行保护，在运行中熔体的熔断是经常发生的，但如果不认真分析原因，就换上新的熔体，就将有故障的电气设备重新投入运行，其结果可能是设备的故障更加严重，进一步扩大了事故范围。因此，根据熔断器熔体熔断时的不同痕迹，判明熔体熔断的原因，正确地加以处理，是保证电气设备安全运行的重要措施。

在按规定选择熔体的情况下，发生熔断器熔断一般有以下 3 种情况。

（1）短路熔断。熔丝完全烧没有了，是齐根全部烧没有了。严重的还造成熔断器内发黑、有蒸发的金属颗粒、瓷龟裂、留有电弧烧伤痕迹等现象，对于这类的熔体熔断，说明线路或电器有严重的短路故障。应对熔断器以后的所有设备和线路进行认真仔细的检查，也有可能是雷击过电压以及高电压窜入低电压设备所致，在查出故障点并排除后，方可将更换的熔体重新投运。

（2）过负荷熔断。有部分熔丝烧断，多发生在熔丝的中间位置，很少有电弧烧伤的痕迹。这种情况是说明线路或电器中有一定的冲击电流，但没有短路的故障。遇到此类故障，要查明过负荷原因，以防止过负荷现象的再次发生。

（3）误断。熔丝只是在某一点上烧断，或熔丝熔断在压接处或其他部位上。这一般是因为熔丝选择得过小或过细、熔体质量不佳或机械强度差；在安装时熔丝时不慎损伤熔体，安装熔体时没有压紧造成接触不良等原因造成的。也可能是线路或电器中，因短时的过载现象引起的。对于上述原因引起的熔体熔断，可在适当处理后，更换上合适的熔丝后，重新投入运行。

在处理熔断器烧毁的故障时，要根据具体的现象区别对待。

对于熔丝完全烧毁的，要检查出故障点，否则绝对不允许在没有找到故障的原因，就轻率地更换熔丝而通电。否则将会继续烧毁熔丝，而且还可能造成更大的事故。

对于部分熔丝烧毁的故障，要找出冲击电流的原因，如电动机起动电流、电热设备的局部短接、机械装置或电动机卡死等。

对于熔丝只是在某一点上烧断的故障时，要找出过载的原因，如电动机轴承有问题、机械设备有阻卡、电源电压太高或太低、机械的送料太快太多等原因。

TIPS▶ 短路故障的查找技巧

在做好防火的准备工作的情况下，用灯泡或大功率的电器接在熔断器的两端，一般情况下可通过发热和冒烟点来确定。对于短路粘连紧密的故障，只有用钳形电流表来逐步进行测量，对测量有电流的线路走向，对不该有电流的地方而有电流，或应该有电流的地方而没有电流来确定故障点。

图3-11中A、B之间有短路点，通电后如果粘连得不紧密，接触点就会有一定的阻值，接触点就会产生发热和冒烟。如果短路点粘连紧密的话，通过钳形电流表来测量，在A点测量时有电流值，B点测量时就会没有电流值，那么短路点就肯定就在A、B两点之间，查起来也就很容易了。

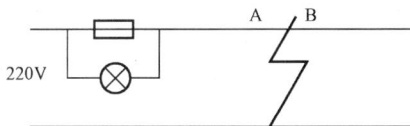

图3-11 短路点的查找

第 2 节 接 触 器

在讲接触器这个电器之前，有必要解释下为什么在电路控制中要使用接触器。相信这个问题也是很多电工新手迫切想知道的。很多初学者会认为，既然使用其他的开关一样能达到目的，而且电路还更简单易懂，那么为什么还要用逐易求难，用复杂的方式来控制电路呢？

这主要是对电气控制概念的理解问题。大部分初学者所接触到的电路控制都是直接控制，如电灯、电风扇、电视机、电焊机、电动工具等。直接控制的确有它的优点，如电路简单、价格低廉、安装方便、操作容易等。但随着社会的进步和科学的发展，现在对电气控制的要求是越来越高，如远距离控制、大功率控制、异地控制、自动化的控制、高频率的频繁控制等。使用手动开关来进行控制既不方便，安全性也得不到保证，而且，简单的手动电气控制也无法实现对电气设备的各种保护要求，如短路保护、失压保护、欠压保护、过载保护等。所以，引入了继电—接触器控制系统是非常有必要的，这就要求我们广大的初学者，改变长期形成的控制观念，适应现在的间接控制模式，即先控制接触器线圈→线圈得电衔铁吸合→接触器的触头动作→触头再去控制其他的电器。

一、接触器简介

接触器是一种自动化的控制电器，接触器适用于远距离频繁地接通或断开交直流主电路及大容量的电路。其主要的控制对象是电动机，也可用于控制其他电力负载，如电热器、照明、电焊机、电容器组等。配合继电器可以实现定时操作、联锁控制、各种定量控制和失压及欠压保护，而且具有控制容量大、工作可靠、操作频率高、使用寿命长等特点。广泛应用于自动控制电路。接触器不仅能实现远距离自动操作，还有欠压和失压保护功能。

电气控制技术经历了从手动到自动的发展过程，继电—接触控制技术，以它的优势一直沿用到今天，但随着科学技术的不断发展，特别是计算机技术的发展，电气控制技术出现了革命性的重大进步，数控技术、可编程控制器、计算机控制已开始广泛应用到了电气设备控制的系统中。这就是电气控制的三步曲，手动控制→继电—接触控制→程序控制。

接触器有交流接触器和直流接触器两大类型，交流接触器又可分为电磁式和真空式两种。一般直流电路用直流接触器控制，当直流电动机和直流负载容量较小时，也可用交流接触器控制，但触头的额定电流应适当选择大些。

由于交流电路的使用场合比直流广泛，现在工厂中交流电动机的使用数量占绝大多数，所以直流接触器的使用量相对而言要少得多，所以，在这里我们主要是学习交流接触器的相关知识，对于直流接触器的内容只做简单的介绍。

TIPS▶
最常用的接触器

按负荷种类，接触器一般可分为一类、二类、三类和四类，分别记为 AC1、AC2、AC3 和 AC4。一类交流接触器对应的控制对象是无感或微感负荷，如白炽灯、电阻炉等；二类交流接触器用于绕线式异步电动机的起动和停止；三类交流接触器的典型用途是鼠笼型异步电动机的运转和运行中分断；四类交流接触器用于笼型异步电动机的起动、反接制动、反转和点动。

最常用的是三类（A3）的交流接触器，工厂和市面上常见的也是这种类型的，它的典型用途是笼型异步电动机的运转和运行中分断。笼型异步电动机正是工厂大量使用的电动机。

二、交流接触器的工作原理

交流接触器由电磁机构、触点系统、灭弧装置及其他部件 4 部分组成。

（1）电磁机构：电磁机构又称为磁路系统，它由吸引线圈、动铁心（衔铁）和静铁心组成，电磁机构的主要作用是将电磁能转换为机械能，交流接触器的动作动力来源于交流电磁铁，电磁铁由两个"山"字形的硅钢片叠加而成，以减少铁心中的铁损耗。其中一个是固定在上面套有线圈，另一半是活动铁心，构造和固定铁心一样，用以带动主触点和辅助触点接通或断开电路。交流接触器线圈失电后，依靠弹簧的反作用力使触点复位。

（2）触头系统：交流接触器的触头系统包括主触头和辅助触头。主触头用于通断电流较大的主电路，主触点一般比较大，接触电阻较小，我们常用的有 3 对动合触头，由银、银合金、银钨合金、银铁粉末冶金等制成，具有良好的导电性和耐高温烧蚀性。辅助触头常用于辅助电路（或称控制电路）中，辅助触点一般比较小，接触电阻稍大，接通或分断较小的电流，主要用于电气联锁或控制作用，国产的通常有两对动合和两对动断触头，但进口和合资厂生产的国外系列的，辅助触头的数量就不一定了，有的接触器还可根据需要，附加一定数量的辅助触头。

辅助触点的数量，不同的型号可能会不同，但最少要有一对动合的辅助触点，这就是接触器的最小配置。

（3）灭弧装置：灭弧装置的作用是熄灭由于主触点断开而产生的电弧，以防止烧坏触点。容量在 10A 及以下的接触器，常采用桥形触头的双断口电动力灭弧；容量在 10A 以上的接触器都有灭弧装置。对于大容量的接触器，常采用纵缝灭弧罩及栅片灭弧结构。

（4）其他部件：包括反作用弹簧、缓冲弹簧、触头压力弹簧、传动机构及外壳等。

交流接触器是利用电磁吸力进行操作的电磁开关，当接触器线圈两端加上额定电压时，动、静铁心间产生大于反作用弹簧弹力的电磁吸力，动、静铁心产生电磁吸力将使衔铁吸合，动衔铁带动触点系统动作，即动断触点断开，动合触点闭合。当线圈断电时，电磁吸力消失。动衔铁在反作用弹簧力的作用下释放，触点系统恢复常态复位。

交流接触器的外观如图 3-12 所示，各部件名称如图 3-13 所示，其结构原理与图形符号如图 3-14 所示。

图 3-12　交流接触器的外观

由图 3-14 可见，接触器上标有端子标号，线圈为 A1、A2，主触头 1、3、5 接电源侧，2、4、6 接负荷侧。辅助触头用两位数表示，前一位为辅助触头顺序号，后一位的 3、4 表示动合触头，1、2 表示动断触头。

接触器的主触头接线端子标号有多种表示的方式，有的接触器的主触头 R、S、T 接电源侧，U、V、W 接负荷侧；有的接触器的主触头 L1、L2、L3 接电源侧，T1、T2、T3 接负荷侧。

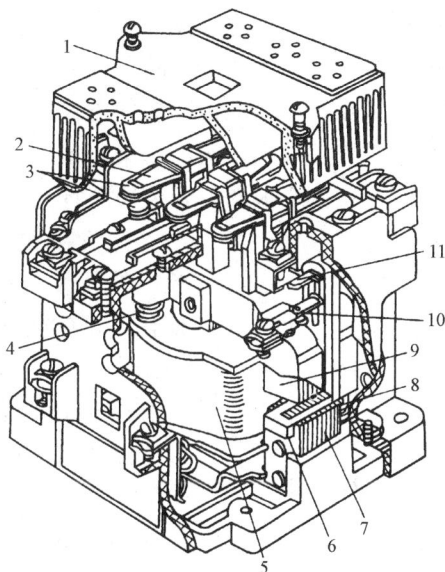

图 3-13　交流接触器各部件名称

1—灭弧罩；2—弹簧片；3—主触头；4—反作用力弹簧；5—线圈；6—短路环；

7—静铁心；8—弹簧；9—动铁心；10—辅助动合触头；11—辅助动断触头

(a)

(b)

图 3-14　交流接触器的结构示意图及图形符号

（a）结构原理；（b）图形符号

由于接触器线圈中通入的是交流电，铁心中产生的也是交变磁通，铁心中就形成交变的电磁吸力，在交变磁通过零点时，铁心中会没有电磁吸力，造成动铁心吸合不牢产生振动和噪声。这么振动会使电器结构松散，寿命减低，同时使触头接触不良，易于熔焊和蚀损。噪声污染环境，也使工人感到疲劳。为了减小铁心振动和噪声，可在铁心极面下安装短路环，如图3-15所示。

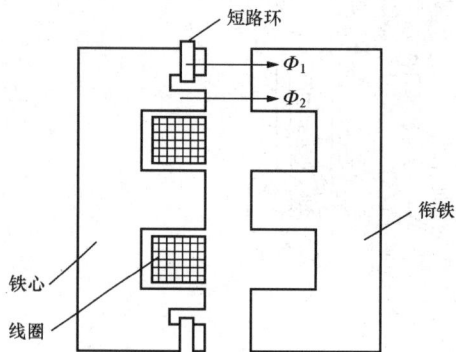

图3-15　安装短路环

交流接触器在运行过程中，交流电的特性是电流方向成周期性的变化，也就会成在一个过零的问题，线圈中通入的交流电在铁心中会产生交变磁通，因而铁心与衔铁间的吸力是变化的，当磁通过零时，电磁吸力也为零，吸合后的衔铁在反作用力弹簧的作用下将被拉开。磁通过零后电磁吸力又增大，电磁吸力大于反作用力弹簧时，衔铁又被吸合，在如此反复循环的过程中，就会使衔铁产生较大振动和噪声，更主要的是会影响到触头可靠的闭合。为消除这一现象，在交流接触器的铁心两端面各开一个槽，槽内嵌装短路铜环，如图3-15所示。加装短路环后，当线圈通以交流电时，线圈电流I_1、产生磁通Φ_1，Φ_1的一部分穿过短路环，环中感应出电流I_2，I_2又会产生一个磁通Φ_2，两个磁通的相位不同，即Φ_1、Φ_2不同时为零，这两个磁通产生的电磁力就不会同时过零点了，这样就保证了动静铁心之间在任何时刻都具有一定吸力，使衔铁将始终被吸住，就不会产生振动和噪声，这样就解决了振动和噪声的问题了。

在交流接触器和交流继电器的铁心上都要安装这样的短路环，以保证不发生振动和噪声的问题。直流接触器，因是使用的直流电，不存在直流电过零的问题，所以铁心不安装短路环。

> **TIPS▶**
> **电工新手学习交流接触器的技巧**
>
> 电工新手在学习交流接触器的时候，首先最重要的就是先了解交流接触器的作用、结构和符号。主要为以下3点。
>
> （1）知道接触器的工作原理是，先要给它的线圈通电，线圈得电后产生磁力，衔铁吸合带动触点动作，主触点由断开变为闭合，用主触点来接通主电路，辅助触点用于控制电路。

（2）知道它结构的最小配置，如常用的交流接触器最小配置为：一个吸引线圈、三个主动合触点、一个辅助动合触点（作为自锁用）。这就是说常用的交流接触器这些配置是必须要有的，所不同的是辅助触点的数量可能有不同，我们抓住这个要点就行了，特殊的接触器以后碰到了再去了解，只是触点的数量不同而已。

（3）认识和记住接触器的图形和文字符号，并要知道它在电路原理图、位置图上的具体画法，它们有一些什么区别，并做到符号与实物要能够对应，就是要看到符号就能联到实际的电器。有条件的要多动手，这样才能对电器的内部结构，有较全面的感性的认识。

在对交流接触器有了个基本的了解之后，这样就可以花较少的时间和精力去了解具体的型号。每一种电器都有它的共性，加以注意便可事半功倍。对每种电器的了解不要想去大而全，那样是不实际和不可能的，望电工新手切记！

三、交流接触器的主要技术参数与选用

接触器在电力拖动的自动控制线路中被广泛应用，但随着使用场合及控制对象的不同，接触器的操作条件与工作繁重程度也不相同。因此，必须对控制对象的工作情况以及接触器性能有一较全面的了解，这样才能做出正确的选择，保证接触器可靠运行并充分发挥其技术和经济上效益。

1. 交流接触器的选择

交流接触器的选择，一般主要考虑主触点的额定电压、额定电流、辅助触点的数量与种类、吸引线圈的电压等级、操作频率等参数。

（1）额定电压：接触器的额定电压是指主触头的额定电压。接触器主触头的额定工作电压应大于或等于负载电路的电压。交流有 220V、380V 和 660V，在特殊场合应用的额定电压高达 1140V，直流主要有 110V、220V 和 440V。

（2）额定电流：接触器的额定电流是指主触头的额定工作电流。接触器主触头的额定工作电流应大于或等于负载电路的电流。应注意，当所选择的接触器的使用类别与负载不一致时，若接触器的类别比负载类别低，接触器应降低一级容量使用。如果接触器控制的电机起、制动或正反转频繁，一般将接触器主触头的额定电流降一级使用。交流回路中的电容器投入电网或从电网中切除时，接触器选择应考虑电容器的合闸冲击电流。用接触器控制交流电弧焊机、电阻焊机等，一般可按变压器额定电流的 2 倍选取接触器，目前常用的电流等

级为 10～800A。

（3）吸引线圈的额定电压：接触器的线圈电压，一般应低一些为好，这样对接触器的绝缘要求可以降低，使用时也较安全。但为了方便和减少设备，常按实际电网电压选取。当线路简单、使用电器较少时，可选用 380V 或 220V 电压的线圈；若线路较复杂、使用电器超过 5 个时，应选用 110V 及以下电压等级的线圈。一般情况下，回路有 1～5 个接触器时，控制电压可采用 380V，当回路超过 5 个接触器时，控制电压采用 220V 或 110V，此时均需加装隔离用的控制变压器。交流有 36V、127V、220V 和 380V，直流有 24V、48V、220V 和 440V。

> **TIPS▶ 接触器线圈的烧毁**
>
> 交流接触器的线圈在使用中，如线圈的额定电压为 220V，如误接入 380V 交流电源上，线圈工作一两分钟后就会烧毁。但如果误接入 110V 或 127V 的交流电源上，因电压太低动静衔铁吸合不好，对 E 形磁路的线圈，电流可达 10～15 倍，线圈中将流过很大的电流，也会使线圈过热烧毁。再就是不能将两个 110V 交流接触器的线圈，串联后接到 220V 的电源上，因衔铁气隙的不同，线圈交流阻抗的不同，两线圈的电压不能平均分配，也会导致接触器的线圈烧毁。

（4）还应考虑接触器的主触头、辅助触头的数量必须满足控制要求。接触器加辅助模块可以满足一些特殊要求。加机械连锁可以构成可逆接触器，实现电动机正反可逆旋转，或者两个接触器加机械连锁实现主电路电气互锁，可用于变频器的变频/工频切换；加空气延时头和辅助触头组可以实现电动机星—三角启动；加空气延时头可以构成延时接触器。

（5）根据接触器所控制负载的工作任务来选择相应使用类别的接触器。如负载为一般任务则选用 AC-3 使用类别；负载为重任务时选用 AC-4 使用类别。

（6）在安装接触器时，要注意要按接触器的字符顺向安装，特别是有散热孔的接触器，接触器要垂直安装，以便于接触器的散热。

（7）选用时应考虑环境温度、湿度，使用场所的振动、尘埃、化学腐蚀等，应按相应环境选用不同类型接触器。

2. 常用交流接触器简介

常用的有由我国自行生产的 CJ 系列交流接触器，如 CJ10、CJ12、CJ10X、CJ20、CJX1、CJX2、交流接触器、CJ12B-S 系列锁扣接触器等。其中 CJ0 系列及其改型产品已逐步被 CJ20、CJX 系列产品取代。CJ20 系列为我国 20 世纪 70 年代后期到 80 年代完成的更新换代产品；CJ40 系列为 20 世纪 90 年代跟踪国外新技术、新产品自行开发、设计、试制的产品，达到国外 20 世纪 80 年代末 90 年代初水平，现已完成 63、80、100、125、160、200、250、315、400、500A 十个电流等级，最大容量可达 800A。CJ12B-S 系列锁扣接触器用于交流 50Hz，电压 380V 及以下、电流 600A 及以下的配电电路中，供远距离接通和分断电路用，并适宜于不频繁地起动和停止交流电动机。具有正常工作时吸引线圈不通电、无噪声等特点。其锁扣机构位于电磁系统的下方。锁扣机构靠吸引线圈通电，吸引线圈断电后靠锁扣机构保持在锁住位置。由于线圈不通电，不仅无电力损耗，而且消除了磁噪声。

我国近年来还引进了一些生产线，生产了国外的交流接触器品牌有：由德国引进的西门子公司生产的 3TB40～3TB44、3TB46～3TB58 系列交流接触器；由引进德国 BBC 公司生产线和生产技术而生产的 B9、B12、B16、B25、B30、B460 及 K、B37—B370 型系列（B 系列）交流接触器；由天水二一三机床电器厂引进法国 TE 公司制造技术而生产的 LC1-D 系列交流接触器、IA1-D 系列辅助触头组、IA2-D 与 LA3-D 系列空气延时头、LC2-D 系列机械联锁交流接触器等。

（1）CJ20 系列交流接触器。

CJ20 系列交流接触器适用于交流 50Hz、电压至 660V、电流至 630A 的电力系统，供远距离接通和分断线路，以及频繁地起动及控制电动机用。其机械寿命高达 1000 万次，电寿命为 120 万次，主回路电压可由 380～660V，部分可达 1140V。

CJ20 系列交流接触器为直动式，主触头为双断点，磁系统为 U 形，采用优质吸震材料作缓冲，动作可靠。接触器采用铝基座，陶土灭弧罩，性能可靠，辅助触头采用通用辅助触头，根据需要可制成各种不同组合以适应不同需要。该系列接触器的结构优点是体积小，重量轻，易于维修保养，安装面积小，噪声低等。

（2）3TB 系列空气电磁式交流接触器。

该系列接触器是从德国西门子公司引进专有制造技术而生产的产品，适用于交流 50Hz 或 60Hz，其中 3TB40～3TB44 额定工作电流为 9～32A，额定绝缘电压至 660V；3TB46—3TB58 型额定工作电流为 80～630A，额定绝缘电压为 750～1000V。主要供远距离接通和分断电路用，并适用于频繁地起动和控制交流电动机。该系列接触器可与 3UA5 系列热继电器组成电磁起动器。

3TB 系列交流接触器为 E 形铁心、双断点触头的直动式运动结构。辅助触头有一动合、一动断或二动合、二动断。它们可直接装于接触器整体结构之中，也有做成辅助触头组件附于接触器整体两旁。接触器动作机构灵活，手动检查方便，结构设计紧凑。接线端处都有端子盖覆盖，可确保使用安全。接触器外形尺寸小巧，安装面积小，其安装方式可由螺钉紧固，也可借接触器底部的弹簧滑块扣装在 35mm 宽的卡轨上，或扣装在 75mm 宽的卡轨上。

主触头、辅助触头均为桥式双断点结构，因而具有高寿命的使用性能及良好的接触可靠性。灭弧室均呈封闭型，并由阻燃型材料阻挡电弧向外喷溅，以保证人身及邻近电器的安全。

磁系统是通用的，线圈的接头处标有电压规格标志，接线方便。

（3）B 系列交流接触器。

该系列接触器的工作原理与我国现有的交流接触器相同，但因采用了合理的结构设计、合理的尺寸参数的配合和选择，各零件按其功能选用最合适的材料和采用先进的加工工艺，故产品具有较高的技术经济指标。B 系列接触器具有正装式结构与倒装式结构两种布置形式。

正装式结构，即触头系统在前面，磁系统在后面靠近安装面，属于这种结构形式的有 B9、B12、B16、B25、B30、B460 及 K 型 7 种。

倒装式结构，即触头系统在后面，磁系统在前面。这种布置由于磁系统在前面，便于更换线圈；由于主接线端靠近安装面，使接线距离短，能方便接线；便于安装多种附件如辅助触头、TP 型气囊式延时继电器、VB 型机械联锁装置、WB 型自锁继电器及连接件等，从而扩大使用功能，B37—B370 的 8 档产品均属此种结构。

另外，接触器各零部件和组件的连接多采用卡装或用螺钉组件；接触器均有附件的卡装结构，而且 B 系列接触器通用件多，零部件基本通用。有多种电压线圈供用户选用。

B 系列交流接触器适用于交流 50Hz 或 60Hz、额定电压至 660V、额定电流至 475A 的电力线路，供远距离接通与分断电路或频繁地控制交流电动机起动、停止之用，它具有失压保护作用，常与 T 系列热继电器组成电磁起动器。此时具有过载及断相保护作用。

（4）LC1-D 系列交流接触器。

LC1-D 系列交流接触器、IA1-D 系列辅助触头组、IA2-D 与 LA3-D 系列空气延时头、LC2-D 系列机械联锁交流接触器是由天水二一三机床电器厂引进制造技术而生产的电器产品。

LC1-D 系列交流接触器适用于交流 50Hz 或 60Hz，电压至 660V 电流至 80A 以下的电路，供远距离接通与分断电路及频繁起动、控制交流电动机，接触器还可组装积木式辅助触头组、空气延时头、机械联锁机构等附件，组成延时接触器、机械联锁接触器、星三角起动器，并且可以和 LR1-D 系列热继电器直接插接安装组成电磁起动器。

四、交流接触器常见故障检修技巧

1. 接触器在工作时有较大的嗡嗡声音

这种现象在接触器的使用中比较常见，可能由以下几个因素造成，下面逐条进行分析。

（1）铁心的极面上有杂物，造成动、静衔铁的两接触面闭合不严密。

在接触器在使用了一定时间后，接触器的动、静衔铁原来光滑、平整的两接触面上，会因尘埃、油垢、极面生锈等原因，在接触面生成一些物质，使得两接触面接触时闭合不严密，造成接触器工作时有较大的嗡嗡声。特别是在一些粉尘较多的工作环境，就更容易产生这种故障。严重时会造成接触器动、静衔铁的两接触极面上黏附异物，在衔铁经过长期的吸合击压下，铁心结合面不光滑，极面出现许多麻麻点点的小坑，小坑产生不应有的气隙，造成接触器在工作时有特别大嗡嗡噪声。

此故障的解决办法较简单，只要将接触器拆开，用汽油、酒精、香蕉水等，将衔铁端面上的油垢进行擦洗和清除，即可使接触器恢复正常。对于衔铁接触极面上有牢固的杂质时，可用木或竹质的硬物，刮去极面上的杂质，如还清除不掉，可用细水砂纸磨去杂质。在一些粉尘较工作环境，要注意电气配电箱的密封问题，以免因粉尘进入接触器后，而增加造成此类故障的发生频率。

（2）在吸合的进程中，有轻微的卡阻，造成吸合时不到位。

对于这种故障，要细心地进行检查，特别要注意接触器内部是否有杂物，触头的弹簧压力是否过大，接触器衔铁动作灵不灵活，有没有卡阻的现象，铁心夹件是否有松动，电磁系统反作用力弹簧是否歪斜或机械上卡住，电磁线圈骨架和触头骨架是否有破裂。值得注意的是，如果是有较小的杂质落入时，如果处理不及时，因衔铁不能闭合严密，线圈中长时间过电流，就很容易烧毁接触器的线圈。

（3）接触器线圈的工作电压较低，动、静衔铁吸合不好。

这类故障主要是电源的原因，电磁线圈允许在额定电压的 80%～105% 范围内使用，电源线路的电压太低，接触器铁心的电磁吸力减小，导致衔铁产生的电磁力不能使上铁心和下铁心紧密闭合，接触器也会产生噪声。这时要检查线路是否线径太小或线路过长，如果主电路能正常工作，可考虑采用控制变压器来解决。

（4）短路环有破损或断裂。

在短路铜环有破损、断裂、脱落时，就会有很大的嗡嗡噪声，这种嗡嗡噪声与衔铁接触面有杂质的情况不同，它的嗡嗡噪声较大且基本上是连续的，很容易就能区别出来。修复时主要是更换短路铜环，或将脱落的短路铜环重新安装坚固。

（5）铁心极面磨损或衔铁的距离超标。

新接触器，使用时间较长、使用频率较高的接触器，以及一些质量不太好的接触器，都容易有这种故障的产生。它主要是由于接触器内的衔铁距离达不到要求，或经长期的使用后，距离有所改变，造成衔铁吸合时不到位，而产生嗡嗡的噪声。这时要调节接触器底板下面的纸片的数量或改变厚度，通过纸垫的调整，达到没有嗡嗡的噪声，这种故障在接触器的故障中，所占的比例不是很大。

（6）上下铁心支架轴孔同心度不好。

上下铁心支架轴孔同心度不好，磁系统歪斜或机械上卡住，使铁心不能吸平，极面不能紧密接触都会产生噪声。电磁系统受力偏转也会产生噪声，可以用加强缓冲弹簧力来消除。一般经过详细的检查，很容易查出问题的所在。

2. 接触器触点磨损

接触器在使用一定的年限或在重负荷状态下后，其触点容易磨损。因此要经常检查接触器的触点磨损程度，磨损深度不得超过 1mm，超过时须及时进行更换，以免造成接触不良或触点熔焊。

3. 接触器的动、静触点熔焊

接触器的动、静触头熔焊在一起通常发生在触点通过短路电流后。触头熔焊对触点的损伤是很严重的，轻则减少触头的使用寿命，重则使触点报废，所以，在使用中要尽可能地避免。

接触器触头的轻度熔焊，修复后可以继续使用，可用工具将熔焊的动、静触头分开，分开时不可用蛮力，要注意手感的力量，力度要合适，可从多方位进行，不要将触头扳变形了。触头分开后，要视触点熔焊损坏的程度，用细锉对动、静触点进行修整，但在修整触点时，不允许使用砂纸，因砂纸上的砂粒不导电，附着在触点上会引起两接触面接触不良。触点的修整深度不得太大，以两接触面能平行接触和无毛刺即可。如果接触器触头的严重度熔损，那就只有更换动、静触头了。

根据多年的维修经验，国产的接触器因配件较全，加上国产接触器的触点体积较大，修复的成功率较高，实在不行就更换相应的配件，总的维修成本是较低的。但进口系列的接触器，因接触器较紧凑，相对体积较小，加上没有零配件供应，所以，对于短路状态的触头熔焊故障，修复的可能性基本为零，接触器只能作报废处理。

4. 接触器线圈断电后，释放时有迟缓现象

在接触器线圈断电后，接触器的触头有时有延时释放的现象，这个现象是由于接触器内的衔铁迟滞弹开造成的。虽说这种故障不经常出现，但这种故障轻则造成设备动作的不协调，重则酿成事故，故出现这种现象时，要及时处理。

一种衔铁迟滞弹开的情况，在同时有油气和粉尘的环境较容易出现，主要是油与粉尘混合沉积后，在衔铁两接触面上形成粘稠的混合物，在衔铁断开时，因两接触面的黏结，迟缓了衔铁释放的时间，黏结物的黏稠程度，就使衔铁迟缓释放的频率和时间发生变化。处理方法主要如下：①及时地清理衔铁两接触面的混合物，保证衔铁两接触面的光洁度；②加强电气箱的密封，避免异物的进入，并经常对电气设备进行维护，就可减少此类故障的发生。

另外一种衔铁迟滞弹开的情况，是因接触器的质量、安装、结构等造成的。有的接触器衔铁的中柱铁心有磁化饱和的现象，加上一些其他的因素，就会产生衔铁迟缓释放的发生。对这种现象引起故障，可对衔铁的中柱铁心进行修整，可用细锉刀将中柱铁心的平面，稍微锉去一点，但要保证平整度，就可消除衔铁迟缓释放的故障。但判定时要慎重，要确定是中柱铁心饱和引起的才能使用，千万不可过度修整。

五、直流接触器

直流接触器常用于远离接通和分断直流电压至 440V、直流电流至 1600A 的电力线路，并适用于直流电动机的频繁起动、停止、反转或反接制动。常用的有 CZ0 系列与 CZ18 系列直流接触器。

1. CZ0 系列直流接触器

CZ0 系列直流接触器主要适用于冶金、机床等电气设备，供远距离接通与分断直流电力线路，适用直流电压 440V 及以下、电流 600A 及以下电路。还用于频繁起动、停止直流电动机及控制直流电动机的换向及反接制动等。其主

触头额定电流有 40、100、150、250、400 及 600A 六个等级。从结构上来看，150A 及以下的接触器为立体布置整体式结构。它具有沿棱角转动的拍合式电磁机构，主触头为双断点桥式结构并在其上镶了银块。主触头的灭弧装置由串联磁吹线圈和横隔板式陶土灭弧罩组成。组合式的辅助触头固定在主触头绝缘基座一端的两侧，并有透明的罩盖防尘。

额定电流为 250A 及以上的接触器为平面布置整体结构。主触头为单断点的指形触头，灭弧装置由串联磁吹线圈和纵隔板陶土灭弧罩组成，组合式的桥式双断点辅助触头固定在磁轭背上，并有透明的罩盖防尘。

2. CZ18 系列直流接触器

CZ18 系列直流接触器用于接通与分断直流电压至 440V、直流电流至 1600A 的电力线路，并适用于直流电动机的频繁起动、停止以及反转或反接制动。

CZ18 系列直流接触器采用了绕楞角转动的拍合式电磁机构，电磁线圈为带有骨架的单绕组线圈，主触头为转动式单断点指形触头，触头上镶有银或银合金材料，从而保证了触头的耐电磨损性和抗熔焊性。触头推杆为呈 S 形的滑动导轨，使触头在接触时相对滑动，保证了触头间的良好接触。额定电流为 40、80A 的接触器为板前接线，磁系统不带电。而额定电流为 160A 及以上的接触器为板后接线，磁系统是带电的，须安装在绝缘板上。

第3节 继 电 器

继电器是一种根据输入信号的变化，输出相应的接通或断开的触点动作来控制电路的电器。输入的信号可以是电量（电压、电流、频率、功率等），也可以是非电量（温度、时间、压力、速度等）。继电器一般由检测机构、中间机构和执行机构 3 个基本部分组成。

继电器的种类很多，按输入信号的性质分为：电压继电器、电流继电器、时间继电器、温度继电器、速度继电器等。按工作原理可分为：电磁式继电器、感应式继电器、电动式继电器、热继电器、极化继电器、舌簧继电器等。

接触器有专门的灭弧装置，而继电器一般没有灭弧装置，所以继电器的触点不能接通和分断大电流的主电路，只能接通和分断小电流的辅助电路，这是继电器与接触器的最大的区别。继电器的输入信号既可以是电量，也可以是非电量，而接触器只能在一定的电压信号下才能工作。它广泛地应用于生产过程自动化装置、电力系统保护、仪表等装置，在电路中起着自动调节、安全保护、转换电路等作用，是现代自动控制系统中最基础的控制电器元件之一。

一、电磁式继电器

电磁式继电器一般由铁心、线圈、衔铁、触点簧片等组成。只要在线圈两端加上一定的电压，线圈中就会流过一定的电流，从而产生电磁效应，衔铁就会在电磁力吸引的作用下克服返回弹簧的拉力吸向铁心，从而带动衔铁的动触点与静触点（动合触点）闭合。当线圈断电后，电磁的吸力也随之消失，衔铁就会在弹簧的反作用力下返回原来的位置，使动触点与原来的静触点（动断触点）闭合复位。这样的吸合与释放，从而达到了在电路中的导通与断开的目的。

电磁式继电器的图形符号如图 3-16 所示。

常用的国产电磁式继电器有 JL3、JL7、JL9、JL12、JL14、JL15、JT3、JT4、JT9、JT10、JZ1、JZ7、JZ8、JZ14、JZ15、JZ17 等系列。

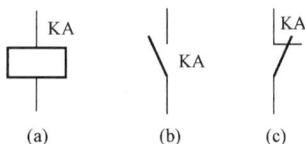

图 3-16　电磁式继电器的图形符号
(a) 线圈；(b) 动合触点；(c) 动断触点

电磁式继电器按吸引线圈电流的种类不同，可分为直流和交流两种。直流电磁式继电器当线圈通电后，会使中心的软铁核心产生磁性，将横向的摆臂吸下，而臂的右侧则迫使接点相接，使两接点形成通路。

直流电磁式继电器结构如图 3-17 所示。

直流电磁式继电器由电磁机构和触头系统两个主要部分组成。电磁机构由线圈 1、铁心 2、衔铁 7 组成。触头系统由于其触点都接在控制电路中，且电流较小，故不装设灭弧装置。它的触点一般为桥式触点，有动合和动断两种形式。另外，为了实现继电器动作参数的改变，有的继电器还具有改变弹簧松紧和改变衔铁打开

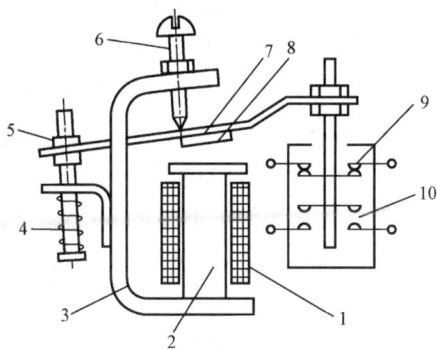

图 3-17　直流电磁式继电器结构
1—线圈；2—铁心；3—磁轭；4—弹簧；5—调节螺母；6—调节螺钉；7—衔铁；8—非磁性垫片；9—动断触点；10—动合触点

第 3 章

115

后气隙大小的装置，即反作用调节螺钉 6。当通过线圈 1 的电流超过某一定值时，电磁吸力大于反作用弹簧力，衔铁 7 吸合并带动绝缘支架动作，使动断触点 9 断开，动合触点 10 闭合。通过调节螺钉 6 来调节反作用力的大小，即调节继电器的动作参数值。

现在科学技术在不断地进步，自动化的程度在不断地提高，按现在发展的趋势，直流的继电器的使用量是越来越大了，数量也在不断地增加，加上直流继电器的品种和规格，是相当繁多的，我们在选择和使用时，要看清楚继电器上的符号与参数。如电压、电流的具体参数，线圈、动合触点、动断触点的号码端子等。一般在继电器的规格中，继电器线圈的电流是不标的，在使用时可以用万用表测量线圈的电阻值，用欧姆定律就可换算出线圈的电流了。

在使用直流继电器时，要注意直流继电器的吸合电压与释放电压，这两个值相差是很大的，直流继电器吸合后，在很小的电压下，还能保持继电器的吸合，在使用中一定要加以注意。

二、中间继电器

中间继电器是一种电压继电器，是根据线圈两端电压的大小来控制电路通断的控制电器。中间继电器的触点数量较多，容量较大，它在电路中的作用主要是扩展控制触点数和增加触点容量，将信号同时传给几个控制元件，起到中间转换和放大作用。中间继电器具有动作快、工作稳定、使用寿命长、体积小等优点。其外形如图 3-18 所示。

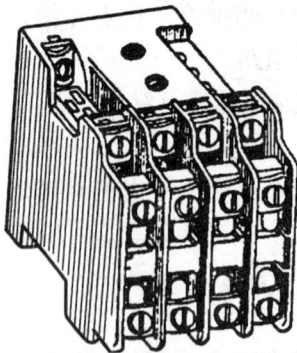

图 3-18 中间继电器外形

中间继电器是最常用的继电器之一，它的工作原理、结构与接触器基本相同，是根据输入电压的有或无而动作的，触点的额定电流一般为 5A 左右，动作时间不大于 0.05s。继电器的触点电流应大于或等于被控制电路的额定电流，若是电感性负载，则应降低到额定电流的 50% 以下使用。由于中间继电器体积小，动作灵敏度高，有时也用于直接控制小容量的电动机，来代替接触器起控制负荷的作用。中间继电器的电磁线圈所用电源有直流和交流两种。

中间继电器的结构及图形符号如图 3-19 所示。

中间继电器的规格较多，如我们常用的 JZ7 型中间继电器，它共有 8 对触点，按动合与动断触点数量来分，有 44 型的：即有 4 对动合触点和 4 对动断

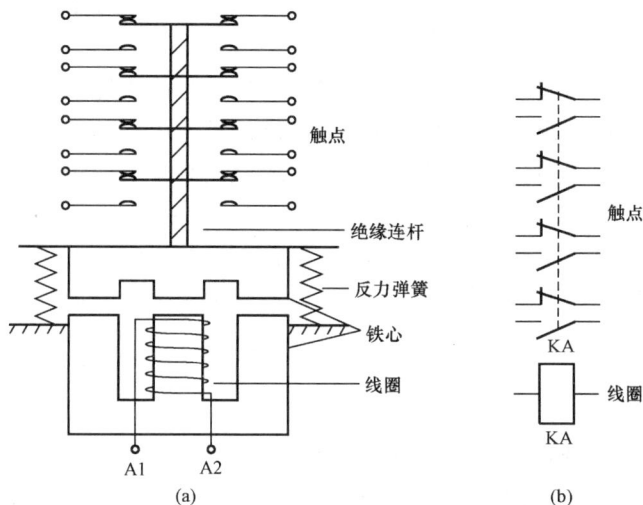

图 3-19 中间继电器的结构及图形符号

(a) 中间继电器示意图；(b) 中间继电器图形符号

触点；62 型的：即有 6 对动合触点和 2 对动断触点；80 型的：有 8 对动合触点无动断触点，在购买和选择上要加以注意。

常用的中间继电器型号有 JZ7、JZ8、JZ14 等。广泛应用于电力保护、自动化、运动、遥控、测量和通信等装置中。

TIPS▶ 中间继电器常见故障检修技巧

1. 继电器通电后，噪声很大

这可能是由于动、静铁心的接触面不平整，或有粉尘与油污附着在铁心的端面上造成的。修理时要检查各弹簧是否对称，并重新进行安装。动、静铁心的接触面如有粉尘与油污，要用汽油等溶剂应进行清洗。噪声过大，还有一个可能，是由于短路环断裂引起的，可修理或更换新的短路环即可。

2. 断电后，衔铁不能立即释放

这可能是由于动铁心被卡住、铁心气隙太小、弹簧劳损和铁心接触面有油污等造成的，检修时应针对不同的故障原因区别对待。

3. 线圈烧毁

线圈烧毁的原因很多，如线圈通电后，动、静铁心之间有异物，衔铁吸合不上或不严密；线圈的绝缘损坏；电源电压过低都有可能造成线圈烧毁。这要针对不同的原因来进行修复。

4. 触点过热、磨损、熔焊等

引起触点过热的主要原因是电流过大，触点压力不够，表面氧化或有杂质油污等；引起磨损加剧的主要原因是触点容量太小，触点氧化或接触不良等；引起触点熔焊的主要原因是短路等大电流或频繁通断等。继电器的触点电流不会超过 5A，所以要避免有大电流通过，并要保证触点的接触可靠，想法改善继电器的工作环境。对于轻微的触电损伤，可以用油光锉或小刀进行修整，如触头的损坏严重，就没有维修的价值了，只有进行更换了。

三、热继电器

热继电器是一种利用电流热效应原理工作的电器，它具有与电动机容许过载特性相近的反时限动作特性，热继电器要与接触器配合使用，主要用于电动机的过载、断相保护，也可用于其他电气设备、电气线路的过载保护。但热继电器只适用于不频繁起动、轻载起动的电动机的过载保护，对于需要频繁起动的电动机或者是频繁正反转的电动机，不宜采用热继电器进行保护。热继电器不能作为短路保护，这是因为其不能迅速对短路电流进行反应。

常用的电动机保护装置种类有很多，但现在使用最多、最普遍的是双金属片式热继电器。所以这里主要介绍双金属片式的热继电器，如需了解其他的形式的热继电器，可参考相关资料。

1. 双金属片式热继电器

双金属片式热继电器有结构简单、保护可靠、体积小巧、价格低廉、使用方便、寿命长等特点，其外观结构及图形符号如图 3-20 所示。

双金属片式热继电器主要由双金属片、热元件、复位按钮、传动杆、拉簧、调节旋钮、复位螺丝、触点和接线端子等几部分组成。双金属片是一种将两种热膨胀系数不同的金属，用机械碾压的方法使之形成为一体的金属片。膨胀系数大的（如铁镍铬合金、铜合金或高铝合金等）称为主动层，膨胀系数小的（如铁镍类合金）称为被动层。由于两种热膨胀系数不同的金属紧密地贴合在一起，当产生热效应时，使得双金属片向膨胀系数小的一侧弯曲，由弯曲产生的位移带动触头动作。

热元件一般由铜镍合金、镍铬铁合金或铁铬铝等合金电阻材料制成，其形状有圆丝、扁丝、片状和带材等几种。热元件串接在电动机的绕组电路中，通过热元件的电流就是电动机的工作电流。当电动机正常运行时，其工作电流通过热元件时，所产生的热量不足以使双金属片有大的弯曲，热继电器不会动

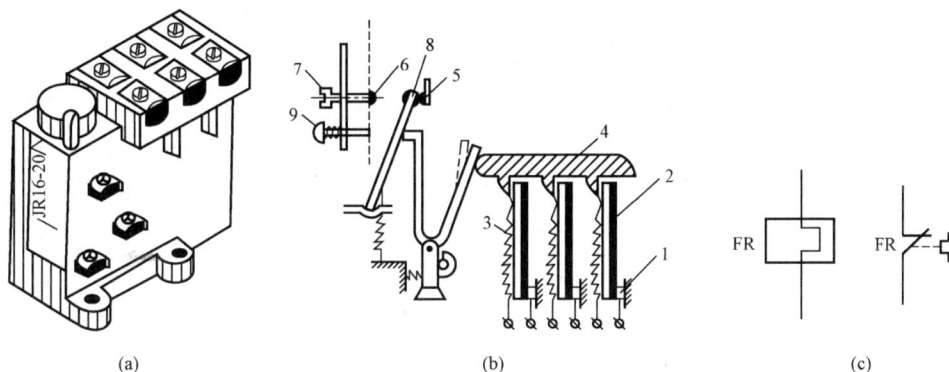

图 3 - 20　双金属片式热继电器的外观结构及图形符号

(a) 外观；(b) 结构；(c) 图形符号

1—接线端；2—双金属片；3—电热丝；4—导板；5—动断静触点；

6—动合静触点关；7—调节螺钉；8—公共动触点；9—复位按钮

作。但是当电动机过载时，流过热元件的电流增大，加上时间效应，就会逐渐地加大双金属片的弯曲程度，最终推动杠杆使动断触点断开，通过控制电路再切断电动机的工作电源。同时，热元件也因失电而逐渐降温，经过一段时间的冷却，双金属片恢复到原来状态。

2. 电子式热继电器

随着电子技术的发展，电子式热继电器也开始逐渐被广泛使用。电子式热继电器产品具有设计独特，工作可靠、电流调节范围广、灵敏度高、能耗小等优点，还能具有断相、短路、过载的保护功能等。电子式热继电器的安装尺寸、接线方式、电流调整与同型号的双金属片式热继电器相同，大有取代传统的双金属片式热继电器之势。

3. 热继电器的工作原理

热继电器的触头系统有一对动合触头和一对动断触头。在接入控制电路中时，对于只有 3 个接线端子的，要注意有一个端子是公共端，在接动合触头或动断触头时都要使用。我们在控制电路中最常用的是动断触头，一般是将动断触头串联在交流接触器的电磁线圈的控制电路中。动合触头在一般情况下是很少用的，如果要求热继电器在过载后，需要灯光信号、声音信号进行报警或者作其他用途的特殊情况时才用。

热继电器过载保护后，有自动复位和手动复位二种复位型式，自动复位时间不大于 5min，手动复位时间不大于 2min，可根据使用的需要自行调整。一般热继电器出厂时都设置为自动复位的状态。电动机因过载引起热继电器动作后，过一段时间后可以自动复位。如果设备要求在电动机因过载或其他原因，引起热继电器过载跳闸，这时必须要经过检查或检修后，才能重新启动的设备，这就不允许热继电器自动复位了。这时可将热继电器右侧的小孔内的螺丝向外旋转几圈，这时就变为手动复位了，不按手动复位键，热继电器的触头系统就不会自动复位了。另一种情况为，如果是使用没有自动复位功能的主令开关，来控制交流接触器线圈时，也应将热继电器调到手动复位的形式。另外，采用自动元件控制的自动起动电路，也应将热继电器设定为手动复位的形式。

热继电器的动作电流调节，是通过旋转调节旋钮来实现的。调节旋钮为一个偏心轮，旋转调节旋钮可以改变传动杆和动触点之间的传动距离，距离越长动作电流就越大，反之动作电流就越小。

4. 热继电器的选用

热继电器的正确选用，将直接影响其对电动机过载保护的可靠性。在选用时应综合加以考虑。需要考虑电动机绝缘等级的不同，同样条件下，绝缘等级越高过载能力就越强。热继电器和电动机两者环境温度不同，也会影响热继电器调整。热继电器的连接导线过粗或太细，也会影响热继电器的正常工作，因为连接导线的粗细不同会使散热量的不同，会影响热继电器的电流热效应。热继电器在安装时，要离其他电器 50mm 以上，以免受其他电器发热的影响。

如对于机加工类的设备，要求电动机要能稳定地工作。如车床在切削工件的过程中，是不允许电动机停止转动的，否则就会损坏刀具或工件。对于这类负荷热继电器的热元件整定电流，就要按电动机的额定电流来调整了，比如电动机额定电流为 10A，就要选择热元件整定电流调节范围为 10.0～16.0A 的热继电器。

但对于吸尘、通风等设备，这类设备工作的特点是：通风机是连续工作的，电动机启动的时间稍长，但启动后的负荷量不大，电动机的实际工作电流，只有额定电流的 60%～80%，这时就要选择热元件整定电流调节范围为 6.8～11.0A 的热继电器。对于这类负荷热继电器的热元件整定电流，可按略小于电动机的实际工作电流来调整。在实际的工作中，只要能保证电动机的正常地起动，电动机就肯定能够正常地运行。当然，这要通过在现场的多次试验和调整，才能得到较可靠的保护。即先将热继电器的整定电流调到比电动机的额定电流小一些，运行时如果热继电器过载动作，再逐渐调大热继电器的整定值，直到电动机能够正常运行。一般情况下电动机能够正常工作 30 分钟就没有什么问题了。这样一旦电动机有不正常的阻力，热继电器的保护是相当灵敏的，这在实际的工作中已经检验过了。

在选用热继电器的时候，一般关注以下两个技术数据。

（1）整定电流：热元件能够长期通过而不致引起热继电器动作的最大电流值。

（2）热继电器额定电流：热继电器中，可以安装的热元件的最大整定电流值。

在购买或使用热继电器时，一定要注意热继电器规格的选择，热继电器的电流规格虽不相同，但它们的价格是一样的。在购买和选择热继电器时，要告诉或注明热继电器的电流规格，热继电器的电流规格是以最大值来标注的。如4.5～7.2A的热继电器，热继电器的外包装上，一般只会标注为7.2A。这一点你在购买和报计划时，要注意热继电器的规格不要搞错，不然你就无法正常地使用。

目前我国生产的JR0、JR1、JR2和JR15系列的热继电器，多为两相结构的热继电器，JR16和JR20系列热继电器多为三相结构，最常用的双金属片式热继电器为三相式的，有带断相保护和不带断相保护两种，其技术参数见表3-1。

表3-1　　　　　　　　JR16B系列热继电器技术参数

型　号	额定电流（A）	热元件等级	
		热元件额定电流（A）	热元件整定电流调节范围（A）
JR16B-60/3 JR16B-60/3D	60	22.0	14.0～22.0
		32.0	20.0～32.0
		45.0	28.0～45.0
		63.0	40.0～63.0
JR16B-150/3 JR16B-150/3D	150	63.0	40.0～63.0
		85.0	53.0～85.0
		120.0	75.0～120.0
		160.0	100.0～160.0
JR16B-20/3 JR16B-20/3D	20	0.35	0.25～0.35
		0.50	0.32～0.50
		0.72	0.45～0.72
		1.1	0.68～1.1
		1.6	1.0～1.6
		2.4	1.5～2.4
		3.5	2.2～3.5
		5.0	3.2～5.0
		7.2	4.5～7.2
		11.0	6.8～11.0
		16.0	10.0～16.0
		22.0	14.0～22.0

第3章 121

国外引进及生产的热继电器的型号较多，如有联邦德国 BBC 公司的 T 系列、日本三菱 TH 系列、日本富士 TK 系列、法国施耐德 LR 系列、德国西门子 3UA、日本日立 H 系列、ABB 公司 TA 系列等，除了具有国内热继电器的所有功能外，很多的还有脱扣状态显示功能、测试按钮、调节的范围宽、使用环境适应性强等优点，但是价格较高。

5. 热继电器的使用

三相异步电动机在实际运行中，常会遇到因电气或机械等原因引起的过电流（过载和断相）现象。这时电动机的转速会下降、绕组中的电流将增大，使电动机的绕组温度升高。如果过电流不严重，持续时间短，电动机绕组不会超过允许的温升，这种过电流是允许的，如电动机在起动时的起动电流。如果过电流情况严重，持续时间较长，电动机绕组的温升就会超过允许值，这会加快电动机绝缘老化，缩短电动机的使用寿命，严重时甚至烧毁电动机，因此，这就要在电动机的回路中，设置电动机的保护装置，在出现电动机不能承受的过载电流时，及时地切断电动机电路，为电动机提供过载保护。

在使用热继电器对电动机进行过载保护时，要将热继电器的热元件与电动机的定子绕组串联，并调节整定电流调节旋钮，与电动机的额定电流相符。当电动机正常工作时，通过热元件的电流即为电动机的额定电流，热元件发热双金属片受热后弯曲，但不会弯曲到推动拨杆的位置，动断触头还处于闭合状态，交流接触器保持吸合，电动机正常运行。若电动机出现过载情况，绕组中的电流增大，通过热继电器元件中的电流增大，使双金属片温度升高，双金属片弯曲程度加大，这时双金属片较大的弯曲就会推动拨杆，拨杆推动动断触头，使动断触头断开，从而断开交流接触器线圈的电路，使接触器释放、切断电动机的电源，电动机断电而得到保护。

热继电器的整定电流，在一般情况下，可按电动机的额定电流整定，热继电器整定电流为电动机额定电流的 0.95～1.05 倍。热继电器在使用前，必须对热继电器的整定电流进行调整，以保证热继电器的整定电流与被保护电动机的额定电流相匹配。例如，对于一台 Y132S1-2-5.5KW，额定电流为 11A 的三相异步电动机，可选用 JR16B-20/3D 型，带断相保护的三相式热继电器，但按发热元件整定电流有两个选择：即热元件整定电流调节范围为 6.8～11.0A 的与 10.0～16.0A 的。这两个热继电器的热元件整定电流调节范围内，都有 11A 这个档位。这时选择热继电器就要看电动机的负荷性质了。

对于 Y 形接法的电动机，使用普通的三相双金属片式热继电器，带不带断相保护的热继电器都可以，只要热继电器的整定电流调节合理，是可以对电动机进行可靠地保护的，因 Y 形接法的电动机的线电流与相电流相等，也就是通过热继电器的电流就是电动机绕组的电流，是完全可以对电动机进行过载和断相保护的。但对于△形接法的电动机，使用普通的三相双金属片式热继电器就不能对电动机进行有效的保护了，因为△形接法若三相绕组中有一相断线时，流过未断相绕组的电流与流过热继电器的电流增加比例则不同，也就是说，流过热继电器的电流不能反映断相后绕组的过载电流。这时要选择带断相保护的热继电器。

带断相保护的热继电器就是在普通的热继电器上加一个差动机构，其结构如图 3 - 21 所示。

由图可见，当电流为额定值时，三个热元件均正常发热，其端部均向左弯曲推动上、下导板同时左移，但不能到达动作的位置，热继电器的动断触点就不会动作，当电流过载超过整定值时，双金属片弯曲较大，把导板和杠杆推到动作的位置时，继电器的动断触点就会动作，使动断触点立即断开控制电路的回路。假设为热继电器最右边的一相断路时，此相的双金属片逐渐降温冷却，其双金属片端部向右移动，推动上导板向右移动，而热继电器另外两相的双金属片温度上升，使端部向左移动，推动下导板继续向左移动，双导板产生的差动杠杆作用使杠杆扭转，热继电器的动断触点动作，断开控制电路的回路，起到断相保护的作用。此系列带断相保护的热继电器，其主要区别在于将单导板改成了双导板的差动机构，带此类带断相保护的国产热继电器，均在其型号的最后面加有"D"符号的标记。

6. 热继电器的维修

热继电器一般很少进行维修，只有触点出现在粘连故障时，要进行触点的维护。再就是有些部

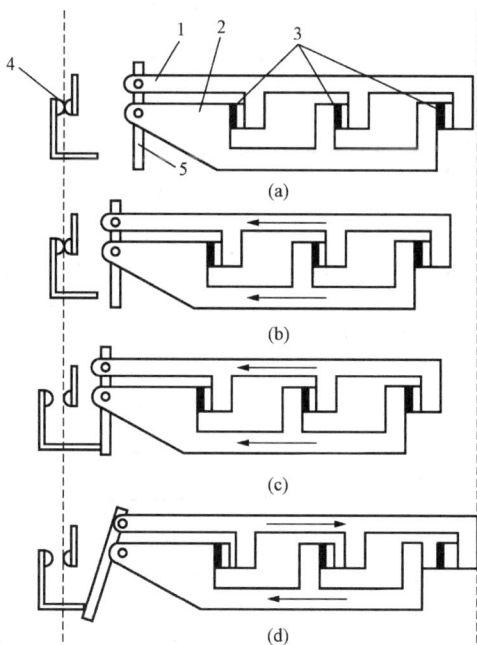

图 3 - 21　带断相保护的热继电器结构

（a）通电前；（b）三相正常通电；

（c）三相均匀过载；（d）L1 相断线

1—上导板；2—下导板；3—双金属片；

4—动断触点；5—杠杆

电工新手从入门到成才

件出现松动、错位等情况时的维护了。

四、时间继电器

时间继电器是按照所整定时间间隔的长短，经过一段时间（延时时间）执行机构才来切换电路的自动电器，也是常用的继电器之一。其用途就是配合工艺要求执行延时指令。在自动控制系统中，有时需要继电器得到信号后不立即动作，而是要顺延一段时间后再动作并输出控制信号，以达到按时间顺序进行控制的目的。时间继电器就能实现这种功能。它通常可在交流 50Hz、60Hz、电压至 380V、直流至 220V 的控制电路中作延时元件，按预定的时间接通或分断电路。可广泛应用于电力拖动系统、自动程序控制系统及在各种生产工艺过程的自动控制系统中起时间控制作用。时间继电器在电气控制系统中是一个非常重要的元器件。

时间继电器按工作原理分可分为：电磁式、空气阻尼式（气囊式）、电动式、数字式、电子管式、单片机控制式等。

时间继电器按工作方式分为通电延时时间继电器和断电延时时间继电器，一般具有瞬时触点和延时触点这两种触点。

对于通电延时型时间继电器，当线圈得电后，其延时动合触点要延时一段时间后才能闭合，延时动断触点要延时一段时间后才能断开。当线圈失电时，其延时动合触点迅速断开，延时动断触点迅速闭合。

对于断电延时型时间继电器，当线圈得电后，其延时动合触点迅速闭合，延时动断触点迅速断开。当线圈失电时，其延时动合触点要延时一段时间再断开，延时动断触点要延时一段时间再闭合。

随着科学技术的进步，时间继电器的更新换代是很快的。现在，由原来传统的空气阻尼式时间继电器、用 RC 充电电路以及单结晶体管所完成的延时触发时间继电器、电动式时间继电器，至今已发展到广泛使用通用的 CMOS 集成电路，单片机控制电路以及用专用延时集成芯片组成的多延时功能（通电延时、接通延时、断电延时、断开延时、往复延时、间隔定时等）、多设定方式（电位器设定、数字拨码开关、按键等）、多时基选择（0.01s、0.1s、1s、1min、1h 等）、多工作模式、LED 显示的时间继电器。由于其具有延时精度高、延时范围广、在延时过程中延时显示直观等诸多优点，是传统时间继电器所不能比拟的，故在现今自动控制领域里已基本取代传统的时间继电器。

1. 直流电磁阻尼式时间继电器

电磁阻尼式时间继电器只能用于直流、延时时间较短且是断电延时的场合。直流电磁阻尼式时间继电器，其结构与电压继电器相似，为了达到延时的目的，在继电器电磁系统中的铁心柱上装有一个阻尼铜套，它是利用电磁系统在电磁线圈断电后磁通延缓变化的原理工作的。通过改变安装在衔铁上的非磁性垫片的厚度及反力弹簧的松紧程度，可以调节延时时间的长短。

其特点为：延时时间较短，准确度较低，可用于要求不高的场合，如电动机的延时起动。

2. 空气阻尼式时间继电器

空气阻尼式时间继电器是利用调节空气通过小孔节流的原理，来获得延时动作的，通常由电磁机构、延时机构和触头系统3部分组成。空气阻尼式时间继电器的优点是结构简单、延时范围大、寿命长、价格低廉，且不受电源电压及频率波动的影响，其缺点是延时误差大、无调节刻度指示，一般适用于延时精度要求不高的场合。常用的产品有JS7-A、JS23等系列，其中JS7-A系列的主要技术参数为延时范围，分0.4s～60s和0.4s～180s两种，操作频率为600次/h，触头容量为2A，延时误差为±15%。空气阻尼式时间继电器可以做成通电延时型，也可改成断电延时型，电磁机构可以是直流的，也可以是交流的。

下面以JS7型空气阻尼式时间继电器为例，说明其工作原理。JS7型空气阻尼式时间继电器的外形和图形符号如图3-22所示，其电磁机构为直动式双E型铁心，触头系统采用LX5型微动开关，延时机构采用气囊式阻尼器。

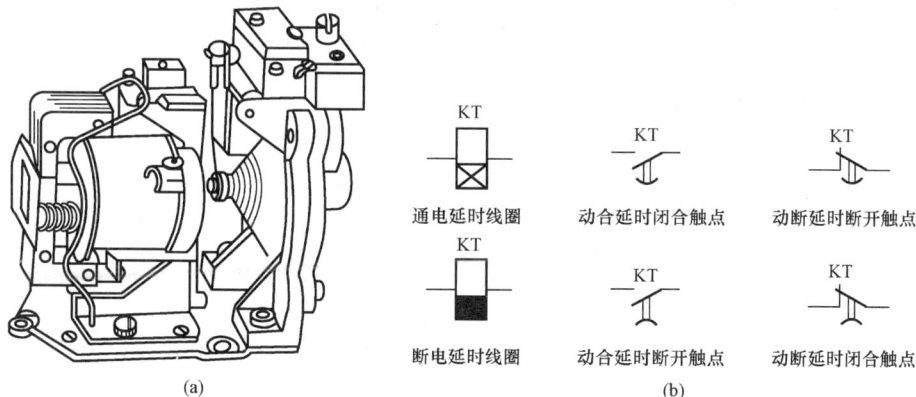

图3-22　JS7型空气阻尼式时间继电器的外形和图形符号
(a) 外形；(b) 图形符号

当时间继电器线圈通电，动铁心就被吸下，使铁心与活塞杆之间有一段距离，活塞杆在塔形弹簧的作用下，带动活塞及橡皮膜向上移动，但受进气孔进气速度的限制，橡皮膜上方形成空气稀薄的空间，与下方的空气形成压力差，对活塞杆下移产生阻尼作用。所以活塞杆和传动杆只能缓慢地上移。其移动的速度和进气孔的大小有关（通过调节螺丝可调节进气孔的大小，就可改变延时时间）。经过一段时间后，活塞杆移到最上端时，通过杠杆压动微动开关，使动断触头断开、动合触头闭合，起通电延时作用。气囊式时间继电器，只需调换电磁系统的方向，即可实现通电延时和断电延时的相互转换，延时时间的调整必须在断电的情况下进行。

> **TIPS▶**
> **空气阻尼式时间继电器的使用技巧**
>
> 时间继电器上有两对触头，一对是瞬动触头，另一对是延时触头，在使用的时候不要用错。如果在工作中遇到 LX5 型微动开关，由于该微动开关的接线端子较小，因此在安装时一定要注意用力的手感，用力不可太大，以免造成微动开关的损坏。在使用空气阻尼式时间继电器时，应保持延时机构的清洁，防止因进气孔被堵塞而，而失去延时的作用。

3. 电子式时间继电器

电子式时间继电器已经成为时间继电器中的主流产品，通常采用晶体管或集成电路和电子元件等构成，目前已有采用单片机控制的时间继电器。电子式时间继电器具有延时范围广、精度高、体积小、耐冲击和耐振动、调节方便及寿命长等优点，所以发展很快，应用广泛。电子式时间继电器的输出形式有两种，即有触点式和无触点式，前者是用晶体管驱动小型磁式继电器，后者是采用晶体管或晶闸管输出。

常用的电子式时间继电器有阻容式时间继电器，它是利用电容的充放电对电压变化的作用来实现延时的。这类产品具有延时范围广、精度高、体积小、耐冲击、耐振动、调节方便以及寿命长等优点。这类产品有 JS13、JS14、JS15 及 JS20 系列，其中 JS20 系列为全国推广的统一设计产品，与其他系列相比，具有通用性、系列性强，工作稳定可靠，精度高，延时范围广，输出触头容量大等特点。该系列时间继电器具有保护式外壳，全部元件装在印制电路板上，然后与插座用螺钉紧固，装入塑料壳中。外壳表面装有铭牌，其上有延时刻度，并有延时调节旋钮，其外观如图 3-23 所示。它有装置式和面板式两种型式，装置式

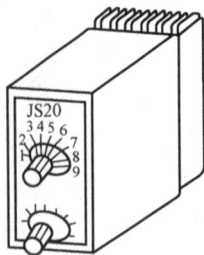

图 3-23 JS20 系列晶体管时间继电器外观

具有带接线端子的胶木底座，它与继电器本体部分采用插座连接，然后用底座上的两只尼龙锁扣铰紧。面板式采用的是通用的八大脚插座，可直接安装在控制台的面板上。JS20系列晶体管时间继电器有通电延时型、带瞬动触头的通电延时型、断电延时型和改进型等，适用于交流50Hz、电压380V及以下或直流110V及以下的控制电路，作为时间控制元件，按预定的时间延时，或周期性地接通或分断电路。

现在常用的还有数字式时间继电器，数字式时间继电器具有延时精度高、延时范围宽、触头容量大、调整方便、工作状态直观、指示清晰明确等特点，应用非常广泛。

4. 电动机式时间继电器

电动机式时间继电器是由微型同步电动机拖动减速齿轮组，经减速齿轮带动触头经过一定的延时后动作的时间继电器。它由微型同步电动机、离合电磁铁、减速齿轮组、差动轮泵、断电记忆杆、复位游丝、触头系统、脱扣机构、整定装置等部分组成。这种类型时间继电器的优点是延时调节范围大、延时精确度高，延时时间有指针指示、不受电压波动的影响。但其缺点是机械结构复杂，不适于频繁操作，内部结构较为复杂，价格较高，延时误差受电源频率的影响。虽然电动式时间继电器的延时精确度高，延时的时间可达到近百小时，但由于其价格较高，所以，如果不需要很高的精确度的场合，就没有必要使用电动式时间继电器。

电动式时间继电器的工作原理如下：为了保证延时的精确度，要先给同步电动机接通电源，这时同步电动机就以恒速旋转，带动减速齿轮与差动齿轮组一起转动，这时差动齿轮组只是在轴上空转。如这时给离合电磁铁的线圈通电，使它吸引衔铁并通过棘爪动作带动齿轮与轴一起转动，瞬时动作触点动作，这时就开始延时。当到了预定的延时时间时，脱扣机构动作使延时触点动作，并同时断开同步电动机的电源，延时动作完成。如果要进行第二次延时，只要断开离合电磁铁线圈的电源，然后再接通离合电磁铁线圈的电源，第二次延时就开始了。

在使用电动式时间继电器时要注意，在接线时要先给同步电动机接通电源，并将一延时动断触点与离合电磁铁的线圈串联，以保证在延时完成时断开离合电磁铁的线圈的电源。如果要进行第二次延时，不要采用切断电动式时间继电器电源的方式，最好是只切断离合电磁铁的线圈的电源，这样可以保证电动式时间继电器延时精确度。

在调节电动式时间继电器延时时间的时候，一定要注意电动式时间继电器延时动作的类型。如果是通电延时动作型的时间继电器，只能在时间继电器断电或离合电磁铁线圈断电的情况下，才能进行延时时间的调节。如果是断电延时动作型的时间继电器，只能在时间继电器断电或离合电磁铁线圈通电的情况下，才能进行延时时间的调节。这一点在操作时千万不能搞反，否则，时间继电器内部的棘爪将会损坏齿轮，造成时间继电器的失灵和损坏。

电动式时间继电器常用的产品有 JS11 系列。根据延时触头的动作特点，电动式时间继电器又分为通电延时动作型 JS11—□1，断电延时动作型 JS11—□2，这二种延时动作型的电动式时间继电器，从外观上是分不出来的，在实际的作用中，要注意型号后面的 1 与 2 的标号区别。

五、其他继电器

继电器的种类较多，除了我们常用的中间继电器、热继电器、时间继电器以外，在有一些的场合还需要使用其他功能的继电器。下面就将一些其他功能的继电器简单地介绍一下。

1. 电流继电器

根据线圈中电流大小而接通和分断电路的继电器，叫做电流继电器。电流继电器的输入量是电流，电流继电器的线圈是串入电路中的，以反映电路电流的变化。电流继电器的线圈匝数少、导线粗、线圈阻抗小。电流继电器可分为欠电流继电器和过电流继电器。

当线圈电流低于整定的电流值时动作的继电器称为欠电流继电器，欠电流继电器主要用于欠电流的保护或控制，如直流电动机励磁绕组的弱磁保护、电磁吸盘中的欠电流或失电保护、绕线式异步电动机起动时电阻的切换控制等。欠电流继电器的动作电流整定范围，为线圈额定电流的 30%～65%。需要注意的是欠电流继电器在电路正常工作时，电流正常不欠电流时，欠电流继电器处于吸合动作状态，动合接点处于闭合状态，动断接点处于断开状态；当电路出现不正常现象或故障现象导致电流下降或消失时，继电器中流过的电流小于释放电流而动作，所以欠电流继电器的动作电流为释放电流而不是吸合电流。

当线圈电流高于整定的电流值时动作的继电器称为过电流继电器，过电流继电器用于过电流、短路保护或控制，如起重机电路中的过电流保护。过电流继电器在电路正常工作时流过正常工作电流，正常工作电流小于继电器所整定的动作电流，继电器不动作，当电流超过动作电流整定值时才动作。过电流继电器动作时其动合接点闭合，动断接点断开。过电流继电器整定范围为（110%～400%）额定电流，其中交流过电流继电器为（110%～400%），直流过电流继电器为（70％～300％）。

常用的电流继电器的型号有 JL4、JL12、JL15 等。电流继电器作为保护电器时，其图形符号如图 3-24 所示。

2. 电压继电器

根据线圈中电压大小而接通和分断电路的继电器，叫做电压继电器。电压继电器的输入量是电路的电压大小，其根据输入电压大小而动作。与电流继电器类似，电压继电器也分为欠电压继电器和过电压继电器两种。过电压继电器电压范围为 1.1～1.5 倍额定电压以上时动作；欠电压继电器电压范围为 0.4～0.7 额定电压时动作；零电压继电器当电压降低至 0.05～0.25 额定电压时动作。它们分别起过压、欠压、零压保护。电压继电器工作时并联在电路中，因此线圈匝数多、导线细、阻抗大，反映电路中电压的变化，用于电路的电压保护。电压继电器常用在电力系统继电保护中，在低压控制电路中使用较少。常用的有 JT4P 系列。电压继电器作为保护电器时，其图形符号如图 3-25 所示。

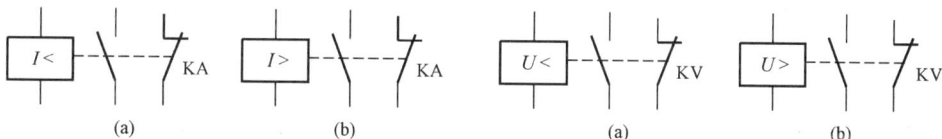

图 3-24　电流继电器的图形符号　　　　图 3-25　电压继电器的图形符号
（a）欠电流继电器；（b）过电流继电器　　（a）欠电压继电器；（b）过电压继电器

3. 速度继电器

速度继电器的作用是依靠速度的大小为信号与接触器配合，实现对电动机的反接制动。速度继电器与电动机或机械转轴联在一起随轴转动，是利用转轴的一定转速来切换电路的自动电器，速度继电器又称反接制动继电器。它的主要结构是由转子、定子及触点 3 部分组成。它的工作原理与异步电动机相似，它的转子是一块永久磁铁，与电动机或机械轴连接，随着电动机旋转而旋转。与它的外边有一个可以转动一定角度的环，装有笼型绕组。当转轴带动永久磁铁旋转时，定子外环中的笼型绕组就切割磁力线而产生感应电动势和感应电流，该电流在转子磁场的作用下产生电磁力和电磁转矩，使定子外环跟随转子转动一个角度。如果永久磁铁逆时针方向转动，则定子外环带着摆杆靠向右边，使右边的动断触点断开，动合触点接通；当永久磁铁顺时针方向旋转时，使左边的触点改变状态，当电动机转速较低时（例如小于 100r/min）触点复位于中间位置。

当需要电动机在短时间内停止转动，常用于异步电动机的反接制动，当三相电源的相序改变以后，将产生与实际转子转动方向相反的旋转磁场，从而产生制动力矩。因此，使电动机在反接制动状态下迅速降低速度。在电机转速接近零时，速度继电器的制动触点分断，切断电源使电动机停止转动，不然电动机就会反方向转动了。速度继电器主要用在三相异步电动机反接制动的控制电路中。

4. 压力继电器

压力继电器主要用于对液体或气体的压力高低，进行检测并发出接通与断开动作信号，以控制电磁阀、液泵、空压机等设备对压力的高低进行控制。压力继电器有柱塞式、膜片式、弹簧管式和波纹管式四种结构形式。柱塞式压力继电器是当压力从下端进油口进入的液体，压力达到调定压力值时，推动柱塞上移，并通过杠杆放大后推动微动开关动作。改变弹簧的压缩量，可以调节继电器的动作压力。膜片式压力继电器主要由压力传送装置和微动开关等组成，液体或气体压力经压力入口推动橡皮膜和滑杆，克服弹簧反力向上运动，当压力达到给定压力时，触动微动开关，发出控制信号，旋转调压螺母可以改变给定压力。

5. 信号继电器

信号继电器又称指示继电器。信号继电器用来指示继电保护装置的动作，信号继电器动作后，一方面有机械掉牌指示，从外壳的指示窗可看见红色标志（掉牌前是白色的），另一方面它的接点闭合接通灯光和声响信号回路，以引起值班人员注意。

6. 气体继电器

气体继电器检测的是瓦斯气体，当变压器油箱内出现故障时，会产生的大量气体将聚集在气体继电器的上部使油面降低。当油面降低到一定程度后，上浮筒便下沉，使水银接点接通，发出警告信号，称为轻瓦斯。如果是严重的故障，迫使油位下降，使开口杯随油面下降，使触点接通，发出重瓦斯动作信号，使断路器跳闸。

第4节 主 令 电 器

主令电器用于在控制电路中以开关接点的通断形式来发出控制命令，使控制电路执行相对应的控制任务。主令电器应用广泛，种类繁多，常见的有按钮、行程开关、接近开关、万能转换开关、主令控制器、足踏开关等。

一、按钮

按钮又称控制按钮，是一种最常用的主令电器，按钮是一种手动电器，通常用来接通或断开小电流控制的电路。其结构简单,控制方便。它不直接控制主电路的通断,而是对电磁起动器、接触器、继电器及其他电气线路发出控制信号指令,再去控制接触器、继电器等电器,由这些电器去控制主电路。按钮由按钮帽、复位弹簧、桥式触头和外壳组成。触点采用桥式触点,额定电流在 5A 以下。触点又分动合触点(常开触点)和动断触点(常闭触点)两种。按钮的外观结构及图形符号如图 3-26 所示。

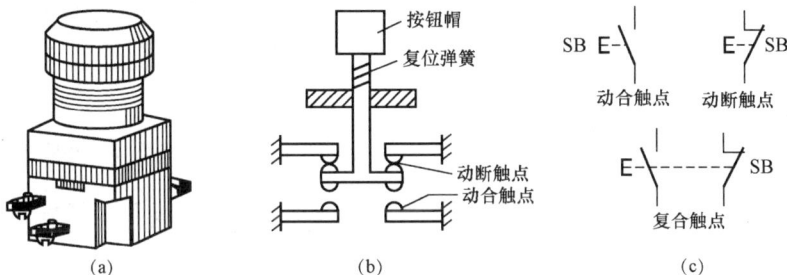

图 3-26 按钮的外观结构及图形符号
(a) 外观;(b) 结构;(c) 图形符号

要根据使用的场合以及控制回路的需要来选择按钮的型号和形式,确定按钮的触点形式和触点的组数。按钮从外形和操作方式上可以分为平钮和急停按钮,急停按钮也叫蘑菇头按钮,除此之外还有钥匙钮、旋钮式、拉式钮、防水式、带指示灯式等多种类型。按钮按照不同的按钮数,还可分为单钮、双钮、三钮、多钮等。一般用得最多的按钮是复位式按钮,最常用的按钮为复位式平按钮,但也有自锁式按钮。

按钮的按钮帽有颜色之分,一般情况下红色按钮用于"停止"、"断电"或"急停"。绿色按钮优先用于"起动"或"通电",但在多按钮使用时,也允许选用黑、白或灰色按钮。按钮颜色的含义见表 3-2。

表 3-2 按钮颜色的含义

颜 色	含 义	举 例
红	处理事故	紧急停机
	"停止"或"断电"	正常停机 停止一台或多台电动机 装置的局部停机 切断一个开关 带有"停止"或"断电"功能的复位

续表

颜 色	含 义	举 例
绿	"起动"或"通电"	正常起动 起动一台或多台电动机 装置的局部起动 接通一个开关装置（投入运行）
黄	参与	防止意外情况 参与抑制反常的状态 避免不需要的变化（事故）
蓝	上述颜色未包含的任何指定用意	凡红、黄和绿色未包含的用意，皆可用蓝色
黑、灰、白	无特定用意	除单功能的"停止"或"断电"按钮外的任何功能

二、行程开关

行程开关又称位置开关或限位开关，其工作原理和按钮基本相同，区别在于它不是靠手的按压，而是利用生产机械运动部件上的挡块碰撞或碰压行程开关，而使其触点动作来发出控制指令的主令电器。它的作用是将机械位移转变为电信号，用于控制生产机械的运动方向、速度、行程大小或位置等，或使电动机运行状态发生改变，即按一定行程自动停车、反转、变速或循环等。从而控制机械运动或实现安全保护。

行程开关的种类很多，按其结构可分为行程开关有单轮式、双轮式、直动式、直杆式、直杆滚轮式、微动式、转动式等，一般的行程开关都是自动复位的，只有双轮的行程开关有的不能自动复位。按运动形式可分为单向旋转式和双向旋转式等。

行程开关由操作头、传动系统、触头系统和外壳组成，其外观与图形符号如图 3-27 所示。

行程开关的触头动作方式有蠕动型和瞬动型两种。蠕动型的触头结构与按钮相似，这种行程开关的结构简单，价格便宜，但触头的分合速度取决于生产机械挡铁碰压的移动速度，易产生电弧灼伤触头，影响触头的使用寿命，也影响动作的可靠性及行程的控制精度。瞬动型触头具有弹簧储能的快速动作机构，触头的动作速度与挡铁的移动速度无关，性能优于蠕动型。行程开关的额定电流，如果没有标注就可作为 5A。

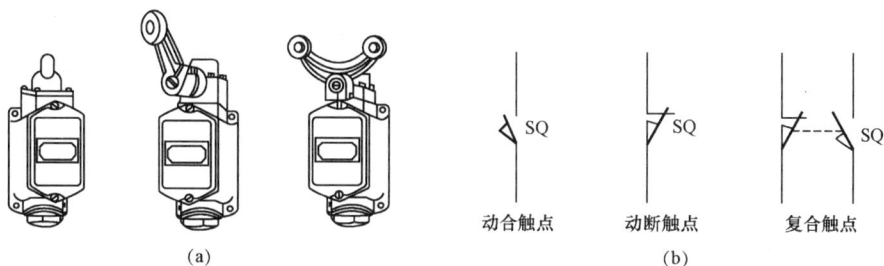

动合触点　　　动断触点　　　复合触点

(a)　　　　　　　　　(b)

图 3-27　行程开关的外观与图形符号

(a) 外观；(b) 图形符号

三、万能转换开关

万能转换开关是由多组相同结构的触点组件叠装而成的多回路控制电器，它一种多档位、多段式、控制多回路的主令电器，当操作手柄转动时，带动开关内部的凸轮转动，从而使触点按规定顺序闭合或断开，可同时控制许多条（最多可达 32 条）通断要求不同的电路。万能转换开关由操作机构、定位装置和触点等 3 部分组成，其外观结构与图形符号如图 3-28 所示。

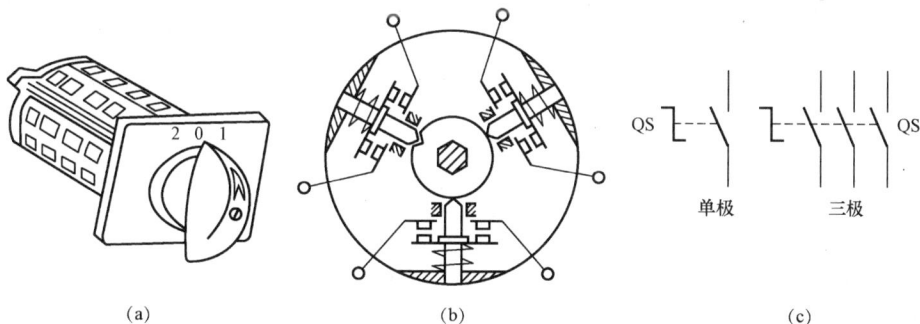

单极　　　　三极

(a)　　　　　　　　(b)　　　　　　　(c)

图 3-28　万能转换开关的外观结构与图形符号

(a) 外观；(b) 结构；(c) 图形符号

万能转换开关按手柄的操作方式，可分为复位式和定位式两种。复位式是指用转动手柄于某一档位时，手松开后，手柄自动返回原位；定位式则是指转动手柄被置于某档位时，它不能自动返回原位而是停在该档位。万能转换开关的手柄操作位置是以角度表示的，不同型号的万能转换开关的手柄，有不同万能转换开关的触点分合状态的关系，但其触点的分合状态与操作手柄的位置有关。

万能转换开关主要用于各种控制线路的转换、电压表、电流表的换相测量控制、配电装置线路的转换和遥控等。万能转换开关还可以用于直接控制小容量电动机的起动、调速和换向。而且具有多个档位，广泛应用于交直流控制电路、信号电路和测量电路，亦可用于小容量电动机的起动、反向和调速。由于其换接的电路多，用途广，故有"万能"之称。万能转换开关以手柄旋转的方式进行操作，操作位置有 2～12 个，分定位式和自动复位式两种。

第5节 电动机与变压器

本节主要介绍电动机与变压器的基础知识，我们有时将电动机、变压器、电压互感器、电流互感器等，划为一种类型的电器，因它们都是由线圈组成的，并都有一次线圈与二次线圈。有的人可能会说，电动机应该不算，其实电动机的转子就是二次线圈，只是制造的形式不一样。有的书中将变压器称为静止的电动机，就是这个道理。

一、电动机

电动机是一种将电能转换为机械能的电气设备，按电动机使用的电能种类，电动机可分为交流电动机和直流电动机两大类。

交流电动机按使用电源相数不同，又分为单相电动机和三相电动机。交流电动机按工作原理的不同，又分为同步电动机和异步电动机。按照转子构造的不同，又分为鼠笼式和绕线式两种。

电动机通常都有铭牌，如图 3-29 所示。

三相异步电动机		
型 号 Y132M-6	额定功率 7.5kW	额定频率 50Hz
额定电压 380V	额定电流 15.4A	接 法 △
额定转速 1440r/min	绝缘等级 E	工作方式 连续
允许温升 80℃	防护等级 IP44	质 量 55kg
年 月 编号		××电机厂

图 3-29 电动机的铭牌

由图 3-29 所示的铭牌，可以得知电动机的参数如下。

型号：Y 表示三相异步电动机；132 表示机座中心高 132mm；M 为机座长度代号（S—短铁心，M—中铁心，L—长铁心）；6 为磁极数。

额定功率：在额定运行情况下，电动机轴上输出的机械功率称为额定功率，单位为 W 或 kW。

额定频率：我国规定的频率为 50Hz，国外频率有 60Hz。

额定电压：在额定运行情况下，外加于定子绕组上的线电压称为额定电压，单位为 V。

额定电流：电动机在额定电压下，定子绕组的线电流，单位为 A。

额定转速：指电动机在额定运行时，电动机的额定转速，单位为 r/min。

允许温升：是指电动机的绕组温度允许高出周围环境温度的数值。

工作方式：表示电动机的运行方式，可分为连续、短时、断续三种。

结构型式：开启式、防护式、防爆式。最常用的为封闭式的。

电动机的转速与电源频率有关，我国规定的频率为 50Hz，电动机的同步转速为：60×50＝3000r/min。三相异步电动机的转差率约为 0.02～0.06，这也就是三相异步电动机的转速，比同步转速电动机的转速要慢 2%～6%。三相异步电动机的极数分为 2、4、6、8 极等，如 2 极的同步转速为 3000r/min，4 极的同步转速为 1500r/min，6 极的同步转速为 1000r/min，8 极的同步转速为 750r/min，再减去 2%～6% 就是的转速了。电动机最常用的是 4 级的，同步转速为 1500r/min，异步转速为 1400r/min 左右。

电动机的绝缘材料耐热性能容许的最高工作温度分为 7 级：Y(90℃)、A(105℃)、E(120℃)、B(130℃)、F(155℃)、H(180℃)、C(180℃以上)。三相异步电动机现在常用的为 E 级。

Y 系列电动机的最大允许温升是按周围环境温度为 40℃ 设计的，电动机的最大允许温升，是电动机的最高允许温度与周围环境温度之差。电动机的允许温升主要取决于绝缘材料的允许最高工作温度，电动机的温升与内部的损耗、散热和通风的条件、负荷的性质、工作的频率、工作制等有很大的关系。电动机运行时，电压的波动不得超过 5%～10% 的范围，三相电压不平衡不得超过 5%，电动机的最大不平衡电流不得超过额定电流的 10%。

1. 单相异步电动机

单相异步电动机是使用单相交流电源供电的一种小容量交流电动机，其功率一般小于 1kW。单相异步电动机具有使用面广、结构简单、成本低廉、维修方便等特点，被广泛应用于家庭、工厂、商场、作坊、医院等广大的有单相电的领域。

使用的最多的为电容运转式单相电动机，单相异步电动机不能自行启动，需在电动机定子内嵌置两组绕组，一组为工作绕组，另一组为启动绕组，电容器是串接在启动绕组中的。电容器的主要作用是进行移相，使两绕组在空间上的相位互差 90°角，电容运转式单相异步电动机使用的较广泛。

单相异步电动机的调速，常用改变定子绕组电压的方法来实现，可用定子绕组串电抗器调速、绕组抽头调速等，目前大多数采用绕组抽头调速和晶闸管调速，在吊扇上主要是用电抗器进行调速。

2. 三相异步电动机

这里主要介绍常用的笼型三相异步电动机，它的结构简单、工作可靠，坚固耐用、制造容易、价格低廉、效率高、使用维护方便，得到了广泛的应用。

（1）三相异步电动机的结构。

三相异步电动机的结构主要包括定子（固定部分）和转子（旋转部分）两大部件。

1）定子。定子是指电动机中静止不动的部分，其作用是在旋转磁场作用下获得转动力矩。有定子铁心、定子绕组、机座、端盖等部件。三相定子绕组结构完全对称，一般有 6 个接线端 U1、U2、V1、V2、W1、W2 置于接线盒内，根据需要接成星形或三角形。

2）转子。转子是电动机的旋转部分，由转子铁心、转子绕组和转轴组成。鼠笼式转子：这种转子用铜条安装在转子铁心槽内，两端用端环焊接形状像鼠笼。绕线式转子：绕线式转子的绕组和定子绕组相似，三相绕组连接成星形，三根端线连接到装在转轴上的 3 个铜滑环上，通过一组电刷与外电路相连接。

（2）三相异步电动机的连接方法。

下面介绍三相异步电动机的连接方法。如图 3-30 所示，电动机出线盒中有六个接线柱，分上下两排用金属连接板，可以把三相定子绕组接成星形（Y 形）或三角形（△形）。星形接法就是把三个末端连接在一起，将三个首端连接到三相电源上；三角形接法就是按 U、V、W 的顺序，进行首尾相连或尾首相连。

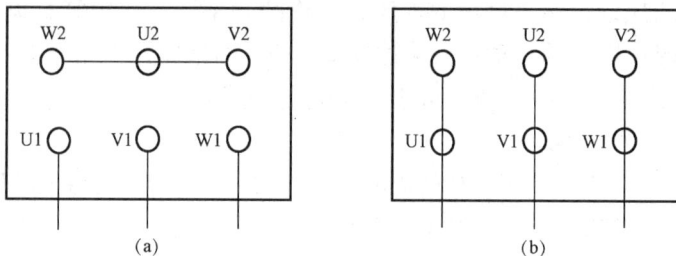

图 3-30　电动机出线盒

（a）星形（Y 形）接法；（b）三角形（△形）接法

图 3-30 所示的是电动机的接线盒内的接线，要注意接线盒内的排列是上、下端子号是不一样的，这样主要是为了在接线盒内的接线方便。要知道

U1 与 U2 为一相绕组，U1 为首端，U2 为末端，其他两相也是一样的。

（3）判断三相电动机绕组的技巧。

三相异步电动机在使用中，有时会出现电动机绕组引出线分不清的情况。三相电动机的引出线共有 6 根，其中三根为三相绕组的首端 U1、V1、W1，另外三根为三相绕组的尾端 U2、V2、W2，一般情况下是分三根一组从电动机的内部引出的。如果从电动机的内部引出的二组线，有对应的黄、绿、红的颜色，就先确定一组的三根线为首端，即黄颜色线为 U1、绿颜色线为 V1、红颜色线为 W1；另外一组的三根线为尾端，即黄颜色线为 U2、绿颜色线为 V2、红颜色线为 W2，这样电动机的绕组的 6 个接线端子就分出来了。

如果三相异步电动机的 6 根引出线，没有颜色的区别；6 根引出线也没有分为二组线分开，这时就不能从引出线上分出绕组的首尾端了。这时，就要用另外的方法来确定绕组的首尾端，判断三相绕组首尾端的方法有万用表判断法、电池判断法、绕组串联判断法等，这里就用我们常用的万用表判断法，来进行电动机三相绕组首尾端的判别。

用万用表判断法，主要是利用电动机的剩磁来判断的，因首尾端混乱的都是使用过的电动机，用万用表来判断比较方便。先用万用表找出三相绕组相通的同相绕组来，并做好相应的记号。注意要用指针式万用表来进行测量，将三个同相绕组的任意一端连接成一组，剩下的三个端子连接成一组另外一组。将万用表调到电流或电压的最小档，红、黑表笔分别接到连接成的二组上进行测量，如图 3 - 31 所示。这时用手转动电动机的转轴，如果万用表的表针基本不摆动，说明三相绕组首尾端连接是正确的。如果万用表的表针摆动，就说明三相绕组首尾端的连接是不正确的，这时就要对调某一相绕组的首尾端后，重新进行上述的测量，直到万用表的表针基本不摆动了，这时三相绕组的首尾端连接就正确了。

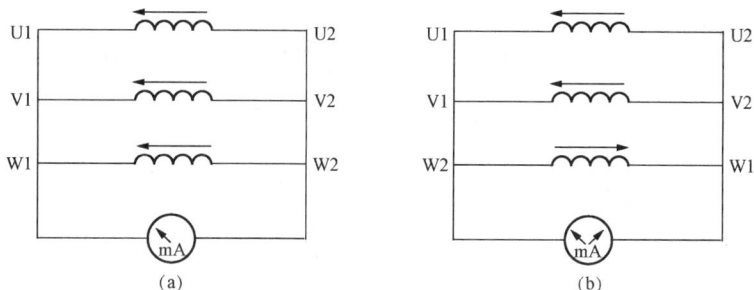

图 3 - 31 用万用表判断三相电动机绕组

（a）表针基本不摆动时首尾端连接正确；（b）表针来回地摆动时首尾端连接不正确

（4）三相异步电动机的连接。

一般情况下，3kW 以下的电动机多用星形（Y 形）接法，3KW 以上的电动机多用三角形（△形）接法。星形连接时，相电流＝线电流，$\sqrt{3}$相电压＝线电压；三角形连接时，相电压＝线电压，$\sqrt{3}$相电流＝线电流。电动机的星形连接和三角形连接如图 3-32 所示。

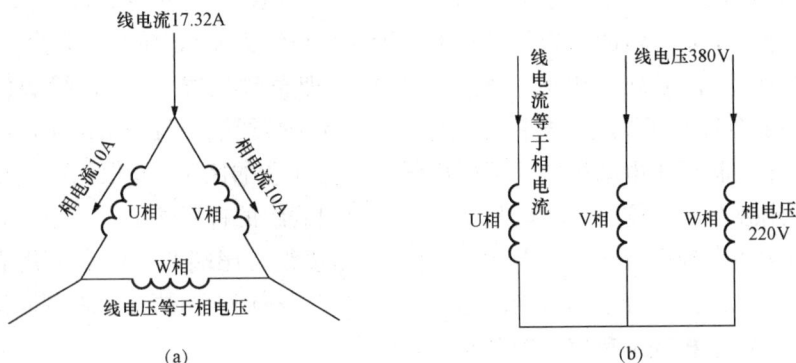

图 3-32　电动机的星形连接和三角形连接
（a）星形连接；（b）三角形连接

线电压或线电流，就是指电源线的电压或电流；相电压或相电流，就是指电动机某相绕组的电压或电流，因电动机各相绕组的结构是相同的。

三相异步电动机的连接是非常重要的。如将 Y 形接法的电动机，接成了△形接法，将会使电动机的电流增加 3 倍，会使电动机烧毁。如将△形接法的电动机，接成了 Y 形接法，电动机的电流只有额定电流的 1/3，会使电动机带不动负载而堵转。对于恒转矩的三相异步电动机，不管是电压升高或降低，都将使电动机的电流增加。

有的三相异步电动机铭牌上的接法标示为：电压：220V/380V、接法：△/Y。这里一定要注意，这里所指的 220V 是三相的 220V 的线电压。它是国外另外一种电网的 127V/220V 供电制，它的相电压是 127V，线电压是 220V，这在进口生产线上经常见到。我们常用的三相四线制的 220V/380V，220V 的电压是单相的 220V，而不是三相的 220V，这里不要误解了。电动机铭牌接法标示为：电压：220V/380V、接法：△/Y，说明这台电动机的绕组电压为 220V，在线路的连接时就要按照绕组电压为 220V 来连接，所以电源三相线电压为 220V 时就用△接法，电源三相线电压为 380V 时就用 Y 接法，以保证绕组电压始终为 220V，不至因绕组电压过高而烧毁。

（5）三相异步电动机的启动。

三相异步电动机的启动有直接起动和降压起动两种。采用直接起动时，起动电流约为额定电流的 4～7 倍。一般来说，额定功率在 14kW 以下的小容量异步电动机多采用直接起动。

常用的三相异步电动机的降压启动的方式有两种：①星形—三角形（Y—△）起动；②自耦变压器降压起动。其目的都是在电动机启动时，降低加在电动机定子绕组上的电压，待起动结束时再恢复额定电压运行。由于起动转矩将明显减小，所以降压起动适用于容量较大的，鼠笼式三相异步电动机及对起动转矩要求不高的生产机械负载。星形—三角形（Y—△）起动，只能用于△接法的电动机，起动时的线电流为直接起动时线电流的 1/3 倍。自耦变压器降压起动，其电压可以分别为原边电压的 80%、65% 和 80%、60%、40%。起动时的电流为直接启动时电流的 $1/K^2$ 倍。

三相异步电动机的制动方式有：①能耗制动；②反接制动。

三相异步电动机的调速方式有：①变极调速；②变频调速；③转差率调速。

三相异步电动机使用时应注意其容量，防止"大马拉小车"造成效率降低。但也要防止电动机发生所谓"闷车"的现象，发生闷车后电动机的电流立即升高 4～7 倍，电动机将严重过热，以致电动机烧坏。电动机在使用中，不能频繁地正反转，这将导致电动机温度升高，严重时将造成电动机烧毁。

（6）三相异步电动机的维护。

三相异步电动机在使用中，要安装电动机的保护装置，特别是要安装电动机的过载保护，在安装热继电器进行过载保护时，一定要按电动机的实际工作电流，来调节保护电动机的整定电流。

三相异步电动机在使用中，要经常地进行必要的维护，注意电动机的温升。电动机的过压击穿是无法保护的，但电动机的过流保护和温度保护是很容易做到的，电动机的过载烧毁是需要时间的。电动机如过载时电动机的温度是逐渐升高的，几分钟后才可能达到破坏绝缘层的温度，在这段时间内保护装置就会动作，起到保护电动机的目的。所以说，保护装置的合理调节，是电动机保护的相当重要的一个环节。

作为一名合格的电工，要懂得很多的维修知识，但要知道不能天天想着去维修，最重要的是要用现有的知识和技能，来保证电气设备的正常运行，尽量做到电动机的不损坏。

笔者在教学期间发现，很多的人都想学习电动机的修理技术，认为多学习一门技术在老板的眼里会有一个提升的本钱。其实电动机修理的课程难度并不是很大，也并不需要很多的计算，一些主要的电动机修理参数手册上都有，电动机修理的关键技术在于电动机的嵌线和电动机绕组的浸漆烘干，这也是职业技能学校不容易做到的，因都是电工新手，用漆包线对电动机进行嵌线时，漆包线只能嵌一次线，因嵌线完成后漆包线拆下来时，因很多的漆包线绝缘都拉坏了，基本上都不能再重复使用了。加上漆包线的价格又越来越贵，所以浪费性是很大，成本也太高，所以各培训学校一般都不愿意开这类班，就是开了班也是采用减少线圈匝数，用低压线圈进行试验，取消了嵌线练习和电动机绕组的浸漆烘干的内容，学生根本就无法学习和熟练掌握嵌线和浸漆烘干的技术，这也就已经失去了学习的意义了。

但我从另外的一个角度对学生进行启发，我问学生现在 3kW 的电动机多少钱一台，学生说要千元左右，我问学生，你们的老板是喜欢你用你的技术和技能，来保证电动机不被烧坏，还是你将电动机烧坏了以后，又用你的技术将电动机修理好呢？结果是大家都知道的。其实电动机如果保护装置调整得正确和准确，是完全能够保证电动机不损坏的，我原来工作的工厂，有很多的电动机因维护和保养到位，用了二十多年了还在正常使用。所以广大的从事电工维修的人员，要加强职业道德和业务水平的提高。以保证电气设备的正常使用和维护的目标，将维修的精力放在电气设备损坏以前，而不是在电气设备损坏后花精力去修理，将维修和维护的工作做在前面。

二、变压器

变压器的工作原理就是电磁感应原理，变压器的作用是变换交流电压、电流和阻抗的。变压器在我们的工作和生活中随处可见，最常用的是其升压和降压的功能。对于电流的变换功能、阻抗的变换功能，在电子电路中使用得多一点，我们在这里就主要介绍它的电压变换的功能。

1. 变压器的结构与工作原理

变压器的结构是由铁心和线圈组成的。铁心是变压器的磁路部分，变压器的铁心材料，通常由含硅量在 $2.5\% \sim 5\%$，厚度为 $0.35mm$ 或 $0.5mm$ 表面涂有绝缘漆的热轧或冷轧硅钢片叠装而成的。采用表面涂有绝缘漆的硅钢片，是使片与片之间相互绝缘以提高电阻率，主要是限制涡流发热以减小损失。变压器绕组是变压器的电路部分，它是用漆包线、纸包的绝缘扁线或圆线绕制成的。

我们常用的变压器，线圈有两个或两个以上的绕组，接电源的绕组叫一次绕组，也称作初级绕组、原边绕组；其余的绕组叫二次绕组，也称作次级绕组、副边绕组。当初级线圈中通有交流电流时，铁心中便产生交流磁通，使次级线圈中感应出电压（或电流）。变压器的电压与匝数成正比，变压器的一次电流与二次电流有关，如果二次电流增加，一次电流肯定也要增加。同一个变压器的多个绕组中，它的电压与电流成反比，就是在绕组中它的电压越高，它的电流就越小，这就是能量的平衡定律。

三相变压器有 6 个绕组，其中 3 个绕组是与三相电源相连接的一次绕组，另外 3 个二次绕组是与负载相连接的。一次绕组与二次绕组共有 12 种连接组别的方式，我国最常用的变压器接线组别有 3 种：①Y/Yn-12（Y，yn0）；②Y/△-11（Y，d11）；③Yn/△-11（Yn，d11）。

2. 变压器的主要特性参数

额定功率：按规定频率和电压下，变压器能长期工作，而不超过规定温升的输出功率。变压器的容量是按视在功率来表示的，单位为 VA 或 kVA。

额定电压：指变压器线圈上所允许施加电压，工作时不大于其规定值。

工作频率：变压器铁心损耗与频率有很大的关系，是按使用的频率来设计和使用，这种频率称工作频率。

3. 变压器的使用环境

变压器室须是耐火建筑，变压器室的门应以不可燃材料制成，对于油量 600kg 以上的变压器，即高压侧电压 10kV，容量 750kVA 以上的变压器，室内应有适当的储油坑，坑内应有铺上卵石，且地面坑边应稍有倾斜。变压器高压侧的熔丝按额定电流的 2～3 倍（容量 100kVA 以下）或 1.5～2 倍（容量 100kVA 以上）选用。运行中的变压器高压侧电压不应与相应的额定值相差 5% 以上，各相不平衡电流不得超过额定电流的 25%；变压器上层油温不得超过 85℃，变压器里的油有绝缘和散热的双重作用。

当变压器有下列情况之一时，应立即停止变压器的运行：正常条件下温度过高并不断在上升、漏油致使油面低于油面计的限度并继续下降时、音响很不均匀或有爆裂声、油枕喷油或防爆管喷油、油色过深或油内出现碳质、套管有严重裂纹和放电。

4. 变压器的分类

按功能分类，可分为升压变压器、降压变压器和隔离变压器。升压变压器的特点为一次侧匝数少而二次侧匝数多，变压器的变压比 K<1；降压变压器的特点为一次侧匝数多而二次侧匝数少，变压器的变压比 K>1；隔离变压器的特点为一次侧匝数与二次侧匝数是一样的，它的主要作用是为了安全作用的，它的二次侧是不允许接地的。

按绕组和铁心的组合方式分类，可分为心式变压器（绕组包铁心，用于大容量变压器）、壳式变压器（铁心包绕组，用于小容量变压器）。

按冷却方式分类，可分为干式（自冷）变压器、油浸（自冷）变压器等；按电源相数分类，可分为单相变压器、三相变压器等。

按用途分类，可分为大功率的变压器和小功率的变压器。大功率的变压器有升压变压器、降压变压器、配电变压器、联络变压器、厂用或所用变压器、仪用变压器、试验变压器、整流变压器、矿用变压器等；小功率的变压器有电源变压器、控制变压器、调压变压器、音频变压器、中频变压器、高频变压器、开关变压器等。

5. 常用变压器简介

变压器的种类较多，但维修电工接触得最多的只有：电力变压器、电源变压器、控制变压器、调压变压器、仪用变压器等几种，下面具体介绍。

（1）控制变压器。

常用变压器的分类，除了我们常见的电力变压器以外，在工厂我们最常用的变压器还有控制变压器、照明变压器、整流变压器等，我们这里主要讲的是我们电气设备上常用的控制变压器。

控制变压器的常用型号有 BK50、BK100、BK200、JBK50、JBK100 等。控制变压器的前面的英文为控制变压器的型号，后面的数字代表控制变压器输出的视在功率的大小，即次级输出的功率，控制变压器的功率一般为 300W 以下。

控制变压器的主要作用是为控制电路、照明电路、指示电路、整流电路提供电压，特别是为控制电路提供不同的电压等级的电压，如 127V、110V、36V、24V、12V、6.3V 等多种电压。根据电气设备的不同的要求，有时会有两个或以上的控制变压器来完成各自不同的任务。

TIPS►
💡 **控制变压器的安装使用技巧**

控制变压器是电工新手最容易大意的电器，往往会认为变压器是个能改变电压的很简单的电器，没有什么特别的。但是，按现行的价格，控制变压器也是属于价格较高的电器，而且部分电气设备都经常使用，所以如果因安装和使用造成损坏，损失也是很可观的。

在控制变压器选择、安装、使用、维护中要注意以下几个方面。

（1）现在我们安装控制变压器时，熔断器都是安装在控制变压器的电源端。其实变压器的一次侧基本上没什么故障，即使变压器一次侧的匝间发生击穿或短路，熔断器也只能切断电源，并不能保证变压器不损坏。所以变压器的负载发生过载和短路故障基本都集中在二次侧，从真正的意义上说，控制变压器的一次侧熔断器只能保证在控制变压器一次侧有故障时，熔断器熔断不使故障范围扩大而影响其他的电路。这主要是二次侧电流的变化对于一次侧来说太不灵敏了，而且熔断器本身的熔断电流也有较宽的范围。控制变压器的负载在二次侧，所以二次侧才是保护的重点。真正要装熔断器的是变压器的二次侧。这是很多的厂家和电工没有注意到的问题，只有一些正规厂家生产的机床在变压器的二次侧装了熔断器。此外，二次侧熔断器的熔体选择也是非常重要的，在安装的时候要注意按照需求进行更换。例如用 RL1-15 型的螺旋式断路器作控制变压器的短路保护是符合要求的，但要注意的是 RL1-15 型的螺旋式断路器在出厂时，里面的熔体是配的 15A 的，所以必须在熔断器安装时，按控制变压器的一次侧与二次侧的实际情况进行更换，如一次侧要求不高，5～10A 即可，二次侧就要按实际的使用功率进行配置了，总之尽量要等于或略大于实际的工作电流。常用的 36V40W 灯泡电流约为 1.1A；36V60W 灯泡电流约为 1.7A；36V100W 灯泡电流约为 2.8A。在控制变压器中如果有几种电压等级的输出，每一电压的输出端都要安装单独的熔断器，以免互相影响，而且要按实际的输出功率的要求来配置相应的熔体。

（2）对于控制变压器负载的选择和使用中，要注意线路的连接。控制变压器二次侧的电压，有的是用二端接线的（每种电压的线圈是独立），如有36V 和 6.3V 两种电压输出，但 36V 和 6.3V 的线圈是互不相连的；另一种是所有二次线圈是相通的，有一个公共端为 0 端，所有的电压输出都要接 0端和所需的电压端。

（3）对于变压器输出功率的理解，我们都知道 BK50 的控制变压器输出功率为 50W，BK100 的控制变压器输出功率为 100W，但对于多种电压输出的变压器，并不是每一种电压都能输出 100W。如 BK100-36V/6.3V 的控制变压器。

（4）作为机床的控制变压器的外壳和二次侧都要接地或接零，以免发生触电事故。

（5）控制变压器在使用中，要注意有的控制变压器的一次侧有两个输入电压，如有 0V、220V、380V 的端子，用于 220V 时，用 0V 和 220V 两个端子；用于 380V 时，用 0V 和 380V 两个端子。

（2）自耦变压器。

自耦变压器的调压范围，是其他变压器无法比的，可作为升压变压器、也可进行降压变压器使用，它可无级地从零电压调节到额定电压。在使用自耦变压器时，可以很方便地调节到自己所需要的电压，这一点是双圈变压器无法做到的。自耦变压器的工作原理如图 3-33 所示。

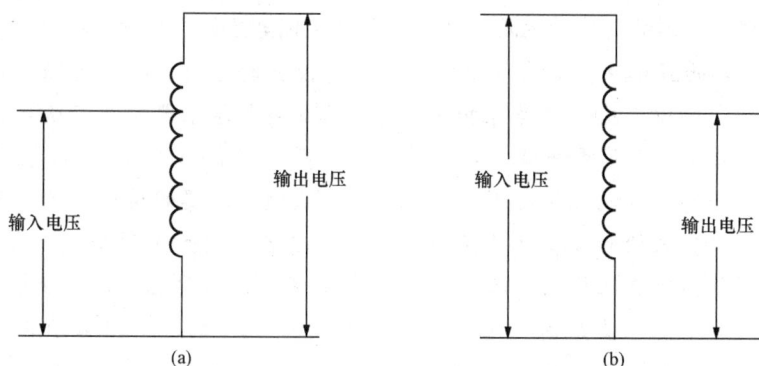

图 3-33　自耦变压器的工作原理
（a）升压自耦变压器；（b）降压自耦变压器

144

因自耦变压器只有一个线圈，可以有多个抽头，线圈的一部分既是一次也是二次的一部分，因为自耦变压器的一次侧和二次侧不是隔离的，一、二次侧有一段是共用的，也就是说线圈是相通的有电的直接联系。这里要注意自耦变压器的电压，就是调节在安全电压的范围内，也不能认为这个电压是安全的。如图 3-34 所示，当相线接在自耦变压器一次侧的上面端子时，这时如果接触到自耦变压器二次侧的 6V 的两个端子时，还不至于有危险；但是如果相线是接在自耦变压器一次侧下面的端子上时，这时如果接触到自耦变压器二次侧 6V 的两个端子时，这时这两个端子的电压就是相线上的 220V 与 214V 电压了，这时就有触电的危险了。所以，自耦变压器不能作为安全变压器使用。

如要使用安全电压，必须使用双线圈的变压器，双线圈变压器的一次线圈和二次线圈是两个完全独立的线圈，它们之间只有磁感应的联系，而没有电的直接联系。

（3）仪用变压器。

电力系统中广泛采用的仪用变压器有电流互感器和电压互感器两种。作为维修电工来说，接触电流互感器的机会，要多于电压互感器，因电压互感器多用于变电所和变电站。

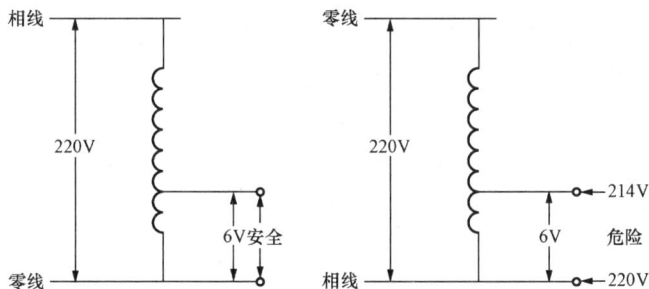

图 3-34　自耦变压器的电压

电流互感器与电压互感器，它的工作原理和变压器相似，但它是用来变换线路上的电流或电压的。主要是给测量仪表和继电保护装置供电，用来测量线路的电压、电流，或者用来在线路发生故障时，保护线路中的贵重设备、电机和变压器等，因此互感器的容量很小。

1）电流互感器。

在供、用电的系统中，电流从几百安到几千安，甚至到几万安都是很常见的。为了便于二次仪表测量，需要转换为比较统一的电流。

电流互感器的功能，是将大电流按比例变换成标准的小电流 5A 额定值的仪用变压器，电流互感器就起到变流和电气隔离作用，提供各种仪表使用和继电保护用的电流。它不仅保证了人身和设备的安全，也使仪表和继电器的制造简单化、小型化、标准化，提高了经济效益。

电流互感器的特点是：互感器的一次线圈串联在电路中，并且匝数很少，一次线圈中的电流，就是被测电路的工作电流，它与二次电流无关。电流互感器二次线圈的匝数较多，是并接在电流表或电流线圈上的，电流互感器是工作在近似于短路的状态下的。

电流互感器的作用，是可以把数值较大的一次电流，通过一定的变比转换为数值较小的二次电流，用来进行保护、测量等用途。如变比为 400/5A 的电流互感器，可以把实际为 400A 的电流转变为 5A 的电流。如果电流表与专用的电流互感器配套使用，则电流表上的电流值，就可按实际电路中的电流值读出。

电流互感器运行时，二次侧是不允许开路的，因电流互感器相当于一个升压变压器，在二次侧开路的瞬间，二次侧的电压会大大超过正常值而危及人身及设备安全。因此，电流互感器的二次侧回路中，是不允许安装开关和熔断器的，连接电流互感器二次侧的导线不应小于 2.5mm² 。不允许在电流互感器运行时，未经旁路就拆卸电流表及继电器等设备。

为安全起见，电流互感器的二次侧线圈的一端和铁壳必须接地。

2）电压互感器。

在供、用电的系统中，线路上的电压都比较高，如直接进行测量是非常危险的，为便了于二次仪表测量，需要转换为比较统一的电压。

电压互感器的功能是按比例变换电压的设备，是将高电压按比例变换成标准的低电压（100V）额定值。以便实现测量仪表、保护设备及自动控制设备的标准化、小型化。电压互感器将二次侧设备以及二次系统与一次系统高压设备在电气方面很好地隔离，并降低了对二次设备的绝缘要求，以保证人身和设备的安全。

电压互感器的特点是：电压互感器的一次侧并接在一次系统中，并且匝数很多，电压互感器二次侧线圈的匝数较少，是并接在电压表或电压线圈上的，正常运行时接近于空载状态。电压互感器在使用时，电压互感器的二次侧是不允许短路的，所以必须要安装熔断器进行保护，连接电压互感器二次侧的导线不应小于 $1.5mm^2$。

电压互感器的作用，是可以把并接于被测高压侧上的高电压，通过一定的变比转换为数值较小的二次电压，接于高阻抗的测量仪表和继电器电压绕组，用来进行保护、测量等用途。如变比为 10 000/100V 的电压互感器，可以把实际为 10 000V 的电压转变为 100V 的电压。如果电压表与专用的电压互感器配套使用，则电压表上的电压值，就可按实际电路中的电压值读出。

电压互感器运行时，电压互感器二次绕组必须有一点接地。因为接地后，当一次和二次绕组间的绝缘损坏时，可以防止仪表和继电器出现高电压危及人身安全。

第6节　电子技术与新型器件

随着科学技术的飞速发展，电气工业的自动化程度不断提高，电器的应用范围日益地扩大，电气的品种在不断地增加，尤其是随着电子技术在电器中的广泛应用，近年来出现了许多新型电器，这就要求电气技术人员不断学习和掌握新知识和新技术。

电子的领域在不断地扩大，现在工厂企业的机床电气设备上，应用电子技术的产品是越来越多，有很多的电气设备上，已经是在使用程序编程控制了。如果不学习一些电子方面的知识是不行了，很快就会被淘汰下去。在本章节里，我们主要是学习和掌握常用和常见的电子元器件和产品，电气设备上普遍使用的各类接近开关和固体继电器等。首先我们从电子的元器件开始学习，再学习电子应用的简单电路，最重要的是逐步地熟悉和掌握元器件的作用，在具体的电子电路中能够正确地去使用。

一、常用电子元器件

电子元器件是电子元件和电子器件的总称。电子元件主要指电阻器、电容器和电感器等元件。电子器件主要指二极管、三极管和集成电路。此外，还有一些特殊的器件，如话筒、扬声器、耳机、光电耦合器、继电器、开关、接插件等，我们通常都把它们归入电子元器件中。

1. 电阻

电阻器是一种具有一定阻值，一定几何形状，一定性能参数，用特殊的材料和特殊的方法制造的一种元件，它能够在很小的体积里集中体现很大的电阻特性，且电阻值的大小可以控制。我们把这种元件称为电阻器，简称电阻，用字母"R"表示。在电路中它的主要作用是稳定和调节电路中的电流和电压，作为分流器、分压器和消耗电能的负载使用。选用电阻时，要注意其额定功率，以保证电阻器的安全工作。这是因为电流通过电阻消耗的功率将转为热量，只有电阻工作在一定的额定功率下，才能保证不被烧毁。一般电阻的额定功率分为 0.05W(1/20W)、0.125W(1/8W)、0.25W(1/4W)、0.5W(1/2W)、1W、2W 等。

电阻的分类及图形符号如图 3-35 所示。

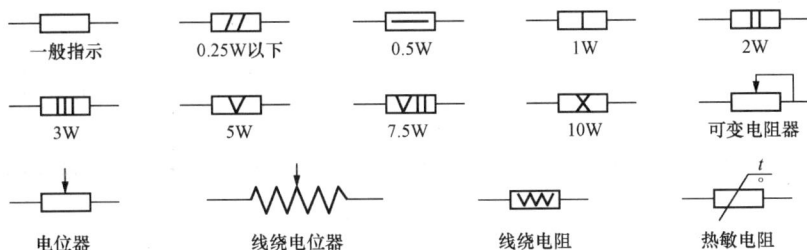

图 3-35 电阻的分类及图形符号

电阻器的单位是欧姆，字母表示为 Ω。常用的电阻单位还有：千欧（kΩ）和兆欧（MΩ）。它们之间的换算关系为

$$1k\Omega=1000\Omega,\ 1M\Omega=1000k\Omega=1\ 000\ 000\Omega$$

电阻的标称值和允许误差：国家规定的一系列阻值称为电阻器的标称阻

值。电阻的实际测量阻值与标称阻值之间的偏差的最大值除以该电阻的标称值所得的百分数就是电阻的误差。误差有一定的国家等级。E24 系列规定了 24 种电阻值的有效数字：1，1.1，1.2，1.3，1.5，1.6，1.8，2，2.2，2.4，2.7，3，3.3，3.6，3.9，4.3，4.7，5.1，5.6，6.2，6.8，7.5，8.2，9.1。

电阻器的标称电阻值和偏差一般都标在电阻体上，其标识方法有直标法、文字符号法、数值法和色标法 4 种。

（1）直标法：直接用数字表示电阻器的阻值和误差。如：47k±Ω10%。

（2）文字符号法：用数字和文字符号或两者有规律地组合来表示电阻器的阻值。如，5R1 表示 5.1Ω，2k7 表示 2.7kΩ，R1 表示 0.1Ω。

（3）数码法：数码法是用三位阿拉伯数字表示，前两位数字表示阻值的有效数，第三位数字表示有效数后零的个数。例如，100 表示 10Ω，102 表示 1kΩ，当阻值小于 10Ω 时，以×R×表示，将 R 看作小数点，例如，8R2 表示 8.2Ω。

（4）色标法：用不同颜色的色环表示电阻器的阻值和误差。有四环电阻器、五环电阻器之分，如图 3-36 所示。

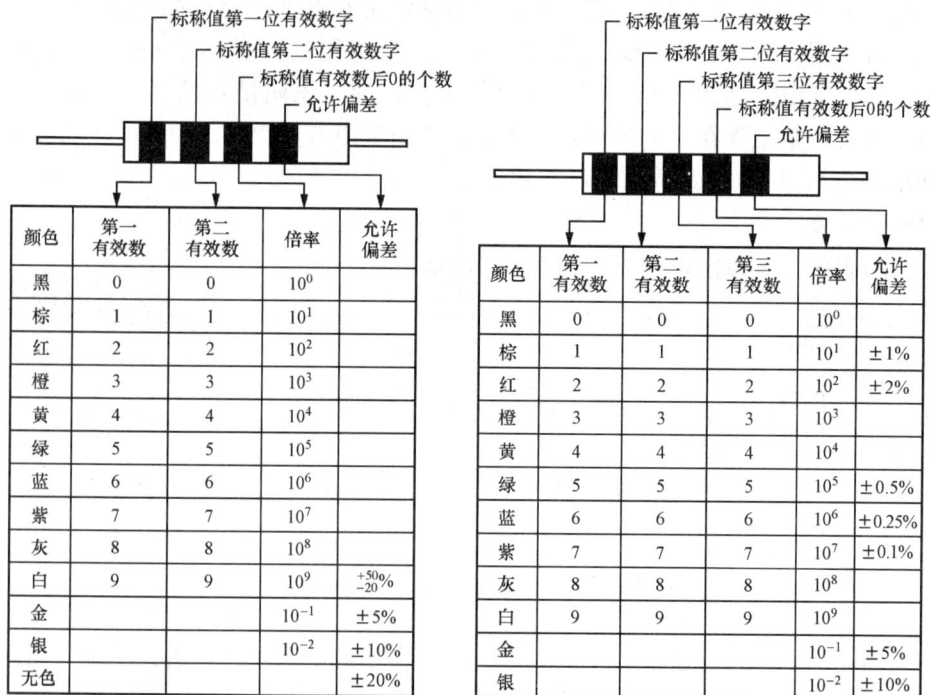

颜色	第一有效数	第二有效数	倍率	允许偏差
黑	0	0	10^0	
棕	1	1	10^1	
红	2	2	10^2	
橙	3	3	10^3	
黄	4	4	10^4	
绿	5	5	10^5	
蓝	6	6	10^6	
紫	7	7	10^7	
灰	8	8	10^8	
白	9	9	10^9	$^{+50\%}_{-20\%}$
金			10^{-1}	±5%
银			10^{-2}	±10%
无色				±20%

颜色	第一有效数	第二有效数	第三有效数	倍率	允许偏差
黑	0	0	0	10^0	
棕	1	1	1	10^1	±1%
红	2	2	2	10^2	±2%
橙	3	3	3	10^3	
黄	4	4	4	10^4	
绿	5	5	5	10^5	±0.5%
蓝	6	6	6	10^6	±0.25%
紫	7	7	7	10^7	±0.1%
灰	8	8	8	10^8	
白	9	9	9	10^9	
金				10^{-1}	±5%
银				10^{-2}	±10%

图 3-36　色标法

除了一般的电阻外，还有特殊功能的敏感电阻。敏感电阻是指器件特性对温度、电压、湿度、光照、气体、磁场、压力等作用敏感的电阻器。如气敏电阻利用某些半导体吸收某种气体后发生氧化还原反应制成。压敏电阻主要有碳化硅和氧化锌压敏电阻，其电阻值在一定电流电压范围内随电压而变化。湿敏电阻由感湿层，电极，绝缘体组成。光敏电阻是电导率随着光量力的变化而变化的电子元件，当某种物质受到光照时，载流子的浓度增加从而增加了电导率，这就是光电导效应。热敏电阻是利用半导体材料的热敏特性工作的半导体电阻。它是用对温度变化极为敏感的半导体材料制成的其阻值随温度变化发生极明显的变化。热敏电阻主要用在温度测量、温度控制、温度补偿、自动增益调整、微波功率测量、火灾报警、红外探测及稳压、稳幅等方面，是自动控制设备中的重要元件。

2. 电位器

电位器有 3 个引脚，其中两个引脚之间的电阻值固定，并将该电阻值称为这个可变电阻的阻值。第三个引脚与任两个引脚间的电阻值可以随着轴臂的旋转而改变。这样，可以调节电路中的电压或电流，达到调节的效果。

电位器按制造材料，可分为碳膜电阻、硅碳膜电阻、金属膜电阻、线绕电阻、片状电阻等。碳膜电阻器成本低、性能稳定、阻值范围宽、温度系数和电压系数低，是目前应用最广泛的电阻器；金属膜电阻比碳膜电阻的精度高，稳定性好，噪声，温度系数小，在仪器仪表及通信设备中大量采用。

常用的电位器外观及图形符号如图 3-37 所示。

3. 电容器

电容器就是"储存电荷的容器"，用字母 C 表示。电容有两个金属电极，它们中间隔着绝缘体就构成一个电容器，电容器也分为容量固定的与容量可变的两种。电容有隔直通交、通高阻低的特性。电容器能够让交流电电流通过，但是在电容器容量大小不同的情况下，对不同频率的交流电，电容器对交流电的阻碍作用不同，即容抗不同。

电容器的单位是"法拉第"，简称"法"，用字母 F 来表示。常用的电容单位还有：微法（μF）、皮法（pF）、纳法（nF）。它们之间的换算关系为

$$1F(法) = 1\ 000\ 000\mu F(微法)$$

$$1\mu F(微法) = 1\ 000\ 000pF(皮法)$$

电容按照结构，可分为固定电容器、可变电容器和微调电容器三大类；按电解质，可分为有机介质电容器、无机介质电容器、电解电容器和空气介质电容器等；按用途，可分为高频旁路、低频旁路、滤波、调谐、高频耦合、低频

耦合、小型电容器。

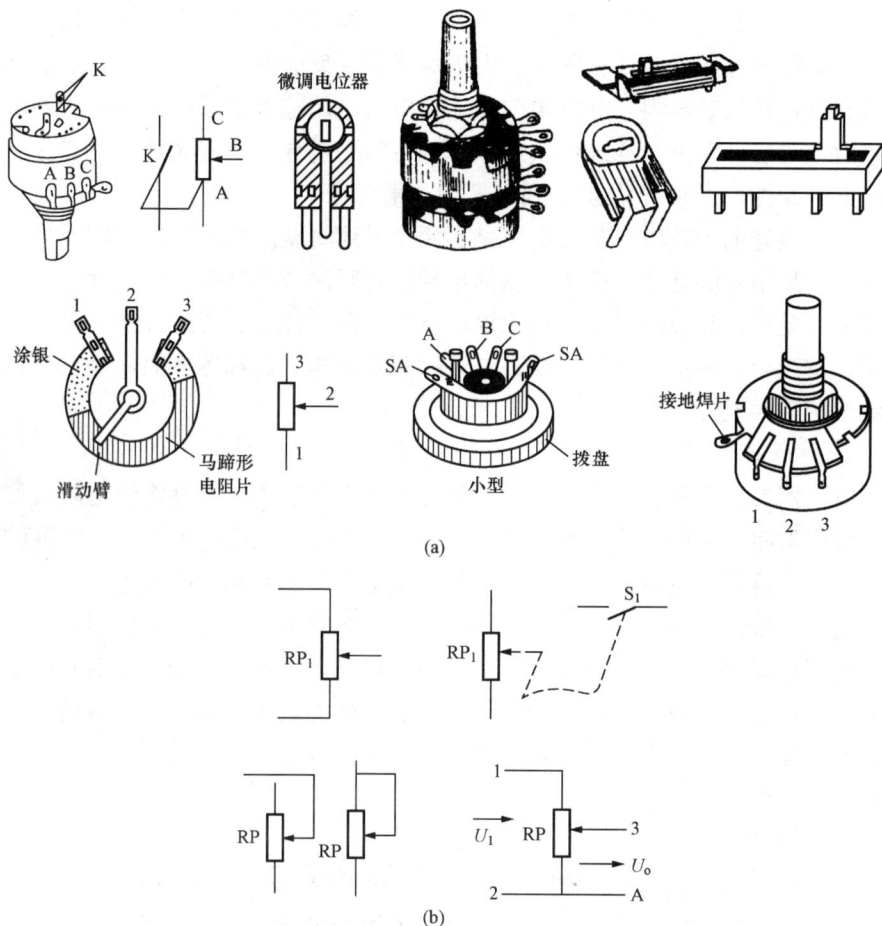

(a)

(b)

图 3 - 37 常用的电位器外观及图形符号

（a）外形；（b）图形符号

　　常用于低频旁路的电容器有纸介电容器、陶瓷电容器、铝电解电容器、涤纶电容器等。常用于滤波的电容器有铝电解电容器、纸介电容器、复合纸介电容器、液体钽电容器等。

　　常见的电容器外形与图形符号如图 3 - 38 所示。

　　电容器的容量标志法也 4 种，分别是直标法、数字字母法、数码法和色标法。

　　（1）直标法：将标称容量及偏差直接标在电容体上，如 $0.22\mu F \pm 10\%$、$47\mu F$。

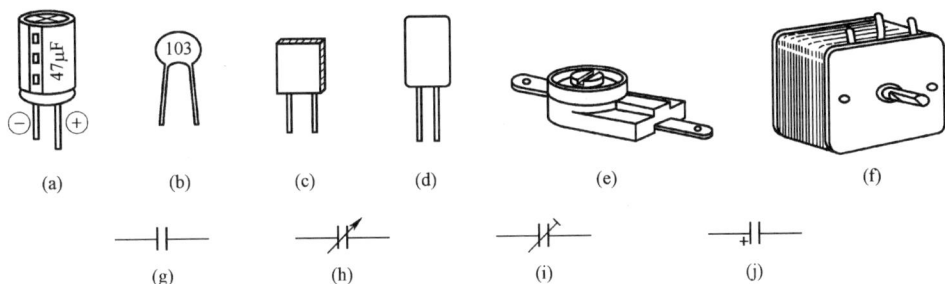

图 3-38　常见的电容器外形与图形符号

（a）电解电容器；（b）瓷介电容器；（c）玻璃釉电容器；（d）涤纶电容器；（e）微调电容器；

（f）双连可调电容器；（g）一般电容器符号；（h）可调电容器符号；

（i）半可调电容器符号；（j）电解电容器符号

（2）数字字母法：容量的整数部分写在容量单位标志字母的前面，容量的小数部分写在容量单位标志字母的后面。如 1.5pF、6800pF、4.7μF、1500μF 分别写成 1p5、6n8、4μ7、1m5。

（3）数码法：一般用三位数字表示电容器容量大小，其单位为 pF。其中第一、二位有效值数字，第三位表示倍数，即表示有效值后"零"的个数。如"103"表示 10×10^3 pF（0.01μF）、"224"表示 22×10^4 pF（0.22μF）。

（4）色标法：电容器的色标法与电阻器相同，其容量单位为 pF。

电容器的额定电压，指在线路中能够长期可靠地工作而不被击穿时所能承受的最大直流电压（又称耐压）。它的大小与介质的种类和厚度有关。

4. 电感器

电感器是电路中用来存储磁场能量的元件，用符号 L 表示。它能把电能转变为磁场能，并在磁场中储存能量。电感器具有阻止交流电通过而让直流电通过的特性。

电感基本单位是"亨利"，简称"亨"，用字母 H 来表示。

电感器的种类很多，根据电感器的电感量是否可调可分为固定电感器、可变电感器和微调电感器。常用的电感器有固定电感器、可变电感器、阻流圈三大类。

电感器是由线圈绕成的，按导磁体性质分类，有空芯线圈、铁氧体线圈、铁心线圈、铜芯线圈等；按工作性质分类，有天线线圈、振荡线圈、扼流线圈、陷波线圈、偏转线圈等；按绕线结构分类，有单层线圈、多层线圈、蜂房式线圈等。各种电感器的图形符号如图 3-39 所示。

图 3-39　电感器的图形符号

可变电感器是将线圈绕在用陶瓷或尼龙制作的骨架上，中间插入铁心或铜心，利用改变铁心、铜心与线圈的相对位置来改变电感量的大小，这类电感器常用于电路中需要调整的部分。

5.二极管

二极管最明显的特性，就是其单向导电性，电流只能从二极管的正极流向负极，而不能从负极流向正负极。二极管的极性一般会用不同颜色的"点"或"环"来表示，有的直接标上"一"号。

利用二极管单向导电的特性，常用二极管作为整流器，把交流电变为直流电。二极管也用来做检波器，把高频信号中的有用信号"检出来"。用于稳压电路的稳压二极管，用稳压二极管作为基准电压使用。用于数字电路的开关二极管，用于调谐电路的变容二极管，用于显示电路的发光二极管等。

二极管的主要参数有：最大整流电流：指二极管长期运行时允许通过的最大正向平均电流。最大反向工作电压：指正常使用时允许加在二极管两端的最大反向电压。最高工作频率：指二极管的最高使用频率。

二极管按用途分类，可分为整流二极管、检波二极管、稳压二极管、变容二极管、光敏二极管；按制作材料分类，可分为锗二极管和硅二极管；按其制作工艺分类，可分为点接触二极管和面接触二极管；按封装形式分类，可分为玻璃封装的、塑料封装的和金属封装的等。常见二极管的图形符号如图 3-40 所示。

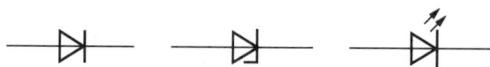

图 3-40　常见二极管的图形符号

TIPS▶
测量二极管的技巧

用机械式万用表来对二极管进行测量时，红表笔接二极管的负极，黑表笔接二极管的正极时，万用表会显示正向导通。将黑表笔接二极管负极，红表笔接二极管正极，万用表会显示反向截止。如果万用表二次测量均显示电阻很小，说明二极管已经击穿了；如果万用表二次测量均显示电阻很大，说明二极管已经断路了。注意：机械式万用表的内部，黑表笔接的是内部电池

边学边看边实践

的正极，红表笔接的是内部电池的负极。但数字式万用表的内部，黑表笔接的是内部电池的负极，红表笔接的是内部电池的正极，这在二极管、三极管的测量中要加以注意。用数字式万用表来测量发光二极管，因表内的电池电压较高，大部分万用表都可使发光二极管发光（发光二极管的导通电压约为2V）。但因数字式万用表由非线性元器件组成，所以在测量在二极管、三极管时，不是很方便和准确，这在使用中要加以注意，最好还是用机械式万用表进行测量。

用机械式万用表欧姆挡"Ω"判断二极管的极性时，注意"＋"插孔是接表内电池的负极，"一"插孔是接表内电池的正极。要选用"R×100"挡，或"R×1K"挡测量，将万用表的两支表笔分别接于二极管的两管脚，二极管的正向电阻很小，一般为几十欧至几百欧，而反向电阻很大，一般为几十千欧至几百千欧。如果测量二极管的正、反向电阻相差很大，则说明二极管的单向导电性能良好。如果测量二极管的正、反向电阻的阻值均很大或很小，就说明二极管有问题，不能使用了。

6. 三极管

半导体三极管也称为晶体三极管，可以说它是电子电路中最重要的器件。它最主要的功能是电流放大和开关作用。三极管有三个电极。二极管是由一个PN结构成的，而三极管由两个PN结构成，共用的一个电极称为三极管的基极（用字母 b 表示）。其他的两个电极成为集电极（用字母 c 表示）和发射极（用字母 e 表示）。由于不同的组合方式，形成了一种是 NPN 型的三极管，另一种是 PNP 型的三极管。三极管的种类很多，并且有不同的型号而各有不同的用途。三极管大多是塑料封装或金属封装，其图形符号有两种，如图 3-41 所示。有一个箭头的电极是发射极，箭头朝外的是 NPN 型三极管，而箭头朝内的是 PNP 型。实际上箭头所指的方向就是电流的方向。

三极管的重要参数，就是电流放大系数 β。当三极管的基极上加一个微小的电流时，在集电极上可以得到一个是注入电流 β 倍的电流，即集电极电流。集电极电流随基极电流的变化而变化，并且基极电流很小的变化可以引起集电极电流很大的变化，这就是三极管的放大作用。三极管有三个工作区，分别是截止区、放大区、饱和区。三极管在截止区时，三极管的发射结、集电结反偏，三极管没有电流放

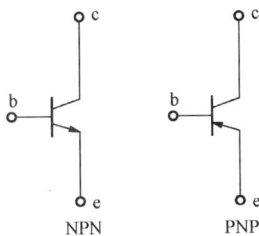

图 3-41 三极管的
图形符号

大作用，$I_C \approx 0$，三极管 c、e 间相当于开路；三极管在放大区时，三极管的发射结正偏、集电结反偏，三极管有电流放大作用，$I_C = \beta I_B$，输出曲线具有恒流特性；三极管在饱和区时，三极管的发射结、集电结处于正偏，三极管失去放大作用，三极管的 c、e 之间相当于通路。还要注意一点的是，三极管的基极有一死区电压，硅三极管为 0.7V 左右，锗三极管为 0.3V 左右，就是三极管要导通不是在基极上加了电压就能够导通的，在三极管基极所加的电压必须要大于上述的电压。

三极管按其用途又分为低频管、中频管、高频管、超高频管；按功率可分为小功率管（功率小于 1W）、中功率管、大功率管和开关管等；按封装形式分有玻璃壳封装管、金属壳封装管、塑料封装管等。

TIPS▶ 判断三极管管脚及好坏技巧

判断三极管管脚时，要用万用表的 R×100 挡或 R×1K 挡，因三极管的 b、e 极与 b、c 极之间是一个 PN 结，就先测量出三极管的基极 b 极，将万用表的任意一表笔，先固定在三极管的某一个极上，对另二个极进行测量，反复地进行测量后。如果固定在三极管的某一个极上，测量另外二个极的阻值是同时大或同时小，那固定的这个极就是基极 b 极。

找出基极 b 极后，就要确定三极管是 PNP 型，还是 NPN 型的类型。如果用红表笔放在基极 b 极上，黑表笔分别测量另外二个极，如果同时是小阻值，三极管就是 PNP 类型的；如果同时是大阻值，三极管就是 NPN 类型的。

找出基极 b 极后，确定三极管是 PNP 型，还是 NPN 型的类型后，就要确定三极管的发射极与集电极。现举例已经确定三极管是 NPN 型的，基极 b 极也确定了。这时将红表笔和黑表笔放在另外的二极上，这时手指的皮肤掐在黑表笔上，同时用手指的皮肤去碰触基极 b 极，这时要记住表针的摆动幅度。交换红表笔和黑表笔继续测量另外的二极，还是手指的皮肤掐在黑表笔上，同时用手指的皮肤去碰触基极 b 极，这时又要记住表针的摆动幅度。选择万用表的表针摆动幅度大的一次，红表笔是三极管的发射极 e 极，黑表笔就是集电极 c 极了。

如果测量三极管的数据，与上面的数据不符，如测量基极与另外的二极，阻值不是同时大或同时小，而是一大一小，那就是三极管已经损坏了或测量不正确。如果正向的电阻为零的话，是三极管已经击穿了。如果正向的电阻为无穷大的话，是三极管已经击断了。三极管的发射极 e 极与集电极 c 极电阻很小，也说明三极管已经击穿损坏了。

二、直流稳压电源

直流稳压电源是整流电路、滤波电路和稳压电路的总称。直流稳压电源是由交流电源、变压器、整流、滤波和稳压电路几部分组成。变压器将交流电压（220V 或 380V）变换成所需要的交流电压；整流电路将交流电压变换成单方向脉动的直流电；滤波电路再将单方向脉动的直流电中，所含的大部分交流成分滤掉，得到一个较平滑的直流电；稳压电路用来消除由于电网电压的波动、负载的改变对其产生的影响，将不稳定的直流电压变换成稳定且可调的直流电压的电路称为直流稳压电源。直流稳压电源的工作过程如图 3-42 所示。

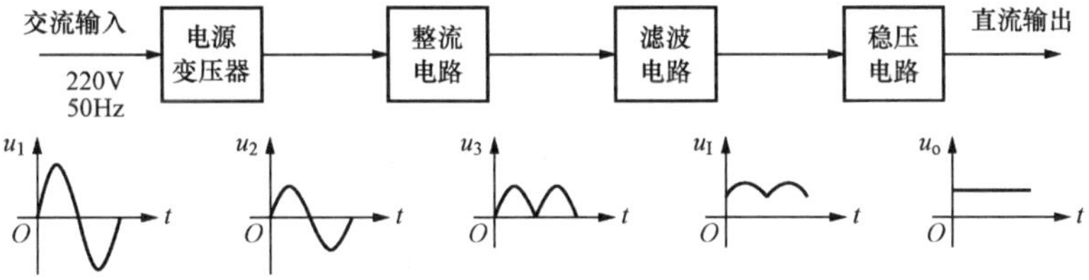

图 3-42　直流稳压电源的工作过程

常用的直流稳压电源是串联型稳压电源和开关稳压电源。串联型稳压电源，输出的电压可调，带负载能力比较大，是常用的一种稳压电源。开关稳压电源的体积小、转换效率高，但控制电路较复杂，随着集成电路的迅速发展，开关稳压电源已得到越来越广泛的应用。

1. 整流电路

（1）单相半波整流电路。

单相半波整流电路的特点是结构简单，但输出电压的平均值低、脉动系数大，它的输出电压只有输入电压的 0.45 倍，多用于可以用脉动电流的地方，如电镀、蓄电池充电等。单相半波整流电路及其工作波形如图 3-43 所示。

（2）单相桥式整流电路。

为了克服半波整流电路电源利用率低，整流电压脉动程度大的缺点，可采用全波整流电路，最常用的形式是桥式整流电路。单相桥式整流电路由 4 只二极管接成电桥形式，其电路与工作波形如图 3-44 所示。

在变压器二次电压相同的情况下，单相桥式整流电路的输出电压平均值高、脉动系数小，管子承受的反向电压和半波整流电路一样，输出电压可为输入电压的 0.9 倍。虽然电路中用了 4 只二极管，但因二极管体积小，价格低廉。因此，在整流电路中，全波桥式整流电路得到了广泛的应用。

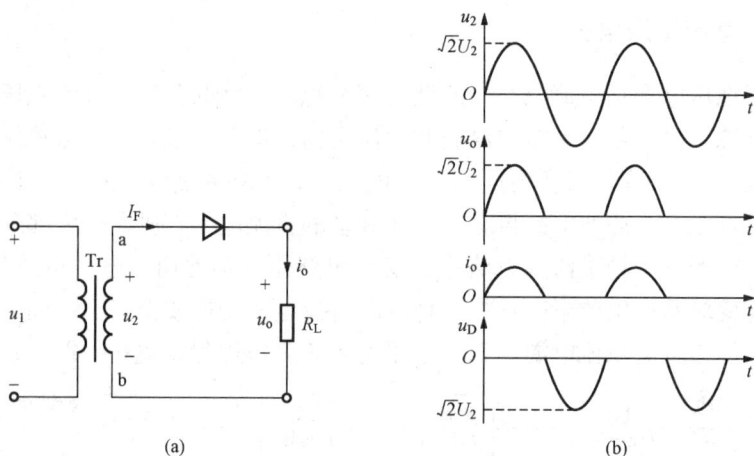

图 3-43　单相半波整流电路及其工作波形
（a）电路；（b）工作波形

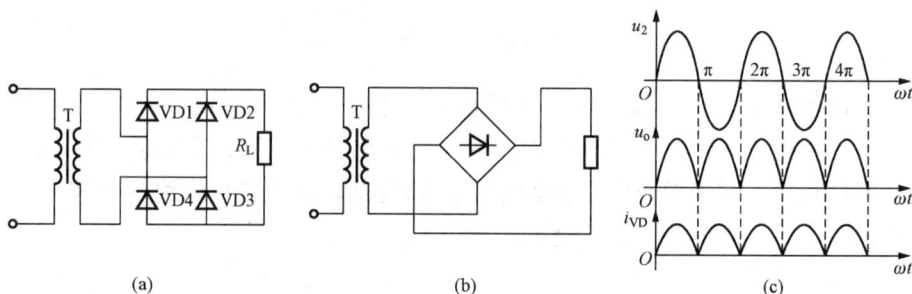

图 3-44　单相桥式整流电路及其工作波形
（a）电路；（b）等效电路；（c）工作波形

2. 滤波电路

整流电路输出的电压，是一个单方向的脉动电压，虽然已是直流，但它的脉动比较大，许多电子设备需要平稳的直流电源，为了改善电压的脉动程度，需在整流后再加入滤波电路。滤波电路将交流成分滤除，以得到比较平滑的输出电压。滤波通常是利用电容或电感的能量存储功能来实现的。常用的滤波电路如图 3-45 所示。

下面以一个整流和滤波的电子电路，来说明整流和滤波对电路作用，以及元器件对电路中电压的影响。电路如图 3-46 所示，该电路以 S1、S2 两开关来实现对元器件的控制，改变了电路中的参数，而引起电路电压的变化。

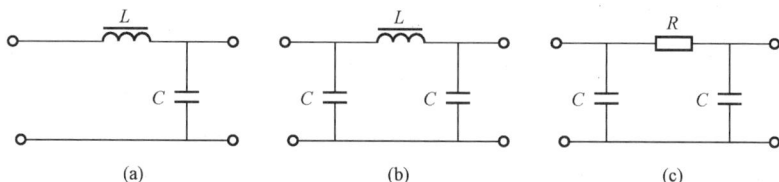

图 3-45　常用的滤波电路

（a）LC 滤波电路；（b）CLC 滤波电路；（c）CRC 滤波电路

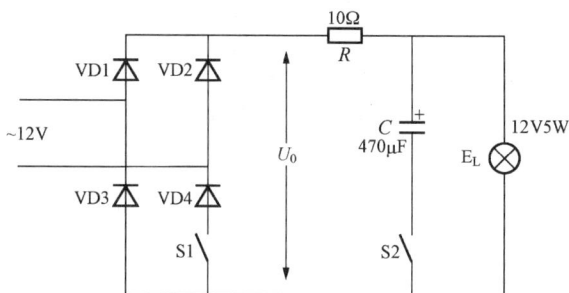

图 3-46　整流和滤波电子电路

　　在交流 12V 电源送入整流电路后，在 S1、S2 两开关没有闭合的情况下，整流电路只有半波整流，电容器 C 也没有接入电路，这时 U_0 的电压只有 $12 \times 0.45 \approx 5V$ 左右，这时灯泡的亮度是最暗的。在开关 S1 闭合后，就由半波整流电路变为桥式全波整流电路，这时 U_0 的电压就有 $12 \times 0.9 \approx 11V$ 左右，这时灯泡的亮度要比半波整流时亮很多。在开关 S1、S2 都闭合后，整流电路还是桥式全波整流，但因电容器 C 接入电路，电容器 C 有滤波和升压的作用。这时 U_0 的电压就有 $12 \times 1.2 \approx 14V$ 左右，这时灯泡的亮度是最亮的。

　　从这个电路不同状态电压的变化，说明了半波整流电路与全波整流电路对输出电压的区别，电容器 C 接入电路后，通过电容器 C 充放电的储能特性，说明了对电路的滤波和升压的作用。

　　3. 稳压电路

　　通过整流与滤波的电路，所获得的直流电压已经比较稳定了，但当电网电压有波动或负载的电流变化时，输出电压也会随之改变。电子设备一般都需要稳定的电源电压，如果电源电压不稳定，将会引起直流放大器的零点漂移，交流噪声增大，测量仪表的测量精度降低等，所以需要引入稳压电路。

　　现在我们实际的工作中，已经很难看到分立元件的串联型稳压电路了。现在都是采用各种集成电路来组成稳压电路，如现在大量使用的三端稳压集成电路。常见的三端稳压集成电路有，正电压输出的 78×× 系列和负电压输出的 79×× 系列。但是这里仍然要详细介绍一下用分立元件组成的串联型晶体管稳压电路，这是因为该稳压电路，主要是利用了三极管的电流放大原理，也就是利用三极管基极电流的微弱变化，来控制三极管集电极电流或发射极电流的较大变化，来达到以小电流来控制大电流的目的。在三极管电路的分析时，一定要注意三极管的放大作用，就是改变三极管基极电流，集电极电流就会以 $I_{\mathrm{C}} = \beta I_{\mathrm{B}}$ 来变化，要注意三极管放大倍数的概念。如果你将三极管放大倍数的作用搞清楚了，你对三极管放大电路也就清楚了，这是电子电路的一个最关键的地方。学习电子电路，其实就是学习三极管放大作用和三极管的开关作用，很多

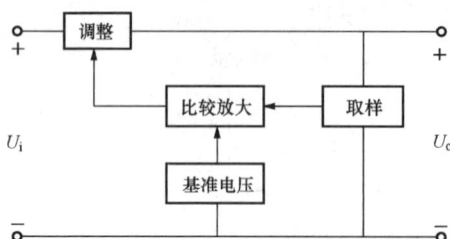

的人就是在这个地方被卡住了。这一点你不学习清楚和明白，后面的电子电路都是白学，是不可能学下去的。

用分立元件组成的串联型晶体管稳压电路由基准电压、比较放大、取样电路和调整管 4 部分组成，其电路框图如图 3-47 所示。

图 3-47　串联型晶体管稳压电路框图

串联型晶体管稳压电路如图 3-48 所示。

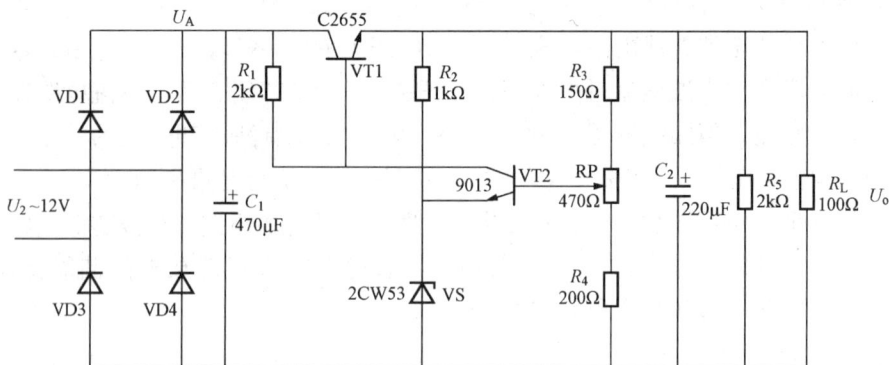

图 3-48　串联型稳压电路原理图

当输入电压 U_2 或输出电流 I_0 变化，引起输出电压 U_o 增加时，电位器滑动臂上的取样电压 U_{RP} 相应增大，使 VT2 三极管的基极电压升高并引起电流 I_{b2} 和集电极电流 I_{c2} 随之增加，三极管 VT2 的集电极电位 U_{c2} 下降，VT1 三极

管的基极电压下降，三极管 VT1 的基极电流 I_{b1} 下降，三极管 VT1 的 I_{c1} 下降，三极管 VT1 的 U_{ce1} 增加，使 U_o 保持基本稳定。

$$U_o \uparrow \rightarrow U_{RP} \uparrow \rightarrow I_{b2} \uparrow \rightarrow I_{c2} \uparrow \rightarrow U_{c2} \downarrow \rightarrow I_{b1} \downarrow \rightarrow U_{ce1} \uparrow \rightarrow U_o \downarrow$$

同理，当输入电压 U_2 或输出电流 I_o 变化，引起输出电压 U_o 降低时，电压的调整过程相反，U_{ce1} 将减小使 U_o 保持基本不变。从上述调整过程可以看出，该电路是依靠电压负反馈来稳定输出电压的。稳压电路的原理，就是改变三极管 U_{ce} 之间的电压来达到稳压的目的。因电压 $U_A = U_o + U_{ce}$，换句话说，就是 U_A 的电压等于输出电压加上三极管 VT1 的集电极与发射极之间的电压，改变了三极管 VT1 的集电极与发射极之间的电压，就等于是改变了输出电压。就是说输入电压为 16V，三极管 VT1 集电极与发射极之间的电压为 6V，那输出电压就是 10V；如果输入电压为 16V，三极管 VT1 集电极与发射极之间的电压为 7V，那输出电压就是 9V 了，串联型稳压电路就是靠调整三极管 VT1 集电极与发射极之间的电压来进行稳压的，这样说应该明白了吧。

电路中的稳压二极管为稳压电路的基准电压，稳压二极管两端的电压是基本恒定的，就是用数字万用表测量也只有几十毫伏的变化。负载电阻 R_L 接上后，输出的电压会有一定的下降，其他各点的电压也会有变动，但稳压二极管电压基本不变。在电路完成通电的情况下，不要将电路的元器件进行变动，以防损坏二极管。一定要注意各点的接触必须良好，否则将造成电路的失败。

4. 电子延时电路

电子延时电路是利用三极管的开关特性来进行工作的，典型的电子延时电路如图 3-49 所示。

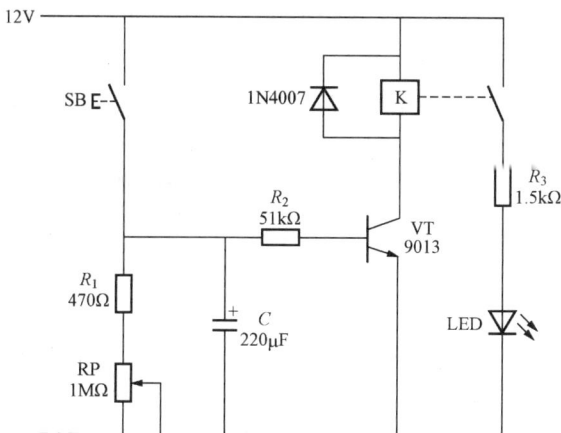

图 3-49 电子延时电路

这里借此对三极管的开关原理进行详细的解释。三极管工作时有三种状态，就是工作在三个区域，分别是截止区、放大区、饱和区。上面的稳压电路是用三极管的放大区，是微量地改变三极管 be 之间的电压，利用三极管的放大倍数 β，来较大的改变三极管 ce 极之间的电压，来达到电路稳压的目的。三极管的开关特性就是利用截止区和饱和区，三极管在截止区时 ce 极之间相当于截止状态，就是不导通，U_{ce} 为电源电压；三极管在饱和区时 ce 极之间相当于导通状态，U_{ce} 接近于零伏。

这个电路是使用直流 12V 电源，电路在没有按下按钮 SB 时，发光二极管是不亮的。在按下按钮 SB 后，电容器充电并达到电源电压，同时给三极管的基极提供了电压，三极管由截止转换为饱和导通，三极管 ce 两端的电压，在饱和导通只有 0.1V 左右，此时 12V 的电压基本上都加在了继电器的线圈上，这时继电器 K 吸合，其动合触点闭合，发光二极管发光。当松开按钮 SB 以后，电容器开始放电，放电回路有两条，一是三极管的基极电流，二是通过 R_1、RP 的电流。三极管的基极电流基本是恒定的，调节电位器改变 RP 的阻值，就改变了放电的电流，也就改变了电容器放电的速度和时间，在电容器电压降低到一定程度时，三极管就由饱和导通变为截止了，继电器 K 失电触点断开，发光二极管不发光了。调节电位器改变 RP 的阻值，就可使延时的时间在 0.5s～几十秒之间变化，发光二极管的发光时间也随之变化，这就是利用电容器的充放电特性，来达到电路的延时作用。

电路中的 1N4007 二极管是保护三极管的，是防止继电器线圈断开时，产生的反向电动势击穿三极管。电阻 R_1 是防止电位器调到 0 位电阻时引起电源短路的，电阻 R_2 是三极管基极的限流电阻，电阻 R_3 是发光二极管的限流电阻。在测量导通各点数据时，按钮 SB 是要闭合的，不然测量的数据是变化的。在继电器的动合触头断开时，用数字万用表测量发光二极管的电压是有一定数值的，这时测量显示的是感应电压，此时发光二极管两端的电压只能为 0V，如用指针式万用表测量就没有这个现象。电路在连接时，一定要注意各点的接触必须良好，否则将造成电路的失败。

三、接近开关

接近开关又称无触点行程开关，它可以代替有触头行程开关，来完成行程控制和限位保护。由于接近开关具有非接触式感应动作、电压范围宽、动作的速度快、可在不同的检测距离内动作、工作稳定可靠、重复定位精度高、抗干扰能力强、操作频率高、安装方便、使用寿命长以及能适应恶劣的工作环境等特点。所以在机床、纺织、印刷、塑料等工业生产中应用广泛。

接近开关按工作原理分为：高频振荡型（检测各种金属）、永磁型及磁敏元件型、电磁感应型、超声波型、电容型、光电型和超声波型等几种，不同原理型式的接近开关，所能检测的被检测物体不同。常用的接近开关是高频振荡型，由振荡、检测、晶闸管等部分组成。

接近开关是当某种物体与之接近到一定距离时，就发出"动作"的信号，它不须施以机械力。接近开关的用途，已经远远超出一般的行程开关的行程和限位保护，它还可以用于检测、高速计数、测速、液面控制、零件尺寸检测、加工程序的自动衔接等，并在计算机或可编程控制器的传感器上获得广泛应用。

接近开关的主要参数有工作型式、动作距离范围、动作频率、响应时间、重复精度、输出型式、工作电压及输出触点的容量等。

接近开关在我国工厂企业内的使用，已经有三十几年的历史了，只是开始使用接近开关时，品种相当得少，现在接近开关品和种类十分丰富繁多了。接近开关的线路连接有很多的形式，我们现在常用的接近开关多为三线制和二线制的。接近开关外部接线图如图 3-50 所示。

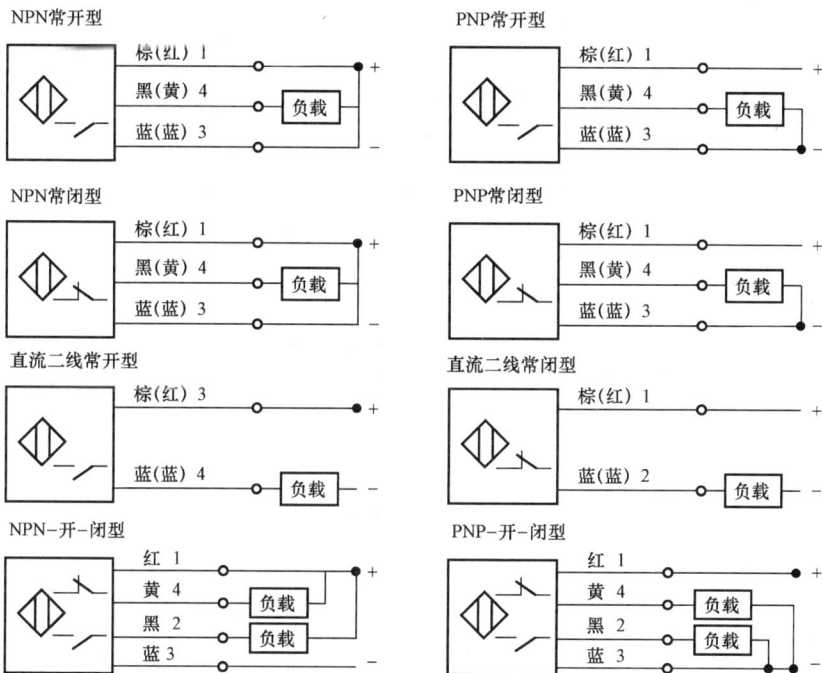

图 3-50　接近开关外部接线图

三线制接近开关有二根电源线（通常为24V）和一根输出线，在使用中要注意输出线的连接，外接的继电器线圈的电压，要与接近开关的电源电压相符。三线制接近开关，因是采用的晶体三极管输出，所以三线制接近开关分为NPN和PNP两种，使用时要注意电源的极性。三线制接近开关，在作用时要注意，它的输出有动合、动断两种状态。

两线制接近开关，一般在使用时的电压都较高，在使用时要注意接近开关有残余电压和漏电电流。两线制接近开关，有动合型和动断型两种类型，在购买和使用时不要用反了。

四、固态继电器

固态继电器，简称为"SSR"，是一种全部由固态电子元件组成的新型无触点开关器件，是20世纪70年代后期发展起来的一种新型无触点继电器。它通过磁和光的特性，来完成输入与输出的可靠隔离，利用大功率三极管，大功率场效应管，单向可控硅和双向可控硅等器件的开关特性，来达到无触点、无火花地接通和断开大功率电路。

固态继电器的结构由输入电路，隔离耦合电路和输出电路三部分组成，如图3-51所示。固态继电器的输入电路可分为直流输入电路，交流输入电路和交直流输入电路3种。有些输入控制电路还具有与TTL/CMOS兼容、正负逻辑控制和反相等功能。固态继电器的输入与输出电路的隔离和耦合方式有光电耦合和变压器耦合两种。固态继电器的输出电路也可分为直流输出电路，交流输出电路和交直流输出电路等形式。交流输出时通常使用双向可控硅，直流输出时可使用双极性器件或功率场效应管。

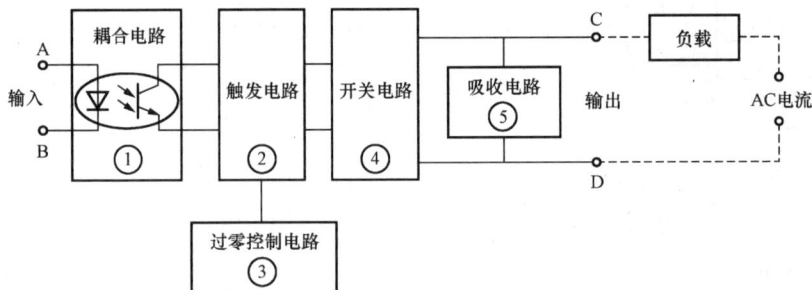

图3-51　固态继电器结构框图

固态继电器为四端有源器件，其中两个端子为输入控制端，另外两端为输出受控端，中间采用光电隔离，作为输入与输出之间的电气隔离。在输入端加上直流或脉冲信号，输出端就能从关断状态转换成导通状态（无信号时呈阻断状态），从而控制大功率负载。固态继电器没有可动部件及触点，可实现相当于常用的机械式电磁继电器一样的功能。所以，固态继电器与电磁继电器相比具有工作可靠、寿命长，对外界干扰小、能与逻辑电路兼容、抗干扰能力强、开关速度快、工作频率高、使用寿命长、体积小、输入控制电流小和使用方便等一系列优点，因而具有很宽的应用领域和兼容性，使其在电气控制控、数控机床的程控装置、微型计算机控制方面得到日益广泛的应用。

在固态继电器的使用上，要按照说明书上的数据来使用，并要注意以下事项。

（1）输入的工作电压大小应合适，若输入电压高于规定值，则需外接限流电阻，以便将输入电流限止在输入参数规定值内。SSR 按输入控制方式，可分为电阻型、恒流源和交流输入控制型。目前主要提供的，是供 5V TTL 电平用电阻输入型。使用其他控制电压时，可相应选用限流电阻。

（2）选用固态继电器输出端参数时，应考虑其输出额定工作电压和额定工作电流与实际工作中的电压与电流是否一致。许多负载在接通的瞬间都会产生很大的浪涌电流，如白炽灯、电阻丝、电磁铁、中间继电器、变压器以及交流电动机等。对于上述场合使用的固态继电器，应选用增强型固态继电器为好。

（3）固态继电器导通时的发热量，因型号不同而各不相同。负载电流小于 5A 的固态继电器，导通时产生的热量不大，利用空气对流散热即可。电流大于 10A 的固态继电器应加装散热器而自然风冷。负载电流大于 30A 的固态继电器需加散热器，必要时要使用强行风冷或水冷。

（4）一般印制电路板使用的固态继电器的电流容量不大于 5A，可以不加散热器而自然散热。装置式的固态继电器在应用于 10A 以下的电流容量时，可以安装在散热较好的金属平板上自然散热；10A 以上的电流容量需加散热器自然风冷；额定电流大于 30A 时需加散热器并强行风冷。

第 4 章

电工新手学电路图

　　要学习电气电路的线路连接，要进行电气设备故障的维修，第一个基本功就是要学会看电气控制电路图。所以，作为电工新手来说，学习的第一步，就是要学习和掌握电气控制电路图的基础知识，了解和掌握电气控制电路图的基本结构、画法、规则、种类、特点等，了解电气控制电路图的图形符号和文字符号，了解电气控制电路图的实际的使用方法，了解绘制电气控制电路图的基本方法和相关规定。

　　电路图有很多的种类，但只有电气控制电路图，对我们电工来说是最重要的。一般的电气设备都只提供电气控制电路图，也就我们常说的电气原理图。所以，作为电工新手来说，首先就要学习电气控制电路图。只有了解了电气控制电路图的基本知识，才能够做到怎么样去看图和怎么样去看懂图，才能为今后电气的线路连接、电气设备故障的维修，打下一个良好的学习基础。

　　电路图中的其他的图，在学习完电气控制电路图后，可以有选择地进行学习和了解，作为维修电工来说，希望得到的图纸，第一是电气控制电路图，因为有了电气控制电路图，就可以从图纸上了解电路的原理，电路的动作程序，使用电器的种类、数量等；第二是电气接线图，因为有了接线图，可快速地找到所要检查线路端子的位置，就不用去反复地查找线路，可节省大量的查线的时间；第三是电气位置图，有了电气位置图，就可以快速地查找到，要查相关电器的实际安装位置。其他的电路图，可以起到辅助的作用，各种电路图有它不同的用处，可以根据自己的需要去选择。

第 1 节　电气控制电路图的画法及其特点

　　电气控制电路图的画法，是用国家规定的各种图形符号和文字符号，来代表各种电器的元件。再根据生产机械对电气控制的要求，采用电器元件展开的形式，按照电气的动作原理，用线条来代表导线，将电器元件连接起来而形成的电路图。在电气控制电路图中，应尽量减少线条和避免线条交叉。各导线之间有电的联系时，在导线交点处画实心圆点表示。

一、电气符号

电气符号一般分为图形符号和文字符号两种。

1. 图形符号

图形符号是由符号要素、一般符号和限定符号组成，我们常用的符号，是由一般符号与限定符号组成。图形符号是构成电路图的基本单元，是以特定图或图样的形式，来表示的图形、标记或字符。图 4-1 所示为图形符号示例。

电路图上的图形符号表示的状态，是按所有电器可动部分均按未得电工作时、电器无外力作用时，或开关处于零位时的自然状态下画出来的图形符号。如继电器、接触器等的触点，是按其线圈不通电时的状态画出的；按钮、行程开关等的触点，是按未受到外力作用时的状态画出的；倒顺开关等是按手柄处于零位时的状态画出的。

图形符号的画法有水平布置和垂直布置两种，如图 4-2 所示。当图形符号呈水平形式布置时，开关的图形符号，应是下开上闭；当图形符号呈垂直形式布置时，开关的图形符号，应是左开右闭，就是可以将符号按逆时针方向转动 90°。

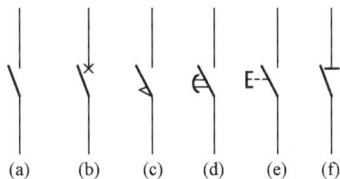

图 4-1 图形符号示例
(a) 开关；(b) 断路器；(c) 行程开关；
(d) 延时开关；(e) 按钮开关；
(f) 隔离开关

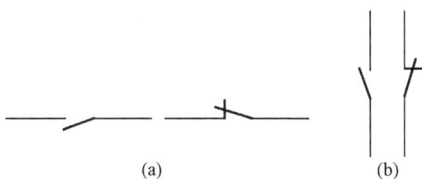

图 4-2 水平布置和垂直布置
(a) 水平布置；(b) 垂直布置

现在有些图形符号的画法，在图形符号呈水平形式布置时，是采用的上开下闭，这是我国以前图形符号的画法，有的人已经习惯了，可能一下子改不过来，但还是能够看懂的。

2. 文字符号

文字符号是表示电气设备、装置、电器元件的名称、状态和特征的代码。

现在常用的文字符号，一般是用字母符号与数字符号组合来使用。如接触器用KM字母来表示；一般继电器用KA来表示；时间继电器用KT来表示；按钮用SB来表示等。如果有两个以上的同类电器，如按钮就用1SB、2SB、3SB、4SB······，或SB1、SB2、SB3、SB4······。

TIPS 学习技巧

电路的电气图形符号与文字符号有上百种之多，如果你想都将它们背下来是不可能的。对于电工新手来说，千万不要去背这些电气图形符号，那是完全没有必要的，这会浪费你大量的时间和精力，得不偿失，就算你将这些符号背下来了，因大部分的符号你不常用，过不了多长的时间，你就会将这大部分符号忘记了。

所以，你只要记住你常用的几十个符号就可以了，其他的符号以后遇到了再去查资料就可以，随着你学习时间的推移，知识面的逐步扩大，有一些你经常接触到的符号，你不去背也会自然地记住了。

要注意电气图形符号有老符号和新符号之分，而且有的符号，用两种图形符号来表示。这时你就要注意了，要摸清楚符号之间的规律，先去记住一种符号，再用记住的这一种符号，去推出另外一种符号。如时间继电器的延时触点符号，你只能按你的分析后，去选择一种符号去记忆，如果你想都记下来的话，反而容易记混。

二、电气控制电路图的画法及其特点

电气控制电路图一般分主电路和辅助电路两部分。我们有时将辅助电路也笼统地叫做控制电路，但其实是有区别的，可以说是一种包含的关系，控制电路是辅助电路，但辅助电路不全是控制电路。

主电路比较简单，使用电器元件数量较少，在电气控制线路中，是负载的大电流通过的部分，也是发热量较大的部分，主电路包括从电源到电动机之间相连接的电器元件部分。一般由断路器、刀开关、组合开关、主熔断器、接触器主触点、热继电器的热元件和电动机等组成。

辅助电路是电气控制线路中，除主电路以外的所有电路，其流过的电流比较小，辅助电路包括控制电路、照明电路、信号电路、整流电路和保护电路等。其中控制电路是由按钮、接触器和继电器的线圈及辅助触点、热继电器触点、保护电器触点、控制变压器等组成。

在绘制电气控制电路图时，根据便于阅读和电路分析的原则，主电路与辅助电路是分开绘制的。主电路用粗实线绘制在图纸的左侧或上方，辅助电路用细实线绘制在图纸的右侧或下方。无论是主电路还是辅助电路，均按功能布置，尽可能按生产设备的动作顺序从上到下，或从左到右排列。电气控制电路图应结构简单、层次分明、容易看懂。

电气控制电路图中，不按照电器元件的实际布置位置来绘制，也不反映电器元件的实际大小。同一电器可以不画在一个位置。如当接触器的不同部件，如线圈、主触点、辅助动合触点、辅助动断触点，可以分散地画在图纸的不同位置。为了表示是同一个接触器，要在电器符号的不同部件处，标注统一的文字符号 KM。

第 2 节　电气图的种类和用途

电气图是按电路的工作原理，用图形符号并按工作顺序排列，详细表示电路、设备或成套装置的全部组成和连接关系，而不考虑其实际位置和大小的一种简图。电气图包括电气系统图和框图、电气原理图、电器位置图、电器安装接线图、功能图等。

（1）电气系统图和框图。电气系统图和框图是用电气符号或带注释的围框，概略表示系统或分系统的基本组成、相互关系及其主要特征的一种简图。

（2）电气原理图。电气原理图一般由主电路、控制电路、保护电路、信号电路等几部分组成。电气原理图是用来表明电气设备的工作原理及各电器元件的作用，表达所有电器元件的导电部件和接线端子之间的相互关系的一种表示方式。

（3）电气位置图。电器位置图也叫（布置图），它在图纸上详细地绘制出电气设备电气元器件，按一定原则组合的安装位置，主要用来表明各种电气元件，在机械设备上和电气控制柜中的实际安装位置，电气元器件布置的依据是各部件的原理图，同一组件中的电器元件的布置应按国家标准执行，电气元件布置图为机械电气控制设备的制造、安装、维修提供必要的资料。

（4）电气安装接线图。电气安装接线图是用规定的图形符号，根据电气原理图，以电器布置合理，导线连接经济的原则，按各电器元件实际安装位置绘制的实际接线图，它清楚地表明了各电器元件的相对位置和它们之间的电路连接的详细信息。

还有一些其他的图，因对于维修电工来说用得较少这里就不多讲了。

第3节 怎样看电气控制电路图

电工新手在看电气线路图时，首先要熟悉和掌握常用的电气符号，其次还要熟悉常用电器元件的动作原理、工作性能、电器结构等相关知识。

电工新手在开始学看电气线路图时，要按自己的实际水平来选择看图的起点，不要好高骛远地将标准定得太高。要开始从较简单的电气线路图看起，然后随着看图的水平的提高，再逐步地来看复杂的电气线路图。

开始看电气线路图时，要将每一个电气符号都要看懂，如遇到没有见过的电气符号，一定要通过查资料的方法，将电气符号搞清楚，不然将会影响后面的电路分析。要知道电气线路图上各电器元件的原理和作用，并要注意电器元件各部件的分布位置，便于此电器元件动作时，能清楚电器元件控制的范围。

一、主电路

看电气线路图时，要注意有一个顺序，不要东看一下，西看一下，没有目标地到处乱找。首先要从电气线路图的主电路开始入手，就是从电源开始看。主电路是电气设备消耗电能的部分，电力拖动系统中，主要是三相异步电动机。

所以，要从主电路中了解，有几台什么类型的电动机？如除了有三相异步电动机，是否还有其他类型的电动机或负载。电动机的用途是干什么的？如哪台电动机是主轴电动机、刀架快速移动电动机、液压电动机、冷却泵电动机等，通过了解要清楚的知道，每台电动机的具体的作用。

通过电动机的线路连接，要知道每台电动机的运行的状态，如是单向运转还是正反向运转，是单速还是双速的，是否有降压启动、能耗制动的电路。这些运行的状态，从主电路的结构和接线上，就可以比较清楚地看出来。

主电路的电路排列，是按电气设备的动作程序来排列的。所以，在看主电路的时候，要遵循从上到下、从左到右的原则，来对主电路的作用进行逐步地分析，清楚主电路动力的提供顺序。

通过对主电路的了解，其实就可以知道，电气设备动力的基本情况。因为，加工的过程是需要动力的，知道有几个动力源，说明就有几个加工的过程。电气控制系统的控制，主要就是对加工过程的控制，通过对主电路的了解，对整个设备的情况，也就有了一个大概的了解了。

二、控制电路

从主电路只能了解设备的大概情况，从辅助电路就能了解电路的全部细节。辅助电路是对主电路进行控制的，所以，通过辅助电路的了解，就可以清楚的知道每一步的控制，并通过细致的电路分析，就可以知道全部的控制程序的步骤。

开始看辅助电路时，要先从控制电路开始看，其他的电路先不要去管它，因这部分对电路的控制没有多大的关系。在看控制电路的时候，要遵循从上到下、从左到右的原则，按步骤地一步一步地去看，有时还要与主电路进行对应。在看控制电路时，要对每个控制环节的作用要弄清楚，要注意它的每个细节，直到明确它控制的目的。在看控制电路时，要集中注意力地进行观察和分析，千万不可一目十行，前面的还没有看清楚，就已经看到后面的了，电工新手一定要注意这一点，要有一定的定力和耐心。

不管多么复杂的电气控制电路，它都是由典型电路和其他的简单电路组合而成的。所以，在看复杂的控制电路图时，要利用现有的电路知识进行电路的分解，将复杂的电气控制电路，分解为多个单独的电路或区域，再对每个电路或区域进行分析，这样才能够较快地将电路的原理搞清楚。对各单独的电路或区域进行分析时，还要注意它们之间的相互联系、相互制约、相互配合的关系，要保证电路分析时的完整性。

在看电气控制电路时，要注意电路的动作原理，按照电气设备的动作程序，来进行控制电路的分析。控制电路在图纸上的排列，与主电路的是一样的，都是按照设备加工的动作程序在控制电路在图纸上按照加工动作的程序顺序，按照从上到下、从左到右的原则，依次地在图纸上画出的。所以，在看控制电路时，要充分地注意到这一点，从图纸上了解了电路的动作程序，也便于在实际的操作中，去对应和验证设备的实际动作程序是否相符。

> 对于电工新手来说，最主要的还是要先看懂电路的动作程序，这是看图的关键。

电工新手看图时，经常会遇到一些不太懂的电路，这可能会影响你对分析的思路，或者说会对你的电路分析造成一定的障碍。这时就要区别地进行对待，如果在短时间内能够搞清楚，你就可以花点时间尽量地搞清楚。如果短时间内不可能办到，那就先放一下，但要通过线路的连接，搞清楚它都与什么相关电路有关系，会影响到那些电路的环节，是否在电路分析时，可以先不考虑

第4章
169

它的作用或假设它的作用。

比如说，如果电子方面的知识还没有来得及学习，那么对于控制电路中的整流电路和稳压电路就可能看不懂。这时，你可以看它在电路中，都与什么电路有关系，如能耗制动电路、电磁盘电路、直流线圈电路等。一般直流电路，只对特定的电路有联系，所以，只要搞清楚与那些部位有关系，是起什么作用的，就很容易地可以将电路进行区分对待了。如我们常用的能耗制动电路，如果整流电路出现了问题，只会影响它本身的电路，但它不会对控制电路造成影响。所以，暂时不懂这部分电路的原理，不会影响到电路的分析，因控制电路的接触器部分，应该是能正常地工作的，只是电动机没有制动的效果而已。

三、其他辅助电路

辅助电路中，最重要的就是控制电路，但我们也要对其他的电路进行了解，它们也是辅助电路的一部分。如保护电路、信号电路、整流电路等，这部分电路相对要简单一些，也是比较独立的一部分。对这部分电路的分析主要是为了了解它们的作用。

信号电路中电气控制部分的电路是相当简单的，稍微查看一下就知道电路的结构了。如电动机的启动显示，一般就是将指示装置，串联在接触器的辅助动合触点上。如是电动机的停机显示，一般就是将指示装置，串联在接触器的辅助动断触点上。所以，信号电路的原理比较简单，只是连接指示装置的线路，可能会长一点，因要从电气控制箱内，连接到指示装置的位置。要注意的是，指示装置的电压，有时会比较低，有的只有 6.3V。这在使用和维修时要加以注意，不要与其他的不同电压等级的线路混淆了。

对于整流电路来说，电工新手就要一定的电子方面的知识了，具体的内容请参见第 1 章。整流电路一般都是独立的电路，不会与其他的电路有太大的关系。

电气设备的照明电路，一般都是使用的 24V 或 36V 的安全电压，对电气设备的局部进行照明。安全电压的提供，是采用控制变压器来供给的，控制变压器的功率一般情况下不会超过 200VA。

四、看电路图的顺序

看电路图也是有顺序的，对于电工新手来说，一般是先看电气控制电路图，再去看电器安装接线图，然后是看电器位置图。这 3 个图对电工比较重要一点，特别是前面的两个图，它们各有各的作用和用途。

电器安装接线图的作用和用途，主要是了解电路线路的连接位置。电器安装接线图上，与电器的端子、接线排、外接端子等，都应该有具体化的编号端子牌，将电器安装接线图上的编号端子牌与电气设备上的编号端子牌对应后，就能容易地找到要找的相应位置。如果只有电气控制电路图，而没有电器安装接线图的话，要找电路中的某个点，就只有顺着线路去一步步地去查找。如果有了电气控制电路图和电器安装接线图的话，这二种图相互配合使用，就能够快速而准确地找到我们要找的任何一个地方。所以说，电工第一需要的是电气控制电路图，第二需要的是电气安装接线图，有了这两个图，基本上就可以解决电路图中的大部分的问题了。其他的图有那更好，如果没有的话也问题不大。

> 归纳起来，看电路图的顺序就是4点：①看电路先从主电路入手；②看辅助电路要从控制电路入手；③对控制电路以外的辅助电路要了解；④先看电气控制电路图，再看电器安装接线图，最后看电器位置图。

在实际工作中，电气设备能够给个电气控制电路图，那就已经很不错了，很多的时候电气设备是连一个图都没有，这在日常维修工作中是很正常的事。真正能够有较全图纸的电气设备是很少见的，一般只有相当正规的新设备才能见到。

第4节　学会简单的电路分析

对于电工的新手来说，一讲起电路的分析，好像是很难和复杂的事情。其实，学习电路的简单分析，并不是一个很困难的事，首先要从简单的电路开始分析，然后才能够逐步地来分析复杂电路。在电气线路的接线以前，一定要学习电路的简单分析，不然连所接的电路是什么原理，都会搞不清楚，这样也没法真正学好电气线路接线。

在对电气控制电路进行分析前，一定要改变一个观念，那就是前面说过的，从直接控制向间接控制的转变。有很多的人对于直接控制都已经习惯了，开关一合电灯就亮了，闸刀开关一推上去，电动机就开始转动了。这前面用的控制方式，都是采用的直接来控制主电路的方式，而我们现在普遍采用的都是间接控制的方式。也就是说，并不是用按钮去直接控制电动机，而是通过按钮去控制接触器，接触器再去控制电动机。今后的电气控制，都是向这个方向发展的。按钮、接触器、熔断器、热继电器等电器，前面都已经讲了它们的结构与作用，这里就不重复了。

> 在电路图中，接触器的线圈、主触点、辅助动合触点、辅助动断触点是画在图中各处的，但如果接触器的线圈得电后，接触器全部的主触点与辅助触点，是在一起动作的。

一、单向控制电路

下面以单向控制电路为例介绍简单电路的分析方法。单向控制电路如图4-3所示。

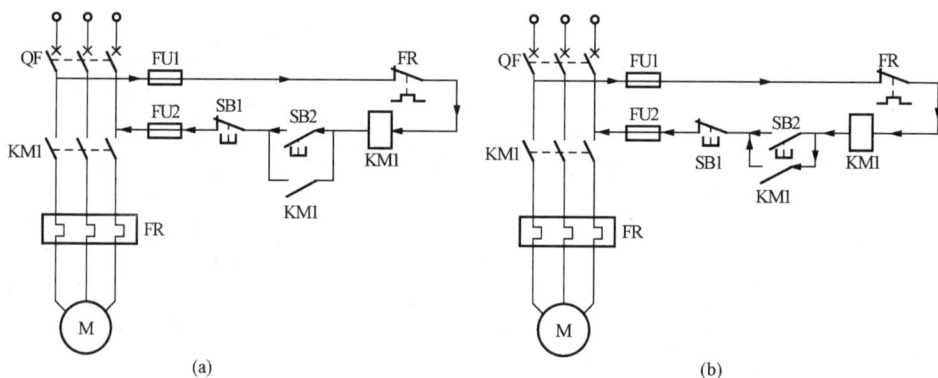

图4-3 单向控制电路
(a) 按下按钮时；(b) 松开按钮时

现在对电路进行具体的分析，先从主电路开始分析。首先合上断路器QF，这时主电路的电送到了接触器的主触点处，但因接触器的主触点没有闭合，所以主电路没有导通。

控制电路因启动按钮SB2没有导通，所以就没有形成回路，接触器的线圈没有得电，接触器不会动作，电动机就不会转动。当按下启动按钮SB2后，控制电路就形成了回路，接触器的线圈就得电闭合，见图4-3 (a)。

接触器的线圈就得电闭合，这时接触器的主触电闭合导通，电源通过断路器QF、接触器主触点、热继电器FR的热元件、到达电动机，电动机得电开始转动。这时要注意的是，接触器主触点闭合的同时，它的辅助动合触点也同时闭合了。

电动机转动以后，这时松开按下启动按钮的手，这时启动按钮就会恢复原位，启动按钮的动合触点就会从导通变为断开。这时，因为接触器的辅助动合触点已经闭合了，接触器的辅助动合触点，是并联在启动按钮上的，控制电路的电流就会通过已经闭合的，接触器的辅助动合触点形成回路，保证接触器的线圈继续得电，电动机就可以连续的转动了。请看图 4 - 3（b）中，松开启动按钮后，控制电路的电流形成的回路走向。将两个电路图的电流路径进行对比，就可以很容易地理解，为什么启动按钮松开后，电动机还可以连续转动的原理了。我们对在启动按钮松开后，维持电流的接触器辅助动合触点，叫做"自锁触点"或"自保触点"，这种功能简称为"自锁"或"自保"，如果在电路的工作中，按下启动按钮后，电路变为"点动"电路了，那就是这个动合触点，没有与按钮连接好，只要去检查这个动合触点的连接就可以了。

单向控制电路是相当简单的，熟悉和掌握了这种控制模式之后，再逐步地学习和分析不同的电路图，就能很快学好。

二、CY6140 型车床的电气控制电路

下面分析介绍常见的 CY6140 型车床的电气控制电路图。这类通用型的车床，它的图纸是比较齐全和正规的，如电路图上的各部位的名称和作用，电器各触点分布的区域等。通过图纸上的各种提示，就能够很容易地找到我们要找的电器或部位，这就为我们的学习提供了方便。在学会在图纸上的分析之后，要注意理论联系实际的应用，最好是先进行分析然后去与实物对应。

CY6140 型车床的电气控制电路如图 4 - 4 所示。

从图 4 - 4 中很容易就能看出 CY6140 型车床电气控制电路的大概，它是由主电路、控制电路、信号指示电路 3 个部分组成的。总电源由组合开关 QS 控制，主电路是由 3 台电动机组成，主轴电动机由接触器 KM1 控制，并由热继电器 FR1 做过载保护。冷却泵电动机是由接触器 KM2 控制的，并有热继电器 FR2 做过载保护。刀架快速移动电动机，是由接触器 KM3 控制，因是断续短时间工作的，就没有安装热继电器进行保护。

控制电路由熔断器 FU2 做短路保护，按钮 SB1 做主轴电动机和冷却泵电动机的停止控制，控制 SB2 为控制主轴电动机的接触器 KM1 线圈的启动按钮。冷却泵电动机必须要在主轴电动机启动后它才能够启动，转换开关 SA1 控制冷却泵电动机的接触器 KM2 线圈。按钮 SB3 点动控制刀架快速移动电动机接触器 KM3 的线圈，控制电路是相当简单的。

信号指示电路的电源由控制变压器 TC 二次侧来提供，由 2 个熔断器 FU3 做短路保护，在更换这 2 个熔断器的熔体时，要注意熔体的额定电流要与实际的电流相符，不然很容易烧毁控制变压器。控制变压器的二次侧提供两种电

电源保护	电源开	主电机	冷却泵电机	快速移动电机		主电机起停	冷却泵起停	快速起停	控制变压器	电源指示	起动指示	停止指示	照明灯

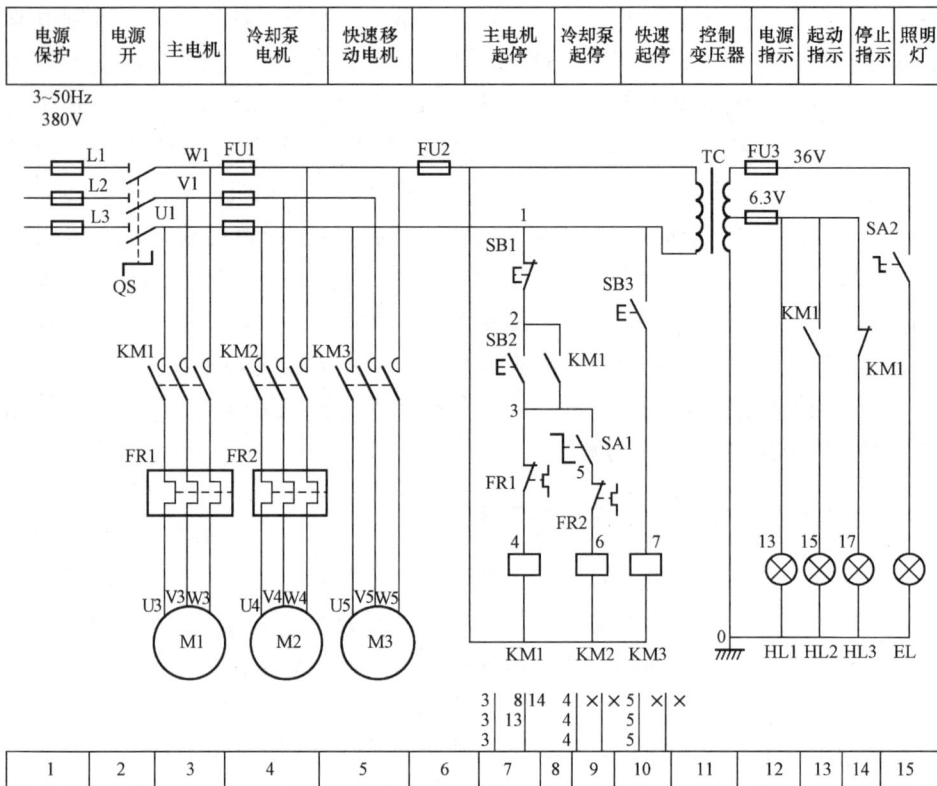

图 4-4 CY6140 型车床的电气控制电路

压，6.3V 给信号指示灯使用，36V 给机床的局部照明灯使用。有三盏 6.3V 的信号指示灯，分别作为电源指示灯、主轴电动机停止指示灯、主轴电动机启动指示灯。36V 给机床的局部照明灯，由开关 SA2 进行控制。

图 4-5 所示的图纸下面并排的数字代表 3 个接触器触头的分布区域。

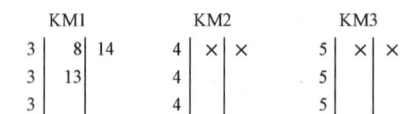

图 4-5 图纸下面并排的数字

第一个接触器 KM1 的标号中，第一排的 3 个 3 是指 3 个主触点在 3 区；第二排的 8、13 是指辅助动合触点在 8 区和 13 区；第三排的 14 是指辅助动断触点在 14 区的位置。

第二个接触器 KM2 的标号中，第一排的 3 个 4 是指 3 个主触点在 4 区；所不同的是，第二个接触器 KM2，没有使用它的辅助动合触点和辅助动断触点，就用×来表示。

第三个接触器就请读者自己试着去分析。

第5节 典型的基本控制电路

我们所说的典型的控制电路，也就是基本的控制电路，有的资料上称为基本控制环节，从原理上来说其实是一样的。因为任何一个复杂的控制电路，通过仔细观察和分析后，你就会发现它们其实是由一些最基本的控制电路组合而成的，也就是由典型的控制电路，或基本控制环节组合成的。

基本控制电路是达到某一个控制的要求的最简电路。它所采用的电器元件已经是最少化了，不能再进行简化的电路。如我们常用的点动电路、单向连续运转电路、单向连续运转与点动电路、多地控制电路、正反转电路、自动往返电路、顺序控制电路、星—三角降压起动电路等，它们都有唯一性、或相似性的特点。

对于电工新手来说，首先就要掌握学习这类的基本电路，掌握了基本电路之后，才有可能掌握复杂的电路。

一、点动电路

点动电路是最简单的基本控制电路，它的特点就是你按一下启动按钮，接触器线圈就得电吸合，三相异步电动机就转动，手一松开启动按钮，接触器线圈就断电复位，三相异步电动机就停止转动。

点动电路如图 4-6 所示。

二、单向连续运转电路

单向连续运转电路，就是按下启动按钮后，三相异步电动机就开始转动，即使手离开启动按钮，三相异步电动机也仍保持转动；如果要停止，需要再按一下停止按钮。通常单向连续运转电路还具有零压、欠压、短路和过载保护。

单向连续运转电路如图 4-7 所示。

三、点动、单向连续运转电路

有的三相异步电动机在工作时，既要有点动动作，又要能够单向连续运转，这就对电路有两种控制的要求。

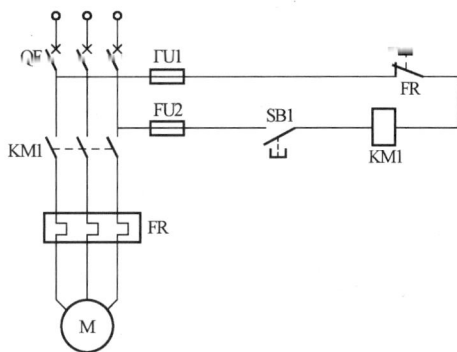

图 4-6 点动电路

典型的点动、单向连续运转电路如图4-8所示。在按下点动的按钮SB3时，按钮SB3的动断触点切断了自锁电路，按钮SB3的动合触点接通了电路，实现电动机的点动功能，并具有零压、欠压、短路和过载保护。

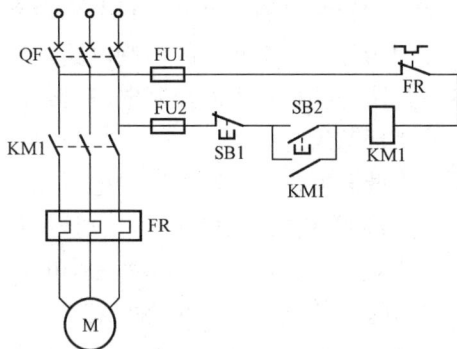

边学边看边实践

176

图4-7　单向连续运转电路

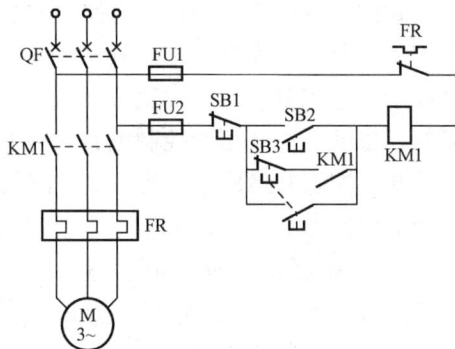

图4-8　典型的点动、单向连续运转电路

还有一种点动电路，在电路中不是增加一个点动的按钮SB3，而是用一个不能自动复位的二挡开关SA，二挡开关的触点与接触器的动合自锁触点相串联。将二挡开关打到点动位置时，二挡开关的触点断开，就没有自锁功能，按下启动按钮SB2，电路就成为点动电路；如果将二挡开关打到连续位置时，二挡开关的触点闭合，就恢复了自锁的功能。采用二挡开关的点动、单向连续运转电路如图4-9所示。

四、多地控制电路

多地控制电路是在二个以上的地点，对同一台三相异步电动机进行控制的电路，这样就可以分别在甲、乙两地起、停同一台三相异步电动机，达到操作方便的目的。

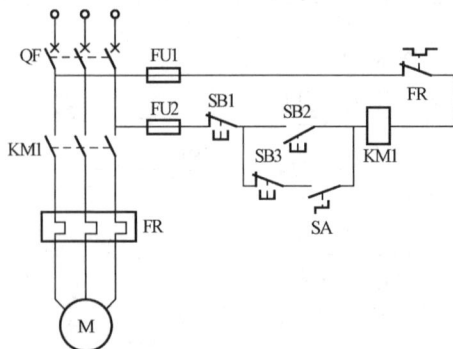

如有的抽水泵，安装在比较远的水井处。平常如果每一次抽水都要跑到抽水泵处启动水泵，就十分的不方便了。于是，就可以在经常有人的值班室，安装另一套启动与停止水泵抽水的按钮，这样就不要经常地跑到抽水泵处启动水泵了，水泵房的启动与停止水泵抽水的按

图4-9　采用二挡开关的点动、
单向连续运转电路

钮可以作为维护时或临时使用。当然，如果有使用上的需要，也可以在第三个地方、第四个地方等，再进行控制按钮的安装。这种在两地或多地控制同一台三相异步电动机的控制方式叫电动机的多地控制。

典型的多地控制电路如图4-10所示。

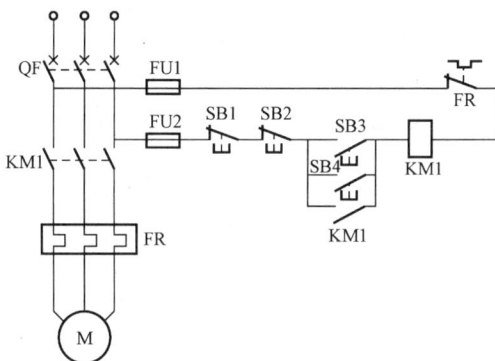

图4-10　典型的多地控制电路

多地控制电路的特点：两地的起动按钮并联在一起，停止按钮串联在一起。

五、正反转控制电路

有时三相异步电动机除了单方向转动外，很多时候还要求有正反方向的旋转，电动机的正反转控制电路就可以控制三相异步电动机实现正转、反转和直接停止，并具有零压、欠压、短路和过载保护。

三相异步电动机的正反转控制电路，要使用两个交流接触器，一个控制三相异步电动机实现正转，另一个控制三相异步电动机实现反转。但因在两个交流接触器主电路进行了换相，所以，不允许这两个接触器同时得电动作，否则将造成主电源的短路。这就需要在电路中增加互锁电路，在控制正向转动的接触器得电工作后，就会切断控制反向转动接触器的控制电路，保证在正向转动的接触器得电工作后，反向转动的接触器不可能得电工作。在控制反向转动的接触器得电工作后，也会切断控制正向转动的接触器的控制电路。这种互相控制对方的电路，保证各自电路工作唯一性的功能，叫做电路的互锁功能，起这个作用的触头，叫做互锁触头。电路的互锁有两种形式，一种称为接触器触头互锁，另一种称为按钮互锁，有时将这两种互锁同时使用，这就称为电路的双重互锁。

图4-11所示为接触器触头互锁正反转控制电路，此触头互锁正反转控制电路，可实现按钮的正反转控制。但它也有一定的缺点，就是电动机作反向操作控制时，必须要先按停止按钮，让电动机停止后，然后才可再按反向起动按钮让电动机反转。

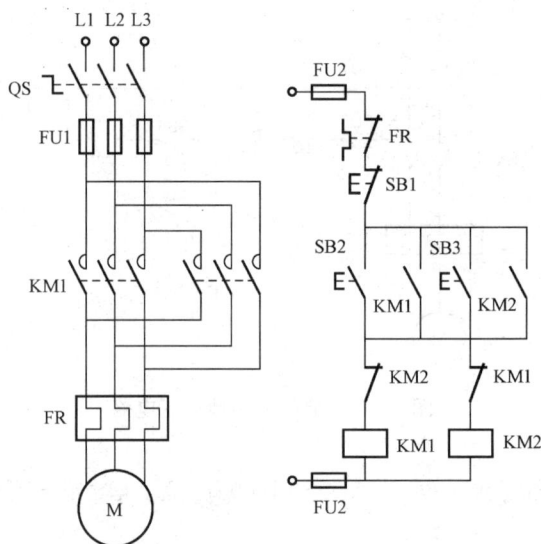

图4-11　接触器触头互锁正反转控制电路

六、双重互锁正反转控制电路

双重互锁正反转控制电路如图4-12所示，该电路的特点是：电动机在正向转动时，如要电动机作反向转动时，直接按下反转启动按钮即可。

七、自动往返控制电路

自动往返控制电路就是使用行程开关来代替按钮，使加工机械自动地往返运动的电路，如图4-13所示。

图4-13中，当按下任一方向的起动按钮后，电动机开始向一方向运动，在工作台碰撞块碰压到行程开关后，电动机这时就向另一方向运动，实现工作台的自动正反方向的循环运动，此控制电路具有零压、欠压、短路和过载保护。

自动往返控制电路动作原理为：SQ1为左换向行程开关，SQ2为右换向行程开关；KM1为正向接触器，KM2为反向接触器。如按下正转按钮SB2，

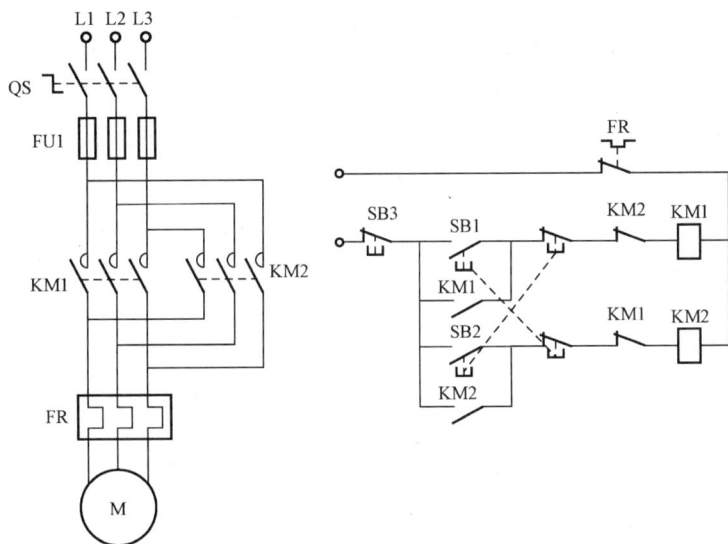

图 4-12　双重互锁正反转控制电路

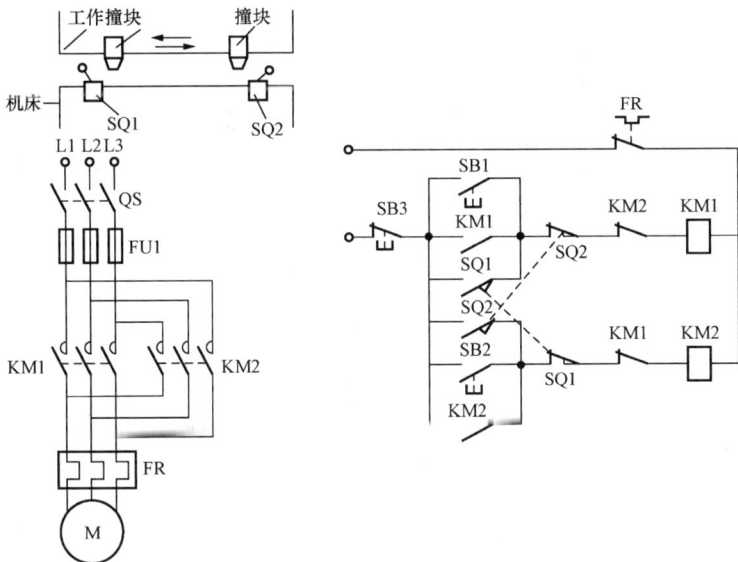

图 4-13　自动往返控制电路

KM1 通电吸合并自锁，电动机作正向旋转带动机床工作台向左移动。当工作台移动至左端并碰到行程开关 SQ1 时，将行程开关 SQ1 压下，行程开关 SQ1 动断触头断开，切断接触器 KM1 线圈电路，同时行程开关 SQ1 动合触头闭合，接通反转接触器 KM2 线圈电路，此时电动机由正向旋转变为反向旋转，工作台就向右移动，直到碰到行程开关 SQ2 时，电动机由反转又变成正转，这样驱动工作台自动进行往复的循环运动。

有的自动往返控制电路，为了防止在换向行程开关 SQ1 或 SQ2 失灵的情况下，工作台就会越过换向行程开关 SQ3 或 SQ4 的位置，继续向前运动，这样就容易造成机械部件的损坏。虽说在机械的设计上，一般都会设置防越位机械挡块进行预防。但我们在设计电路的时候，为了防止换向行程开关 SQ1 或 SQ2 失灵，就会在换向行程开关的后面，另外安装了二个起限位作用的行程开关 SQ3 或 SQ4。在换向行程开关 SQ1 或 SQ2 失灵时，工作台就会越过换向行程开关 SQ3 或 SQ4 的位置，继续向前运动，这时就会碰到起限位作用的行程开关 SQ3 或 SQ4，限位行程开关 SQ3 或 SQ4 就会切断交流接触器线圈的电源回路，使电动机停止转动，以防止在换向行程开关 SQ1 或 SQ2 失灵的情况下，造成对机械装置的损坏。带限位行程开关 SQ3 和 SQ4 的自动往返控制电路如图 4-14 所示。

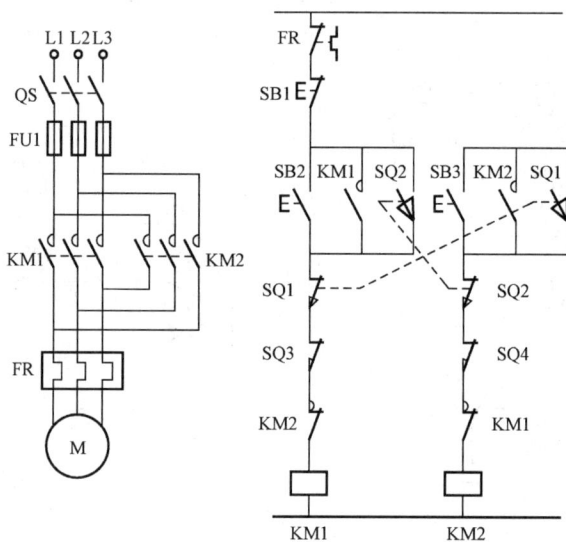

图 4-14 带限位行程开关的自动往返控制电路

八、顺序控制电路

在装有多台电动机的加工机械上，在加工的过程中，有时要求在第一台电动机先起动后，第二台电动机才允许启动。顺序控制电路在实际的应用中，实现顺序控制的方式有两种：①通过第一个交流接触器的主触头，来控制第二台电动机，如图 4 - 15（b）所示（这种方式使用的不多）；②利用交流接触器的动合辅助触头，串接在后起动的控制线路中，如图 4 - 15（c）所示。

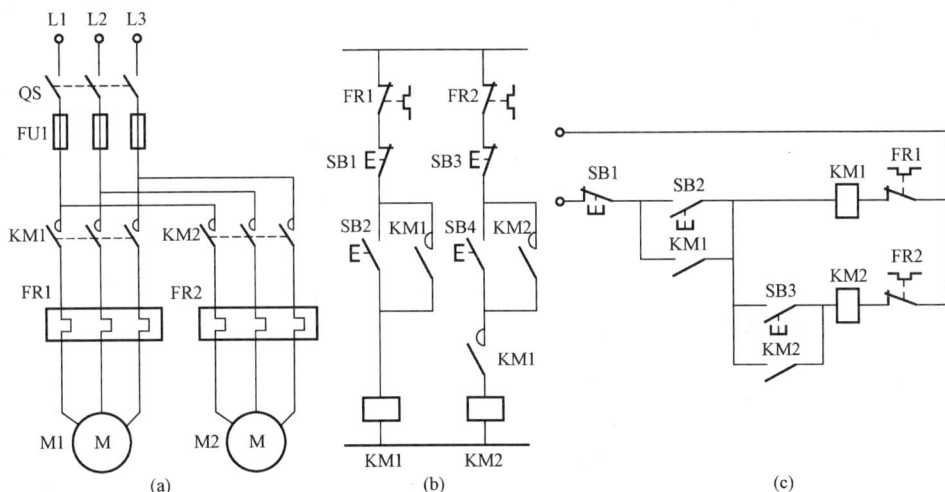

图 4 - 15　顺序控制电路
（a）主电路；（b）方式 1；（c）方式 2

　　基本的电路并不是很多，对这些基本电路理解的越透彻，记忆得越牢固，对维修工作的帮助也就越大。所以，要想使自己的维修工作做得越好、越快，就请在这上面多下点工夫吧。

第 **5** 章

电工新手学接电气线路

　　电气线路的连接是电工重要的基本功，很多人已经实际操作多年了，但对于电气线路连接的要领还是掌握不了，有相当数量人在进行中级等级资格的考试时，还在这个操作技术上犯错误，这就说明了掌握正确的接线方法的重要性。如果掌握了正确的方法，最多只要半个月左右的时间就能够完全熟练地掌握其要领，如果是使用较差的方法，那你几年能够掌握线路连接操作就不错了。所以，在这一章的学习中，大家一定要掌握较先进的接线方法，以最短的时间和精力完成这项任务。

　　很多人一直都认为电气设备的线路连接是比较难学的，其实不然，电气设备的线路接线并没有想象中的那么难掌握。只不过在学习电气线路的连接前需要掌握相关的一些知识：要对前面讲的常用电器的作用、结构、符号等，有一个比较全面的了解，学会安装与使用常用的电器。在学习电气设备的接线前，要掌握电气控制线路图的画法，以及电气控制线路图的特点。学会怎么样来看电气原理图，通过电气原理图来了解电路的动作原理。再就是要掌握电力拖动的相关知识，重点就是继电—接触器控制电路的知识。这些方面的知识要综合地进行学习，这就是电器与电路的配合。

　　上面的知识学习了以后，就可以进行电气线路的接线了。但有很多的人学习并练习了较长时间的接线，但还是熟练不了，掌握不到要领，并经常地接错线。这是由于接线方法不对造成的。要想正确地连接好线路，就要学习和掌握一个好的接线方法，不然就会在接线的过程中卖力不讨好了。

　　下面我们就从这几个方面入手，来讲电工新手在电气线路接线前的准备工作。但要注意的是，不能只学习理论的知识，要理论与实践相结合。要经常地动手去做，不能只是看，那样是不可能学习好的。

第1节　电工新手在电气线路接线前的准备工作

下面的有些内容在别的章节中有详细的介绍，这里只作为电工新手在接线前，应知知识集中后的学习提示。

一、对电器的了解

我们对常用电器工作的原理、结构配置、图形符号、文字符号、技术参数、型号规格、安装使用等要有一定的了解，要注意的是常用知识的了解，并不是将每一种电器全部的了解。主要是要知道怎么样去使用、去连接这个电器。

就常用的接触器来说，所要知道的内容大致就是以下这些：①接触器是一种用来频繁接通或切断较大负载电流的电磁式控制电器；②接触器主要是用来控制电动机、电热设备、照明、电焊机、电容器等设备的，控制最多的是电动机；③接触器由电磁机构、触点系统、灭弧装置及其他部件组成；④接触器有两个线圈端子，接触器的触点有主触点与辅助触点之分；⑤主触点用于主电路，主触点只有动合触点，没有动断触点；⑥辅助触点是用于控制电路中的，辅助触点是既有动合触点，又有动断触点；⑦一般的电路上3个主触点是肯定要全部接完的，但辅助触点不一定都要接完。

建议读者将第3章中的内容都这样归纳、整理一遍，这样就能够打下足够好的基础，接线时也会更得心应手。

二、对电气线路图的了解

常用的电气线路图是电气原理图、电器布置（位置）图和电气安装接线图这3种，其中最常用和最重要的是电气原理图。电气原理图中所有电器元件都是采用国家标准中统一规定的图形符号和文字符号表示的。

在接线前，一定要掌握电气原理图和电气主电路与辅助电路的相关知识，现简单归纳如下。

1. 电气原理图

（1）电气原理图即电气控制电路图的目的是便于阅读和分析线路动作程序，其结构简单、层次分明清晰，采用电器元件展开的形式绘制。

（2）电气原理图包括所有电器元件的导电部件和接线端子，但并不按照电器元件的实际布置位置来绘制，也不反映电器元件的实际大小。

（3）电气原理图一般分主电路和辅助电路（控制电路）两部分，主电路安排在图面左侧或上方，辅助电路安排在图面右侧或下方，无论主电路还是辅助电路，均按功能布置，尽可能按动作顺序从上到下，从左到右排列。

（4）电气原理图中，所有电器的可动部分均按没有通电或没有外力作用时的状态画出。

（5）电气原理图中，当同一电器元件的不同部件（如线圈、触点）分散在不同位置时，为了表示是同一元件，要在电器元件的不同部件处标注统一的文字符号，对于同类器件，要在其文字符号后加数字序号来区别。

2. 电气主电路与辅助电路的作用

（1）电气控制电路中，主电路通过的电流较大。主触点是通过大电流的部分，也是发热量较大的部分。

（2）电气控制电路中，主电路一般比较简单，就是从电源到电动机之间相连的电器元件，由组合开关、主熔断器、接触器主触点、热继电器的热元件和电动机等组成。

（3）辅助电路是电气控制线路中，除了主电路以外的电路，包括控制电路、照明电路、信号电路和保护电路等。辅助电路通过的电流较小。

（4）辅助电路中的控制电路电路中最重要的部分，它由按钮、接触器和继电器的线圈及辅助触点、热继电器触点、保护电器触点等组成。

> 在接线前一定要将常用的电器符号记牢，要注意是常用的电器符号，就是自己经常要用的、接触得多的符号，不常用的电器符号可以先放一下，今后用到时再学。

三、对常用工具的了解

电工接线的常用工具并不多，也就是螺丝刀、尖嘴钳、钢丝钳、电工刀这些。有一些工具是不常用的，如活动扳手只有在拧大螺丝时才用；试电笔在线路的接线中用的较少，一般只在维修检查时用得较多；剥线钳在较简单的电路接线，或断续的接线中很少使用，就是使用还不如用尖嘴钳剥线快，只在大批量剥线时才能发挥它的作用。

接线前要对常用工具的性能和使用的方法有一定的了解，如要针对电器的规格、接线端子等，选择合适的螺丝刀、尖嘴钳等工具。工具的规格要尽可能的准备齐全，在接线时要按不同的要求，使用不同规格的工具。不能对小规格的元器件，使用大规格的工具，反之也一样，以免造成元器件的损坏，或者是工具的损坏。不能养成将螺丝刀（起子）当凿子来使用；将活动扳手当锤子使用的坏习惯。

在接线的过程中，要学会用钳子来剥导线的绝缘层，因在实际的工作中，不一定会随时带着全套工具的。

四、对接线方法的正确选择

电气线路的连接，特别是控制线路的连接，国家没有做强制性的规定，现在主线路的线路连接没有多大的差别，但是控制电路的线路连接方式就多样化了。这是由于各人的文化水平的不同、培训学校的不同、老师教学的不同、工作性质的不同、学习时间的不同等众多因素造成的。虽说很多的人都可以将电路接出来，但接每个电路的成功率、花费的时间、所用材料的多少、线路的美观是各不相同。所以这就体现出了接线方法的重要性。掌握一个完善、实用、严谨的接线方法，对今后的电气控制的连接、控制电路的维修、控制理论的提高是大有帮助的。

在接线前，掌握正确的接线方法的重要性，就像我们在准备登山前，选择哪条路开始登山时一样。如果登山的道路选择错了，就可能会造成登山的失败。如果我们登山的道路选择对了，可能就能达到事半功倍的效果。如果你选择了一个落后的接线方法，不但达不到所预期的线路连接的目的，还可能会起到相反的作用，对于你今后的线路连接和电气维修造成相当大的障碍。

要根据自身情况选择和掌握最科学、最适合自己的接线的方法。在接线以前，先要对电路图的动作原理有个初步的了解，在不懂电路原理时，最好不要急于去接线，而是要想办法搞明白。

五、对于导线的准备

首先要说明一点：练习接线时使用的导线与实际使用的导线是不一样的。由于练习用的导线是要反复进行连接的，所以通常使用铜芯导线，一般不使用铝芯导线。而且，铝比较软，铝芯导线因此也容易折断，在用螺丝压接时，铝导线容易断在接线端子内，这对于电工新手来说是十分不利的，本来就不十分熟练，如果导线还总是折断的话，那可真是雪上加霜了。

要使用正规的国标导线，非国标导线中铜材料的杂质较多，造成导线变硬变脆，容易折断，并且导线的截面也达不到要求。

在接线开始前，一定要将接线用的导线准备好，如果是用电工实操练习柜进行练习，所使用的导线截面不能太大。因电工实操练习柜上，是使用接线端子进行接线的，而接线端子的孔径不大，所以，如果导线的截面太大，将会插不进去，就是勉强地插进去了，也会因导线的截面太大，导线比较硬，很容易损坏接线端子，并且在线路的整理时也不方便。

用电工实操练习柜进行练习时，因电动机的功率较小，电工实操练习柜的总电流不大，不用考虑导线的载流量。针对接线端子的孔径，最好使用 $1mm^2$ 的铜芯导线，这样在压线时不至因线径太小，造成导线压不紧，也不会因线径太细而容易拉断。再就是要考虑接线端子，有时要接入两根线，$1mm^2$ 的导线也容易插入，最好不要超过 $1.5mm^2$ 的导线。对于是使用多股导线，还是使用单股导线，这就可以根据各人接线的喜好了。但从接线端子用螺丝压接的角度来看，用单股导线会好一点，多股导线在螺丝压接时，导线的多股线容易被压断。

如果是直接用于电气设备上的接线，就要按照电气设备上，电器的实际电流值，来进行导线截面的配线了。在电气控制箱内的配线，主电路可按略大于负荷的实际电流值。辅助电路可用单股铜导线，控制电路可用 $1mm^2$ 的单股铜导线，以便于导线的弯折和走线。电气设备外部主令电器等的接线，可用多股铜导线，以便于在设备外各处的走线、穿管与敷设。

六、对接线工艺的要求的了解

对于接线工艺的要求，就是在接线的过程中，要达到接线工艺的标准。各种接线场合的不同，它们的标准可能会不一样，这里我们只讲一些基础的接线标准。

在接线的过程中，要按照电气接线中的相关规定，导线也要按规定使用不同的颜色，如主电路要按相序，对应相应的黄、绿、红三种颜色以区别相序。控制电路要按不同的线路区域、不同电压等级、不同的电路作用等，按要求使用不同的导线颜色来区分。在我们练习接线的过程中，不同的地区和考场，要求也会不一样，这在接线中要加以注意。

接线的过程中，要注意导线的布线整齐美观，接线中要先接主电路、后接控制电路。线路中要做到横平竖直，导线在进行转向时，要对导线进行弯角，尽量做到导线不交叉。

还有一些接线中的要求，如接线端子上不得超过两根导线；导线与接线端子接触要良好和可靠；在剥导线的绝缘层时，不能剥得太少，导线的绝缘层不得压入接线端子内；在剥导线的绝缘层时，也不能剥得太多，以免造成接线时，接线端子外的露铜太多；在导线接在不同的接线端子时，要按不同的要求进行接线，如导线作平面压接时要做羊眼圈、压瓦反圈等。再就是对于不同的线路、不同的场合、考试的要求、走线的需要等，对于这些不同的要求，要在接线的以前，要进行必要的了解，在接线中加以注意。

在线路的连接时，一定要保证导线连接的可靠性。这一点对于电工的新手来说是相当重要的，有很多的电工新手在接线时，认为导线与端子的连接差不多就行了。在有的接线端子的螺丝有问题时，就将导线随便插入孔内，在螺丝没有完全拧紧的情况下，就算导线的连接完成了。有很多人所接的线路连接完后，只要随便一碰导线就掉下来了，就是没有掉下来的线，有很多的接线端子，都是松松垮垮的，根本就没有拧紧，这将造成线路的接触不良，接触不良的故障是不太容易查出来的。很多电工新手线路接线的失败，与这一点有相当大的关系。接线达不到要求，与使用的工具规格不符，也有一定的关系，在线路的连接时要加以注意。

对于导线连接中不管是螺丝压接，还是瓦形压接，严禁采用一根粗导线与一根细导线进行压接，也要尽量避免一根单股导线与一根多股导线进行压接，以防造成线路的接触不良。对于多股导线的连接，要将多股导线拧紧后再进行连接，如有条件可将多股线头上锡后再进行连接。

电工的初学接线者，在接线前的准备工作做得越充分，就会在后面的接线过程中问题出的越少。所以，在接线的工作前，不要急于求成，不要怕麻烦，要将这些具体的要求看清楚后，才能开始进行接线的工作。接线时要按照接线的方法，有次序地进行接线，不可只图速度而不顾质量。接线前要将电路图看清楚，再确定那里要先接那里要后接，做到接线前心中有数。在线路接完后，起码要做到自己能放心。

虽说随着科学技术的发展和社会的进步，特别是 PLC 和单片机等技术的发展和普及，很多控制技术和方法有了很大的改变，但是电气设备的线路接线还是不可少的，这是电工的一个基本功，也是一个很重要的工序，电气线路如果连接不好，就会使电气设备不能正常地工作，严重时还会烧毁电气设备。所以说，不要小看了电气线路的连接很简单，但里面是有很多的技巧和窍门的，不是每一个人都能一下子就能达到标准的，不同的人接线的方式不一样，接线后的效果也是不一样的，这就要每一个人不断地去学习、去摸索，最终达到一个较高的接线水平。

第 2 节　常用的几种电气接线的方法

　　有一些电工的初学者认为，条条道路通北京，不管用什么样的接线方法，只要能将电路接出来了，就算完成任务了。有相当的人有这种想法，还没有意识到接线方法的重要性。不可否认对于简单的电路，可能你不用什么方法，不管怎么样接都可以接出来。但你要想到的是，你不可能永远都只去接简单的电路，如果遇到了复杂的电路你怎么办？

　　还有一个问题初学者并没有注意到，那就是我们在图纸上看电路的时候，还是比较容易看清楚的，可以做到一目了然，先接哪里，后接哪里，感觉上还比较清楚的。但是真正到实际接电路的时候，因电器是分散的，而且接线时是上下左右同时进行的，刚开始还能分清楚，认识还比较清晰，但是越接到后面，导线就越来越多，导线也是越来越乱，很快就不容易分清楚了，就是头脑特别清楚的人也开始产生混乱了。加上有部分初学者连图纸都没有完全理解，就开始进行接线了，就更容易犯错误了。

　　不管做什么工作，都是有一定的方法、规则、要求和技巧的。很多技术上的事情，不是通过蛮干就能完成的，不是靠自己的热情、多流点汗、多花点时间就能做到的，每一门技术的学习，都是要理论与实践相结合的，是要讲究学习的方式和方法的。

　　平常我们学习理论的时候，将配电电器、控制电器或主令电器、保护电器、指示电器等分得很清楚，但在我们接线时，就没有分得这么清楚，而是混合在一起的，在实际的应用中，没有必要进行区分。

　　本人在多年的工厂实践中，通过很多师傅的指点和自己的摸索；加上在多年的职业技能培训教学中，对众多学员电路接线的了解和观察，对于电气线路的接法有了一定的认识和了解，现将所见到的几种常用的接线方法，以及在职业技能培训机构教学中，常用的几种教学的方法综合地描述如下，接线方法的名称是本人自创或自用的，不妥之处望各位前辈和同仁见谅和指正。

　　因主电路都比较简单，所以，在介绍电气线路的接线的方法时，有的电路就没有将主电路画出来，只重点介绍控制电路的接法。

一、对号接线法

　　对号接线法主要是来应付考试的，在工厂基本无法使用，在职业培育机构却时有见到。单从实操考试的角度来说，可以说它是时间短、见效快、成功率高的一种方法；但如果从对学员认真负责的态度来说，这种对号接线法对学员的危害性则相当大。

使用对号接线法必须要有两个前提：①该方法只适应对培训的教学设备有统一要求的大城市；②要使用相同的电工操作柜，如果电器上没有相同或相似编号的话，就很难采用这种接线法。

这就是说，如果练习的时候是用一种操作柜，考试是用另外一种操作柜的话，那就无法完成接线了。笔者在 2003 年底时就遇到过，在劳动局新设的考点，因练习的操作柜和考试的操作柜不一样，很多的学员到考场后，见到考试的操作柜与学校练习的操作柜不一样，相当数量的学员当时就弃考了。

这种接线的方法，主要是依靠记忆和自己画的连接图来进行接线的。所以这种对号接线法表面上看，学员可以在很短的时间里就能应付考试，而且有相当的合格率。用此方法来教学和使用此方法接线的人不在少数。但此方法适用于简单电路的考试，如是复杂电路的考试就不太好用了，只能起到一定的辅助作用。

要掌握对号接线法，主要是记两个东西：①元器件的具体位置，就是对如断路器、熔断器、接触器、热继电器、电动机等，要知道元器件的接线端子在什么地方；②联络图，即对元器件的连接，用记忆、标注、画图等自己看得懂的方法构成的线路连接图。每个人画的联络图都不一样，很多的内容只有他们自己才看得懂，所以这里就不多讲了。

现以正向连续运转电路为例，说明对号接线法的具体要点。

1. 标号

下面电路的接线方式中，所使用的元器件上的标号是采用广东三向教学仪器制造有限公司、广东科莱尔教学仪器制造公司生产的 SX—601 型通用电力拖动技能实操训练柜。这两种类型的电力拖动技能实操训练柜，在元器件端子的标号上虽说略有差别，但都是按触点进行大小数来编号的。如接触器、继电器等的动合触点用 21、22 来表示；接触器、热继电器等的主触点，上端用 R、S、T 来表示，下端用 U、V、W 来表示，如图 5 - 1 所示。接触器的编号和按钮的编号，如果像有几个按钮的话，可用 A1、B1、C1 来表示。

控制电路元器件的标号如图 5 - 2 所示。熔断器的两端为 L1、L2；第 1 个红色停止动断按钮为 A1、A2；第 8 个绿色启动动合按钮为 H3、H4。接触器的线圈上下各一根黑色线 A1、A2；接触器辅助动合触点为绿色的 21、22 或 31、32；接触器辅助动断触点为红色的 13、14 或 43、44；热继电器动断触点为 95、96 等。

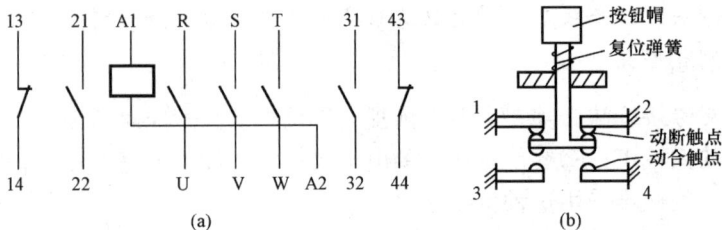

图 5-1 接触器和按钮的标号

（a）接触器的标号；（b）按钮的标号

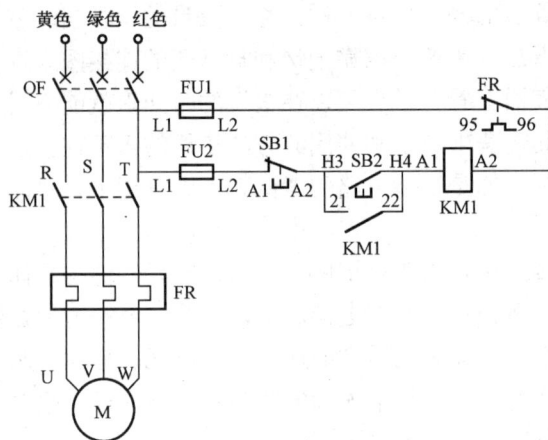

图 5-2 控制电路元器件的标号

2. 主电路的线路接线

（1）断路器 QF 的黄 U、绿 V、红 W 3 个接线端子→接触器 KM1 上面的主触点黄 R、绿 R、红 T 3 个接线端子；

（2）接触器 KM1 下面的主触点黄 U、绿 V、红 W 3 个接线端子→热继电器 FR 上面黄 R、绿 S、红 T 3 个接线端子；

（3）热继电器 FR 下面黄 U、绿 V、红 W 3 个接线端子→电动机的 U1、V1、W1 3 个接线端子；

（4）电动机另外 3 个端子 U2、V2、W2 接线端子用导线连接起来；

这样主电路就完成了，主电路是极少接错的，如果有电流互感器或灯泡等其他电路再记住一下就可以了。

3. 控制电路的线路接线

（1）断路器 FU1 的 L2→热继电器 FR 的动断触点 95。

（2）热继电器的动断触点 96→接触器 KM1 线圈的黑色线 A2。

（3）接触器 KM1 线圈的黑色线 A1→绿色启动按钮 SB2 的动合触点 H4。

（4）绿色启动按钮 SB2 的动合触点 H3→红色停止按钮 SB1 的动断触点 A2。

（5）红色停止按钮 SB1 的动断触点 A1→断路器 FU2 的 L2。

（6）将接触器 KM1 的动合触点 21、22 并联到绿色启动按钮 SB2 的动合触点 H3、H4 上。

对号接线法的特点是：按照练习柜上的编号，进行线路的连接，简单的电路图半小时就能完成。稍微复杂的图，配合自己画的接线图一个小时内就可完成。只要记住了这些内容，再练习几遍，一个小时以内就可完成线路的连接，考试过关是没有问题的。但如果有的柜子内的颜色或编号，如果被别人搞混了，那就没有办法完成了。

TIPS▶
不懂原理的后果

在电工操作证的考试时，就发现有的考生在接上面的图时，就是单向正转连续运转电路。接线完成后，闭合断路器 QF 后，还没有去按按钮，电动机就立即转动起来了。

这个问题处理起来很简单，就是按钮的动合触点接成动断触点，或者是接触器的辅助动合触点接成辅助动断触点，电路失败的原因很简单，就是有的电工操作柜，接触器的辅助动合触点，所用的颜色正好与他练习用的柜子相反，即红色导线变成了绿色导线，采用对号接线法的学员，通常是只认颜色，不认标号的，所以就会出问题了，并且就是查不出原因来。如果能在接线前将所用的触点用万用表测量一下，接线的成功率就会高很多。

笔者在教学的过程中，发现还是有部分的人在开始接线时，总喜欢拿笔画接线的连接图，按着连接图进行线路的连接。还有一些自学的人，也用这种自己看得懂的接线图进行接线。但是这种方法可以说是有百害而无一利的。学员就是拿到了电工操作证，真正进到了工厂企业后，不要说是工厂里较复杂的电路了，就是简单的电路图也是无法完成的，可以说是只有从头再学起。

下面介绍的接线方法与对号接线法有着本质上的区别。这种方法在接线前，要进行一些元器件方面的学习，要对电路图的原理进行了解，有的还要对接线的方法进行学习，还有其他接线时的注意事项等。基本上是以原理接线为主，具体采用何种方法，大家可以根据自身的情况来选择。

二、转圈接线法

主电路的接线方法比较简单，很少有人接错主电路。大部分的人都是先接主电路，后接控制电路，并按动作顺序进行接线。只有个别的人是按相反的方法进行接线的。所以我们在后面的电路里，都是将先接主电路作为第一步。

下面以正反转控制电路为例介绍转圈接线法，电路如图5-3所示。

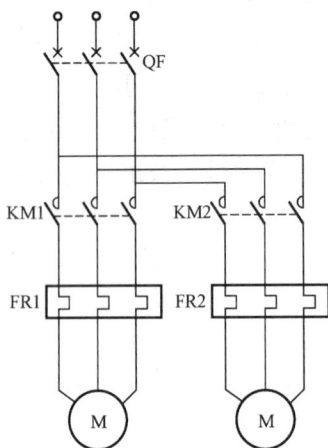

图5-3 正反转控制电路

先要看清楚主电路接触器KM1与KM2上端主线路的连接，接触器KM1上端的第一相线，是接到KM2上端的第三相线上的；接触器KM1上端的第二相线，是接到KM2上端的第二相线上的；接触器KM1上端的第三相线，是接到KM2上端的第一相线上的。接触器KM1与KM2下端主线路的连接，是对应连接不换向的。这就是我们所说的正反转主电路的换向，也就是我们实际工作中常说的"接触器主电路线路的上换下不换"。因在实际的接线工作中，电气控制箱的高度都不是很高，接触器上面端子的线容易看清楚，接触器下面端子的线不太容易看清楚了。所以，主线路的换向

都是在接触器的上端进行换线的。但要注意主电路接触器的上端换向后，接触器的下端就不能再换向了，不然就又换回去了，等于没有进行换向了。

在接线前要说明一点，在解释接线的具体过程时，有时是要用标号码的，但这不是要你们来进行对号接线，而是要说明要接那个端子。有时是用元器件在电路图上的左端和右端来进行说明，要接这个触点、线圈、熔断器等端子的位置，是为了便于将电路接线解释得更加清楚，这一点希望在看具体接线步骤时加以注意。

转圈接线法的主要特点就是：接线时从电路的这一头接到另外一头，然后再对于不能转圈的分支部分，再进行相应的连接。转圈接线法也分两种，一种是往一个方向转圈，另一种则是往两个方向转圈，下面分别介绍。

1. 往一个方向转圈

将线路分为若干个环路，从线路的一头开始，将环路的元件依次进行连接，接到另外一头后就再返回来。继续从这一头开始接线，将另一环路的元件依次进行连接，接到另外一头后，就再返回来。对于每一环路的分支线路，按

自己的方法将分支部分接上，直至线路完成。

停止按钮用红色按钮动断触点的 B1、B2，启动按钮用绿色按钮动合触点的 G3、G4 与 H3、H4，具体的接线用图 5-4 进行解释。

接线的具体过程如下：

（1）从两个熔断器的任意一个开始，我们还是从上面的 FU1 开始，从熔断器 FU1 右端→热继电器 FR 的辅助动断触点左端；

（2）热继电器 FR 的辅助动断触点右端→到接触器 KM1 线圈的右端；

（3）接触器 KM1 线圈的左端→接触器 KM2 的辅助动断触点的右端；

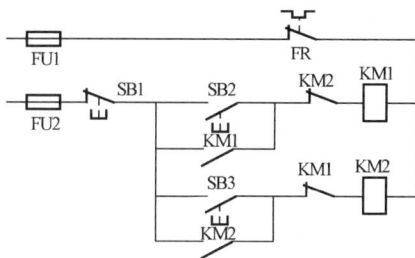

图 5-4　往一个方向转圈

（4）接触器 KM2 的辅助动断触点的左端→按钮 SB2 动合触点右端；

（5）按钮 SB2 动合触点左端→按钮 SB1 动断触点右端；

（6）按钮 SB1 动断触点左端→熔断器 FU2 右端；

（7）将接触器 KM1 的辅助动合触点的二端并到→按钮 SB2 动合触点二端，返回原起点的最近端。

（8）接触器 KM1 线圈的右端→接触器 KM2 线圈的右端；

（9）接触器 KM2 线圈的左端→接触器 KM1 的辅助动断触点右端；

（10）接触器 KM1 的辅助动断触点的左端→按钮 SB3 动合触点右端；

（11）按钮 SB3 动合触点左端→按钮 SB1 动断触点右端；

（12）再将接触器 KM2 的辅助动合触点的二端→并到按钮 SB3 动合触点二端；

至此，控制电路的接线就全部完成了。

2. 往两个方向转圈

将线路分为若干个环路，从线路的一头开始，将环路的元件依次进行连接，在接到另外一头后，就不再返回来。而是从另一环路端又开始，继续将另一环路的元件依次进行连接，接到另外一头后，就从另外一端又开始进行。对于每一环路的分支线路，按自己的方法将分支部分接上，直至线路完成。

停止按钮用红色按钮动断触点的 B1、B2，启动按钮用绿色按钮动合触点的 G3、G4 与 H3、H4，具体的接线用图 5-5 进行解释。

接线的具体过程如下：

（1）从两个熔断器的任意一个开始，这里还是从上面的 FU1 开始，从熔

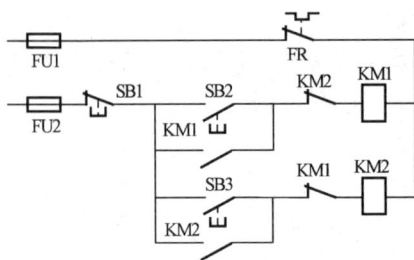

图 5-5　往两个方向转圈

断器 FU1 右端→热继电器 FR 的辅助动断触点左端；

　　（2）热继电器 FR 的辅助动断触点右端→到接触器 KM1 线圈的右端；

　　（3）接触器 KM1 线圈的左端→接触器 KM2 的辅助动断触点的右端；

　　（4）接触器 KM2 的辅助动断触点的左端→按钮 SB2 动合触点右端；

　　（5）按钮 SB2 动合触点左端→按钮 SB1 动断触点右端；

　　（6）按钮 SB1 动断触点左端→熔断器 FU2 右端；

　　（7）再将接触器 KM1 的辅助动合触点的二端并到→按钮 SB2 动合触点二端，注意这里就不是返回了，而是从按钮 SB2 动断触点的左端向下开始往回转；

　　（8）按钮 SB2 动断触点的左端→按钮 SB3 动合触点的左端；

　　（9）按钮 SB3 动合触点右端→接触器 KM1 的辅助动断触点左端；

　　（10）接触器 KM1 的辅助动断触点的右端→接触器 KM2 线圈的左端；

　　（11）接触器 KM2 的辅助动合触点的右端→并到按钮 SB3 动合触点的右端；

　　（12）接触器 KM2 线圈右端→接触器 KM1 线圈右端。

　　至此，控制电路的接线就全部完成了。

　　转圈接线法，还是有很多缺陷的，主要是我们所用的电路图，不是很规则的圆形或者方形的，大部分都是不规则的图形，这就要想办法来解决线路连接的先后问题，大部分的人是靠记忆、习惯、注释等来完成的，这在电路较简单的时候问题还不大，但电路较复杂的时候就难免会出错了，常会出现重复接线和漏线的情况，严重的还会发生短路的故障。

三、先串后并接线法

　　先串后并接线法与转圈接线法相比，有一些不同的地方，最大的区别在于，它是以串、并联为主，然后才是按圈走的。具体方法是：按照图纸从上到下或从左到右顺序，先进行串联连接，遇到并联时，不管有多少并联，一次将并联的接完，再按顺序一步步地接完。电路的主电路比较简单，我们这里就不再进行重复了，这里以控制电路来进行说明，具体的接线用图 5-6 进行解释。停止按钮用红色按钮动断触点的 A1、A2 与 B1、B2，启动按钮用绿色按钮动合触点的 G3、G4 与 H3、H4。

具体的接线过程如下：

（1）从两个熔断器的任意一个开始，这里就从上面的 FU1 开始，从熔断器 FU1 右端→热继电器 FR 的辅助动断触点左端；

（2）热继电器 FR 的辅助动断触点右端→到接触器 KM 线圈的左端；

图 5－6　先串后并接线法

（3）先将按钮 SB3 动合触点、按钮 SB4 动合触点、接触器 KM 的辅助动合触点先进行并联，即将按钮 SB3 动合触点 G4、按钮 SB4 动合触点 H4、与接触器 KM 的辅助动合触点的一端联接，按钮 SB3 动合触点 G3、按钮 SB4 动合触点 H3、与接触器 KM 的辅助动合触点的另一端连接；

（4）然后将并联后的一端接到→接触器 KM 线圈的左端；

（5）并联后的另外一端→按钮 SB2 动断触点右端；

（6）按钮 SB2 动断触点另左端→按钮 SB1 动断触点右端；

（7）按钮 SB1 动断触点另左端 A1→熔断器的右端。

至此，控制电路就的接线就全部完成了。

先串后并接线法的特点是：按线条的顺序为主来进行接线，这种接线的方法对于有的图比较适应，比较好接，但对于有异形的图就不是很适应了。

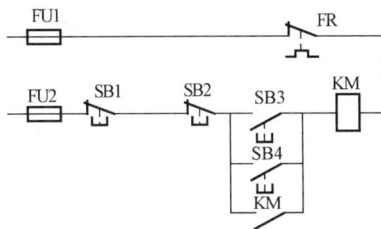

四、两端渐进法

两端渐进法最大的特点是将控制电路图分成了两部分，分开的点是选在动合触点的部分，从两边开始进行线路的连接。下面以正反转电路为例子说明具体的接法方法和特点，如图 5－7 所示。图中在电器动合触点的地方，用虚线进行了电路两部分的划分，在接线的过程中，是以虚线分为左右两部分的。在实际的线路连接的过程中，除了动合触点是其主要的特征外，从哪里开始接线，并没有强硬的规定，每个人在接线时都有不同的地方。线路的具体线路的连接，这里就不细说了，大家在学看过前面的内容之后，应该能够理解接线的过程，自行完成接线。

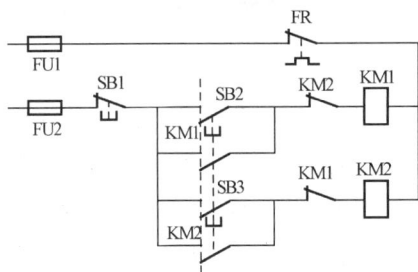

有的人是将虚线一边的一条线先接完，再去接虚线另一边的线路，然后再重复接下面的一条线路；不过一般大多

图 5－7　两端渐进法

数的人是从左到右接到虚线处，然后又从右到左接到虚线处，再依次地向下接完；还有个别人是先将虚线的左边的线路，全部连接完以后再连接虚线右边的电路。但是总之，这种接线的方法，是不能进行复杂电路的连接的，不然错误率会很高。

对号接线法和转圈接线法这两种接法，从使用的人数来说，特别是对刚接触电工知识或初学的新人来说，所占的比例达到半数以上。这和我们的日常生活中养成的自然习惯有很大的关系，我们一般做事情都养成了从上面开始做到下面结束、从左面开始做到右面结束、从右面开始做到左面结束等习惯，饭要一口口地吃，路要一步步地走，接线要一个元件一个元件地接，这个思维方式本身并没有错。所以很多初学电工的人，就是按这种思维来考虑接线问题的。

转圈接线法、先串后并接线法及两端渐进法这几种接线方法，针对不同的电路形式，有的接线法比较好接，有的接线法就不太适应，要依靠各人的不同的记忆，不同的方法去处理。这也就说明上述的几种接线法，都存在一定的缺陷，在接线的过程中，很容易引起接线上的错误，造成接线时的混乱。在接线的过程中，开始时都不容易出现错误，但随着线路的增多，特别是在接线过程的后期，很多的人都不知道自己已经接到那里了，那些线是接过了的，还有那些线没有接，线路中出现漏线和重复接线的现象，而造成了线路接线的失败。

下面介绍的五步接线法是针对上述的几种接线法的缺陷而设计的。五步接线法的特点是：接线时有步骤的进行，对接线时容易出错的地方，采用了预防的措施，不管线路有多复杂，线路有多少线，在接线的过程中，都知道自己接到什么地方了，还有多少线就接完了。并且在接线的过程中，不管你什么时候停下来，去干什么事，去了多少时间，回来后不用查线，就又可以重新开始，完成这个接线的工作。

五、五步接线法

五步接线法是笔者在很多前辈的帮助和指导下，结合在自己多年的维修现场工作中的经验积累，通过各种接线方法优劣的比较，并在多年的职业培训教育中，对大量初学电工学员的了解和探讨，摸索出的一套较完善的接线方法，以供大家来参考。具体的电路接线规则，可用下面的五句话进行概括。

先主电路后辅助电路

从上到下、从左到右
以能耗元件为分界点
接线中遇点优先连接
各单元电路依次接完

1. 先主电路后辅助电路

这与工厂电路的线路连接是一样的，做到培训时的学习与工厂的实际同步。本人在职业培训的过程中，发现很多人接线是没有顺序的，包括很多的老师也没有进行具体的指导，造成学员在接线时的混乱，使得很多人误认为，只要将电路的线路接完了，按下按钮后，只要能够按电路图的要求动作，就算接线任务完成了。

从表面上来看，线路能够按电路图的要求来动作，电路应该就是完成了。但这样到了工厂的实际工作中就会出问题了。因在工厂的线路接线中，因主电路的电流较大，所用的导线截面也较大，导线的发热量也是最大的。所以，在线路的安装布线时，是最先进行安装的，并且不允许其他的线与主线路进行交叉的。

如果没有一个接线顺序，在线路的安装布线时，如果辅助电路先接，到接主电路时，辅助电路必然会与主线路发生冲突，到那时再进行改线，就不是那么容易了。如果采用主、辅电路进行交叉接线，那就会更加混乱了。

2. 从上到下、从左到右

这就是说在接线的过程中，要有一个接线的顺序，要固定一个方向。在接线的过程中，要知道自己现在是接哪一根线，下一步又要接哪一根线，按照图纸和接线的要求，一步步地接下去，这样在接线的过程中才不会产生混乱。在接每一根线时，都知道自己接到了什么位置，完成了多少接线。要在接线的过程中，保持一个清醒的头脑和思路，明明白白地按顺序完成接线的工作。

另外要注意的是，"从上到下"是以单元电路来讲的，如主电路接线时，接线要从上到下进行，辅助电路单元也是从上到下来接线的。"从左到右"也是以单元电路来讲的，这里就不重复了。

另外，现在图纸上的控制电路，有横画和竖画两种方式。如果是竖画的控制电路就是用"从上到下"，如果是横画的控制电路就是用"从左到右"了，在使用中对于"从上到下、从左到右"的原则，要针对电路的不同的画法来灵活地运用。

3. 以能耗元件为分界点

这主要是针对辅助电路而言的，也就是主要是针对各种电器的线圈，如接触器的线圈、继电器的线圈、时间继电器的线圈等。

为什么要"以能耗元件为分界点"呢？主要是考虑到要避免线路的短路，

我们在接线的过程中，发现很多人在接线中会频繁地发生线路短路的现象。经调查，笔者发现一般人在接线的过程中，都习惯各种电器线圈二端的接线是同时进行连接的，经常是两根线混合连接的，稍不注意就造成了短路，接完线后也不检查，打开电源就短路，自己查半天都找不到地方。

为了避免短路的现象的发生，就规定了"以能耗元件为分界点"，能耗元件两边的线分开接，也就是线圈两边的线分开接，都是以线圈为界，这样就不可能发生短路的事故了。

4. 接线中遇点优先连接

先要清楚什么是点？两根以上导线的连接点才叫点，或者说是三个以上元件连在一起的端子就叫点。因电气线路不是一个正方形或圆形，是很不规则的，即有并联又有串联的关系，串联还好办一点，一根根的连过去，但并联就要另外加上去了，稍不注意就很容易并错线，这在实际的接线实践中已经得到了印证。所以，就要在这个点上加以注意并得到解决，电气线路的连接错误基本上就是错在这个点上。

线路中接头的点数是固定的（各电器元件上接线端子的数量），那就是一个按钮、线圈、触头都是两个头，接头数是不可能多，也不可能少的，接头的点数不接错，线路也就绝对不会错。所以，很多人对于要求接完一个点后，要去数每一个点上接头的点数不理解，有的人根本就不去数。这里我告诫一下，如果你连数接头的点数，这么简单的工作你都不去做，那你就准备去长时间的盲目地去查线吧。为什么有的人接完线后，线路出了问题，查了一、二个小时都没有检查出问题来，就是这个原因。所以，要学会数一二三四，虽说在简单的电路上其作用不是很明显，但对于复杂的电路来说，查线就相当的困难了，这时就会体现出它的优势来了。

> **TIPS▶**
> **不允许在接完的线上再加线**
>
> 在接线的过程中，一定要注意前面接完的线就是接完了，绝对不允许在接完的线上再加线。有的人在接线的后期，发现有的线不知道接到什么地方了，就凭感觉接在原来已经接完了的线上，这就是加线。原来接过的线都是完成了的线，如果再加一根线，就肯定是错的了。所以，在线路连接的过程中，往接完的线上进行再加线是绝对要禁止的。

采用五步接线法可以真正做到在接线的每一步都心中有数，不会在接线的过程中，出现乱线、漏线、短路、重复接线的问题，更不会出现接线的过程中，不知道线接到什么地方了，接线的后期线接不下去了的现象。长期进行线路的连接，就会养成一个线路连接的习惯，这习惯就是你线路连接的方法了。

五步接线法还有一个最大的优点就是在接线的过程中，就已经对线路进行了校对和检查，电路接线完成了，就是电路检查也完成了。接线中的倒查功能，就是说在接线的过程中，能通过每一步的接线，检查并发现上一步的接线是否正确，这说没明没有必要在接完线后，再进行线路的检查了，这可节省大量的检查时间。具体的过程，可从下例进行说明：如果你在前面的一步接线时，你图纸看错了或接线接错了，如错将动合触点接成了动断触点，但在下一步的接线中，你就无法再进行接线了，因你找不到一个端子已经接过线的动合触点头了，这时你就要反应过来，前面一步的接线肯定是出错误了。反过来也一样，如果这个动合触点在图纸上，是没有接线的，但你接线时发现，这个动合触点一个端子已经接了一根线了，那就肯定不是你要接的动合触点，是前面的线接错了。这时你只有将前面接错的线改过来，你才有可能接后面的线。因为人一般不会同时二次将图纸看错或将线接错的，有的人可能会问，如果第二次又看错了怎么办？那就没有办法了，说明你还没有掌握接线的方法，还要加强练习。如果一个人在同一条道路上的同一个坑内，你能连续掉下去两次，也就没有人救得了你了。

在本章第 3 节将会详细讲解这种五步接线法的具体接线步骤。这也是笔者推荐大家学习和掌握的接线方法，最好从现在开始就尽量使用。这样，到了工厂企业后，便能够较快地掌握和熟悉电气设备的线路，在较短的时间内步入维修的正轨。

第 3 节　手把手教你接电气控制线路

作为一个职业技能培训的教师，笔者最大的愿望就是让自己所教出来的学生，到了工厂企业后，能够在较短的时间内能有一定的作为，而不是只为了考试过关而单纯地去拿到证。我们现在学习线路的连接，对各种电路图进行反复地接线的练习，就是为了今后到工厂企业后，在接线的速度上能快一点，能尽快地进入到维修的最佳状态。但如果你现在学习和使用的接线方法，与到工厂企业所用的电气线路，是不相同的方式。你说你就是现在将线路连接出来了，到了工厂企业后，你又怎么样去进行接线和维修的工作，如果人形成了一种习惯后，再要将它改过来，是要花比以前更多的时间的。所以，在开始学习之初，不要太心急，一定要选择一个比较好的、适用的接线方法。

　　"五步接线法"的线路连接，与工厂企业内的电气线路，在线路的连接、线路的走线、线路的标号习惯是完全相同的，是按照生产第一线的实际工作来进行学习的。所以说，这种"五步接线法"的接线过程，与工厂企业内的线路基本上是一样的，在进行线路检查的时候，特别是在今后的维修的过程中，比采用别的接线方法来说，可以节约大量的时间，并能够减少线路连接中的错误率，更贴近实际操作的现实情况。

　　有的人认为，电气线路的连接是很难的事情，自己从来没有接触过这一方面，从来没有接触过这种电气线路。其实这是个误解，电气线路的连接，并没有想象中的那么难学习，也没有那么复杂，其实与我们平常的接线是一样的，所不同的是，你没有接触过这方面的电器而已。所以，要先将线路中的电器做一个了解，再选择一个正确的接法方法问题就解决了。

　　这里举个例子，如让你给五户人家安装自来水管子，告诉你安装的起点，你肯定会认为这是很简单的事了，不要别人来教，你肯定就能完成。但安装起来就有几种方式，如图5-8所示，这两个连接图都将起点与五个用户连接起来了，但很容易地就会看出，肯定是左面的连接方式最省材料，连接的线路也最短，你肯定会选择左面的连接方式的。但有一点是要肯定的，不管是哪种连接的方式，这五家现在都已经通水了。但

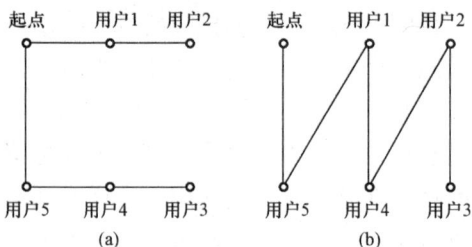

图5-8　安装自来水管的例子

你不能将水管接到其他的人家去了，线路连接中的这种现象就叫做错线。

　　电气线路的连接，也与上面的连接水管是同样的道理。但要注意的是，电气线路的连接就没有接水管那么直观和清晰。电气线路的连接时，线路的导线会多一点，线路的结构也会复杂一点。但归根结底只要将应该连接起来的线连接起来就可以，不管采用什么方式都可以。开始进行线路连接时，要求不能太高，只要能将线路连接对了就可以了，但你不能去乱连接。

　　下面就来详细介绍笔者推荐的"五步接线法"。让我们先解决将线路连接正确的问题，然后再考虑线路接线质量上的提高问题。

TIPS▶ 接线前的准备

　　在准备接线前，一定要养成在电路接线前的检查习惯。就是对电路所需

要使用的元器件，用万用表在接线前全部测量一遍，判断全部的元器件是否有问题。这个测量是很有必要的，有很多的人在接线出问题后，不知道是什么地方有问题，就到处都怀疑。如果你在接线前，将元器件都进行测量了，那检查的目标就缩小了，肯定是线路上那里接错了。在接线前将元器件检查一遍，如果发现有问题的元器件，当时就更换掉了。如果是接线后才检查出元器件有问题，就要将接上的线全部拆掉后，才能进行更换，这样就浪费时间了，而且对在线电路的状态下进行测量时，有些数据还不容易测量准确。所以，在电路接线前的检查是很有必要的，对于电工来说一定要养成这个习惯。

下面通过常用的正反转控制电路，用"五步接线法"作详细的具体接线步骤说明。

一、横画

控制电路图的控制电路有横画与竖画两种，我们先讲解横画的控制电路。

首先是"先主电路后辅助电路"，主电路的接线因比较简单，这里我们就不讲了，我们就从辅助电路开始了。

下面的是"从上到下、从左到右"，这就是说电路的接线，是遵循从上面开始接线，然后依次向下的原则。那这里就是从上面的，第一条线控制线开始的。

这里要说明一点的是，一般在工厂内的接线，是从控制电路的一个熔断器开始，将热继电器的辅助动断触点，与所有的同电压的能耗元件，即接触器、继电器的线圈，全部连接在一起的，是采用串接的方式，一次性全部连接完的。如果有几个热继电器的话，对于热继电器的辅助动断触点，在线路的连接时，是采用依次将各热继电器的辅助动断触点进行串联连接的。这在控制电路的设计上也是这样要求的，因在一台电气设备上有几台电动机在工作，如果有一台电动机出现了故障并保护跳闸，就不可能完成全部的加工程序了，就不允许继续再进行加工工作了，要排除故障后才能再进行加工的任务。要注意的是，这些线路的连接都是属于同相电源的，这些线路接完后，是不允许任何其他的线再加在此电路上的，以防止控制电路的短路，这是一个规定，也是必须要做到的。

控制电路图如图5-9所示。

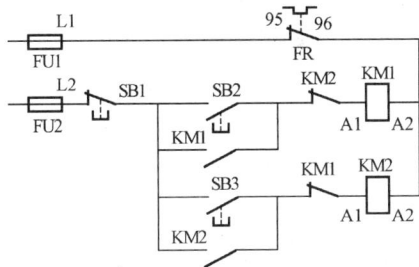

图5-9　控制电路

　　按钮的选择：停止按钮用红色按钮动断触点的 B1、B2，启动按钮用绿色按钮动合触点的 G3、G4 与 H3、H4，要注意这里不是用控制按钮的编号来对号接线的，是为了从文字的表达清楚来考虑，不是要你们在实际接线时，按照元器件的编号来接线，这一点在实际接线的时候，要加以注意。

　　1."能耗元件"右面的接线

　　按"从上到下、从左到右"、"以能耗元件为分界点"的原则，"能耗元件"右面的接线具体的线路连接如图 5-10 和图 5-11 所示。

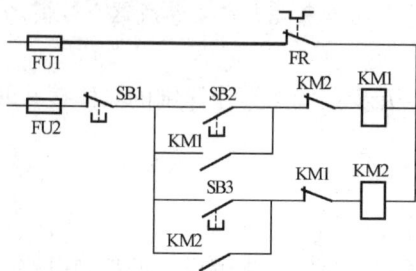
图 5-10　步骤 1

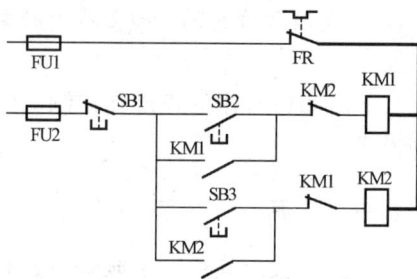
图 5-11　步骤 2

　　（1）熔断器 FU1 的右端→热继电器 FR 动断触点的左端（就是用一根导线将熔断器 FU1 的右端与热继电器 FR 动断触点的左端连接起来。另外，要特别注意电路图中的粗实线，即为本步骤所要连接的线，下面的就省略此解释）；

　　（2）热继电器 FR 动断触点的右端→接触器 KM1 线圈的右端；

　　（3）接触器 KM1 线圈的右端→接触器 KM2 线圈的右端。

　　到此控制电路电源右面的一相就接完了。

　　这一相的电路相当简单，我们在维修时进行区别时，也很容易地找到这一相的电路，以便于区别另外一相的电路。为什么不向别的地方接线了，这就是遵循"以能耗元件为分界点"的要求，能耗元件另一方面的元器件，是下一步的任务了。

　　在线路连接的时候，我们遵循"以能耗元件为分界点"的要求，将上面的能耗元件右面一相的电路接完了，在接到"接触器 KM2 线圈的 A2 端"时，电源右面的接线就完成了，但绝对不允许跨过线圈，现在就完成了"以能耗元件为分界点"的要求。

　　2."能耗元件"右面的接线

　　按照"从上到下、从左到右"、"接线中遇点优先连接"的原则，来连接"能耗元件"左面的线路，具体的线路连接如图 5-12 所示。

这种"五步接线法"的另一个特点为：就是这种接线法接线的转移和结束，是以接到线圈（能耗元件）为界限的。如果在接线的过程中，只要接到线圈（能耗元件）后，就没有其他的线要接了，即接到线圈（能耗元件）就停止了，也就是这根平直线路的接线结束了。如果接到线圈（能耗元件）后，还

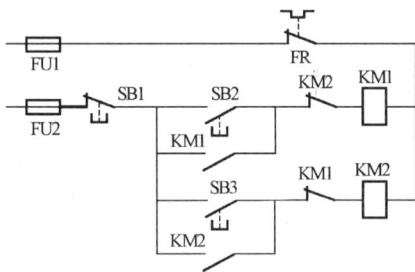

图 5-12　步骤 4

有其他线路还要接，那就要从下一条线开始，按"从上到下、从左到右"继续接下去，直到接线的结束。

线路导线的连接，就是从电器的一个端子，连接到另外电器的一个端子上，这种连接是用一根导线进行的连接，称为单根导线的直接连接，单根导线的直接连接，就只有一种接法。如果是几个电器的端子，要将它们连接在一起，这种连接称为多根导线的串接。但多根导线的串接，就有哪个端子先接，哪个端子后接的关系了，这个多根导线与多个端子的连接，就是我们所称的"点"。在"五步接线法"中的"接线中遇点优先连接"中，就是讲的这个"点"。

在电气线路连接这个"点"的时候，一定要对"点"要了解清楚。在"点"的连接中要做到：在看图纸时要将"点"看明白；在线路连接时要将"点"连接对；线路连接完以后要将"点"数清楚。为什么很多的人线路总是连接错了，其实他关键的问题，就是出在这个"点"的连接上。如果你将"点"的连接搞清楚了，你的线路连接也就完成一大半了。记住"点"不接错，线路就不可能接错。

（1）熔断器 FU2 的右端→红色停止按钮 SB1 的动断触点的左端。

（2）"点"的连接：①红色停止按钮 SB1 动断触点的右端→绿色启动按钮 SB2 动合触点的左端；②绿色启动按钮 SB2 动合触点的左端→接触器 KM1（自锁）动合触点的左端；③接触器 KM1（自锁）动合触点的左端→绿色启动按钮 SB3 动合触点的左端；④绿色启动按钮 SB3 动合触点的左端→接触器 KM2（自锁）动合触点的左端。这样这 5 个元器件端子的"点"就一次连接完了，见图 5-13。

这里一定要记住，这 5 个接线端子

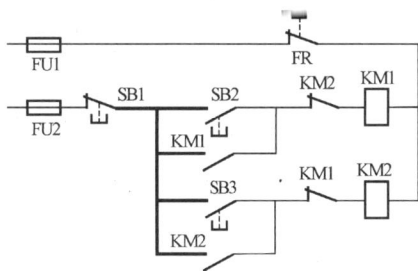

图 5-13　步骤 5

是一个"点"，要"接线中遇点优先连接"。接线时要看清楚，这是要一次性接完的，这个"点"的 5 个接线端子，连接完了以后，才能进行后面的线路连接。

在这里要强调的是，要学会数 1、2、3、4，在接完每一个"点"的时候，都要将这个"点"数一下，是否是你要连接的端子数量。如果少了一个端子，那你后面的电路，就会多一个端子。如多了一个端子，那你后面的电路，就会少一个端子。那你接的这个电路，就不是你现在的这个电路图了。

所以，在接每一个"点"的时候，一定要看清楚图纸。为什么很多的人容易接错电路，就是错在了这个"点"上。不管多复杂的控制电路图，只要你的每一个"点"没有错，就很难接错线了。在接完每一个的"点"后，花几秒钟的时间，数一下 1、2、3、4，是会对你今后的接线与维修，产生意想不到的效果的，这在你工作多年以后，就一定会体会到它的用处了。

这个"点"的 5 个接线端子，先接哪一个端子，后接哪一个端子，没有多大的关系，现在暂时不去考虑，因这只是线路连接的美观问题了。这个"点"在工厂企业电气设备的接线图上，就是线路的同一个标注的符号，如这个点是"13"的编号号码，那这所有的 5 个元器件的端子，都是"13"的编号号码，这与我们在实际工作中的符号是一样的，这也便于今后到工厂企业的实际操作。

（3）这 5 个端子连接完后，按照"从上到下、从左到右"、"接线中遇点优先连接"的原则，继续从绿色启动按钮 SB2 的动合触点 G4 开始接线，注意这又是一个"点"，接线如下：①绿色启动按钮 SB2 动合触点的右端→接触器 KM2 动断触点的左端；②接触器 KM2 动断触点的左端→接触器 KM1（自锁）动合触点的右端，见图 5-14。

（4）还是按照"从上到下、从左到右"、"接线中遇点优先连接"的原则，下一步向右进行线路的连接，即将 KM2 辅助动断触点的右端，与接触器 KM1 线圈的左端连接起来，见图 5-15。

这一步结束后，线路接到接触器 KM1 的线圈，根据"以能耗元件为分界点"的原则，说明要向下一条线路转移了。

（5）上面的线路接到了能耗元件，现在就已经是向下转移了，现在又遇到的是一个 3 个端子的"点"，那就要将

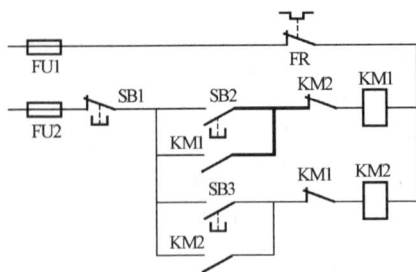

图 5-14　步骤 6

这个"点"一次接完后，才能向右移动。还是按照"接线中遇点优先连接"的原则，继续从绿色启动按钮 SB3 的动合触点 G4 开始接线：①绿色启动按钮 SB3 动合触点右端→接触器 KM1 动断触点的左端；②接触器 KM1 动断触点的左端→接触器 KM2（自锁）动合触点的右端，见图 5-16。

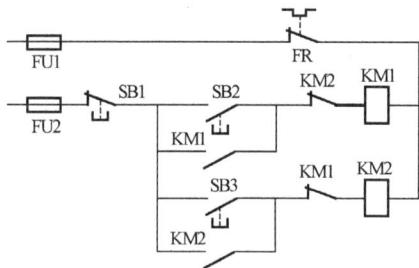

图 5-15　步骤 7

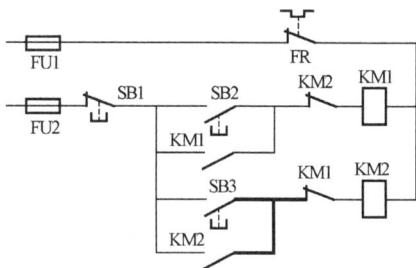

图 5-16　步骤 8

（6）"点"的线路连接完成，又继续向右移动，这一步又是只有一根连接线，就是将 KM1 辅助动断触点的右端，与接触器 KM2 线圈的左端连接起来就可以了，见图 5-17。

到这时全部的控制电路就完成了，如果还有其他的单元电路，就按照"各单元电路依次接完"的原则，还是按照

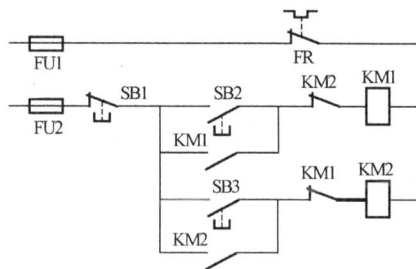

图 5-17　步骤 9

"从上到下、从左到右"、"接线中遇点优先连接"的方法，将各单元电路依次地接完。因其他电路较简单，这里就不多重复了。

从上面这个例子我们可以看出，采用五步接线法，再复杂的电路图也不会造成混乱，不管什么时候停下来，不管中间间隔了多久，只要在图上做个记号，下次立即就能接着上次的接线，完成这个电路图。

　　"五步接线法"，在接比较简单的电路图时，好像没有别的接线方法接得快，学习起来好像有一些要求，但它最大的优点，是电路的成功率相当高，如果能熟练掌握"五步接线法"的要点，可以说线路的连接可以做到百分之百的成功率。

二、竖画

下面讲解竖画法时的五步接线法。

采用竖画和采用横画相比，线路的连接变化不是很大，只是"从上到下、

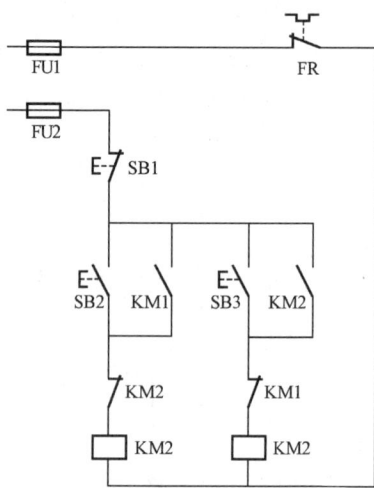

图 5-18 竖画的控制电路

从左到右"的用法次序上有不同，下面就具体地说明一下。主电路不多讲了，主要介绍控制电路，如图 5-18 所示。

还是按照"从上到下、从左到右"、"以能耗元件为分界点"、"接线中遇点优先连接"的原则不变，按顺序进行连接，这里就不做细节的描述了。不管电路图是横画的、还是竖画的，上面详细的接线步骤，是一模一样的，这里只是做接线方向的解释，具体步骤大家可以对上面的对比一下，就会搞清楚了。

1. "能耗元件"下面的接线

（1）熔断器 FU1 的右端→热继电器 FR 动断触点的左端；

（2）热继电器 FR 动断触点的右端→接触器 KM1 线圈的下端；

（3）接触器 KM1 线圈的下端→接触器 KM2 线圈的下端。到此控制电路电源右面的一相就接完了。

2. "能耗元件"上面的接线

（1）断路器 FU2 的右端→红色停止按钮 SB1 的动断触点的上端。

（2）5 个元器件端子的"点"：①红色停止按钮 SB1 动断触点的下端→绿色启动按钮 SB2 动合触点的上端；②绿色启动按钮 SB2 动合触点的上端→接触器 KM1（自锁）动合触点的上端；③接触器 KM1（自锁）动合触点的上端→绿色启动按钮 SB3 动合触点的上端；④绿色启动按钮 SB3 动合触点的上端→接触器 KM2（自锁）动合触点的上端。

（3）3 个元器件端子的"点"（KM2）：①绿色启动按钮 SB2 动合触点的下端→接触器 KM2 动断触点的上端；②接触器 KM2 动断触点的上端→接触器 KM1（自锁）动合触点的下端。

（4）3 个元器件端子的"点"（KM1）：①绿色启动按钮 SB3 动合触点下端→接触器 KM1 动断触点的上端；②接触器 KM1 动断触点的上端→接触器 KM2（自锁）动合触点的下端。

（5）KM1 辅助动断触点的下端→接触器 KM2 线圈的上端。

到此控制电路电源左面的最后的一根线就接完了。

按照这样的方法进行线路的连接，在接线的过程中，就不会发生接线混乱的现象，每接一步都是清清楚楚的，按步骤就可以轻松地完成线路的连接。但这里再提醒一下，接完每一个的"点"后一定要记住数一下1、2、3、4。

三、电路图示

图5-19用粗连接线表明了正反转控制电路接线的全部步骤和步骤说明，仔细学习此图就能巩固前面所学到的知识。

这个电路图中，共有3个"点"在接线的过程中要多加注意。

具体线路连接的过程如下。

1."能耗元件"右面的接线

（1）熔断器FU1的右端→热继电器FR动断触点的左端；

（2）热继电器FR动断触点的右端→接触器KM1线圈的右端；

（3）接触器KM1线圈的右端→接触器KM2线圈的右端，到此控制电路电源右面的一相就接完了。

2."能耗元件"左面的接线

（1）断路器FU2的右端→红色停止按钮SB1的动断触点的左端。

（2）5个元件端子的"点"：①红色停止按钮SB1动断触点的右端→绿色启动按钮SB2动合触点的左端；②绿色启动按钮SB2动合触点的左端→接触器KM1（自锁）动合触点的左端；③接触器KM1（自锁）动合触点的左端→绿色启动按钮SB3动合触点的左端；④绿色启动按钮SB3动合触点的左端→接触器KM2（自锁）动合触点的左端。

（3）3个元件端子的"点"：①绿色启动按钮SB2动合触点的右端→接触器KM2动断触点的左端；②接触器KM2动断触点的左端→接触器KM1（自锁）动合触点的右端。

（4）KM2辅助动断触点的右端→接触器KM1线圈的左端。

（5）3个元件端子的"点"：①绿色启动按钮SB3动合触点右端→接触器KM1动断触点的左端；②接触器KM1动断触点的左端→接触器KM2（自锁）动合触点的右端。

（6）KM1辅助动断触点的右端→接触器KM2线圈的左端。

到此控制电路电源左面的最后的一根线就接完了，全部控制电路完成。

四、考试实例

前面介绍的是典型控制电路的接线，为的是让大家掌握方法。为了更多地了解这种接线法，下面针对某地电工操作证考试的一个电路图进行讲解。这里

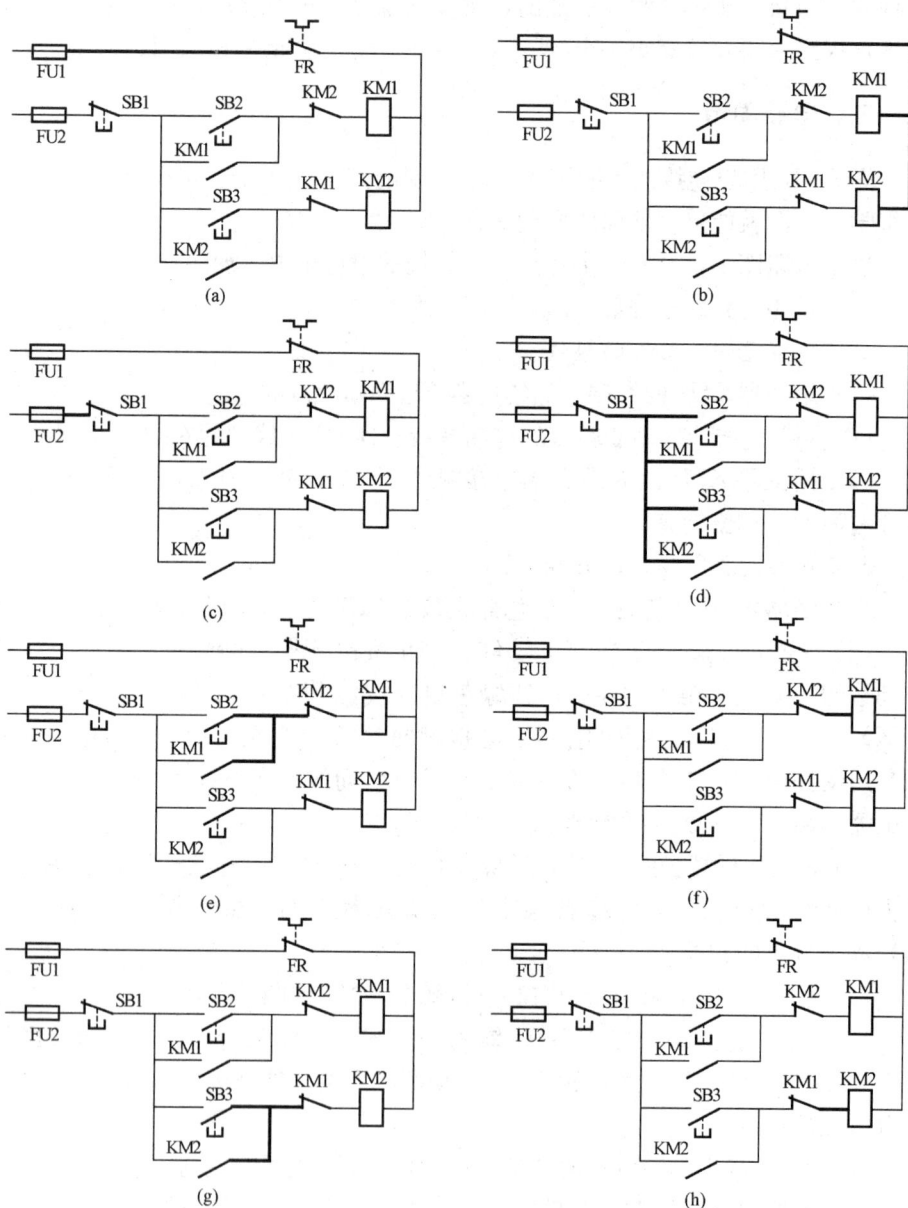

图 5-19　接线步骤

只介绍接线步骤，不分析电路结构。电路图如图 5-20 所示。这是一个使用时间继电器延时的，两台电动机自动顺序控制的控制电路图。红色停止按钮 SB

为 B1、B2，绿色启动按钮 SB1、SB2 分别为 G3、G4 与 H3、H4，时间继电器的线圈为 1、2 端，延时闭合的动合触点为 3、4。

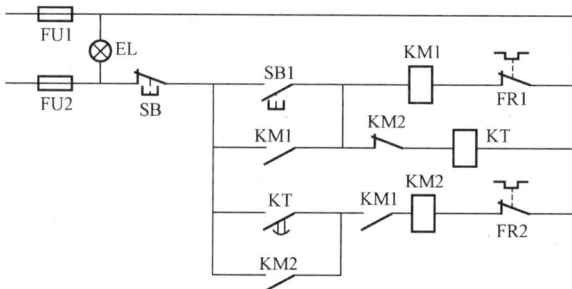

图 5-20　某地电工操作证考试的一个电路图

具体线路连接的过程如下。

1. "能耗元件"右面的接线

（1）指示灯 EL 的上端→熔断器 FU1 的右端。

（2）4 个元件端子的"点"：①熔断器 FU1 的右端→热继电器 FR1 动断触点的右端；②热继电器 FR1 的动断触点的右端→时间继电器 KT 线圈的右端；③时间继电器 KT 线圈的右端→热继电器 FR2 动断触点的右端。

（3）热继电器 FR1 动断触点左端→接触器 KM1 线圈的右端。

（4）热继电器 FR2 动断触点的左端→接触器 KM2 线圈的右端。

2. "能耗元件"左面的接线

（1）指示灯 EL 的下端→熔断器 FU2 的右端。

（2）熔断器 FU2 的右端→红色停止按钮 SB1 动断触点的左端。

（3）5 个元件端子的"点"：①红色停止按钮 SB 动断触点的右端→绿色启动按钮 SB1 动合触点的左端；②绿色启动按钮 SB1 动合触点的左端 G3→接触器 KM1（自锁）动合触点的左端；③接触器 KM1（自锁）动合触点的左端→时间继电器 KT 延时闭合动合触点的左端；④时间继电器 KT 延时闭合动合触点的左端 3 端→接触器 KM2（自锁）动合触点的左端。

（4）4 个元件端子的"点"：①绿色启动按钮 SB1 动合触点的右端→接触器 KM1 线圈的左端；②接触器 KM1 线圈的左端→接触器 KM1 的（自锁）动合触点的右端；③接触器 KM1 的（自锁）动合触点的右端→接触器 KM2 的动断触点的左端。

（5）接触器 KM2 的动断触点的右端→时间继电器 KT 线圈的左端。

（6）3 个元件端子的"点"：①时间继电器 KT 延时闭合动合触点的右

端→接触器 KM1 动合触点的左端；②接触器 KM1 动合触点的左端→接触器 KM2（自锁）动合触点的右端。

（7）接触器 KM1 动合触点的右端→接触器 KM2 线圈的左端。

至此，全部控制线路的接线就完成了。

> 在接线的过程中，要有一个清醒的头脑，要按要求做到有顺序、有过程、有目标地去接线。在接线的过程中，要知道现在你在干什么，线路已经接到什么地方了，下一步你要接什么，还有多少线路没有接完等，接线时要做到心中有数，有条不紊地进行。

第4节 接线水平的提高

其实电气接线里边包含了很多内容的，有相当多要学习的知识和学问。有些人认为只要会接几个电路图就是学会了接线，其实这离真正地掌握接线的技术还差得远呢！

每一个人不管做什么事情，都有从头开始的时候，刚开始接线的时候，"按图接线"是电工新手听得最多的一句话。为什么要"按图接线"，因你是要按照图纸上的要求，将电路中的元器件连接起来，达到电路所设计的程序动作要求。就是我们要按图纸上的要求，来正确、可靠、快速、美观、准确地完成接线的任务。

所这就像一个新手在学习开汽车，在上了汽车以后，就是教练不说，学车人也都知道车要沿着马路开。如果教练只是告诉学员，车要沿着马路开，但不告诉学员车怎么样去开，那还要这个教练干什么？教练的任务是要教会学员，在不同的道路情况下，要用什么样不同的方法来开车，对于不同的状态，要采用什么样的措施，如遇到上坡、下坡、左转、右转、后退等，要采取怎么样正确的驾驶方法，这才是教练的作用和任务。

要想尽快地提高自己的接线水平，就要知道电路的接线从什么地方开始，接线时先接什么地方，后接什么地方，在接线的过程中要注意什么；针对不同的电路结构，要采用哪种接线的方法；怎么样接线才能够做到不接错线、不漏接线、不重复接线。

很多的电工新手，只知道不断地、反复地进行接线的操作练习，但是接线所花的时间多少，与电路接线的水平高低，不一定是成正比的。如果你的接线方法和习惯是错误的，那你在电路接线所花的时间越多，你的水平可能就会越低。

下面我们从几个方面，来探讨电路接线水平提高的问题，这里只讲控制电路形式的连接。

一、电气线路接线的过程

对于电工新手来说，电气线路的接线可分为 3 个阶段。

第一个阶段为电路接线的摸索与练习阶段。因初学接线者中的很多人，从来没有接触过这个方面的电器和线路的接线，电气接线与接灯泡、接开关还是有着很大的区别的，需要一定的电工知识。所以，在这个阶段的学习主要是对电气元器件的了解，对接线的方法、连接的方式、接线的技巧等进行逐步地掌握。在这个阶段只能够按部就班一步一个脚印地走，暂时不要考虑元器件的分布、位置、走向、美观等。要先学会走才能再学会跑。

在这个阶段里，不要过分地强调接线的速度，一定要注意接线方法的掌握。

第二个阶段为电路接线的熟练与巩固阶段。在这个阶段里，通过第一阶段理论上的学习，并通过从简到难地进行反复地电路接线的练习，在不断刻苦练习的过程中，掌握不同电路的不同的接线技巧，发现和掌握它们的共同点和不同点，掌握电路中的各种不同要求的接法。

在这个阶段里，对所接电气线路的作用、元器件的作用、接线的技巧等，都有了一定的了解。在这个阶段里正处在一种你说他学懂了，他又有很多的东西搞不清；你说他不懂吧，他又能完成一些操作，可以说正是处在一知半解的状态。这个时候很多的人就故步自封了，在这个阶段就停止不前了。没有继续进行深入地学习，认为可以将线路完成就行了。所以，在这个阶段是个关键的时候，进则可继续地发展，退则就是混日子了。学习电路接线的技巧，在这个时候就体现出来了，很多一知半解的知识，就是要靠在这个时候来解决。如果在这个时候能够继续地钻研下去，就能将接线的过程中很多迷惑和疑问，通过学习逐渐地解决掉。

第三个阶段为电路接线的消化与理解的阶段。在这个阶段里就不是按图接线那么简单了，不能停留在能够按图接线的水平上，要对自己所接的电路问个为什么？如为什么线路要这样接？换个方式去接行不行，要知道每个触头所起的作用。要能根据电路图逐渐的学会分析电路的工作原理、工作步骤、动作过程等，可以针对电路的需要或要求，知道先接什么后接什么了，知道外电路与内电路在接线时的区别，以及知道电路的检查，简单电路故障的查找，熟悉用仪表对电路进行测量与判断，以及对故障电路的简单处理。

在这个阶段，要尝试着按照对电气设备动作程序的要求，来设计一些简单的电气线路。要对电气线路的原理、接线过程中的技巧、线路的仪表测量等方面，要有一个较全面的提高，并要总结前面学习和操作时的经验，提高操作技能的水平，通过不断地努力取得更大程度的提升。

二、线路连接的问题

1. 线路连接的可靠性问题

线路连接的质量，主要是指导线与接线端子之间的连接效果。线路的连接要求是：连接要可靠、接触电阻要小、线路要美观、成本要便宜等。

在电路线路的初期连接时，考虑到初学者的接受能力和知识消化的问题，有很多接线的细节，我们并没有去过分地强调，只要能保证电路接线成功了，就算是完成了接线的任务。但对于工作了一定的时间，有一定操作经验的电工来说，就不能用这么简单的要求了。就要注意电路接线的质量了，要有一些更高的要求。

在进行电工操作证的考试时，有部分考生接的线，监考官都不能去碰，随便一碰有的线就掉下来了。这也是马上就要拿到电工操作证的电工水平，像这种接线的水平如果进入到工厂企业后，能进行实际的操作吗？这种水平接出来的电路，能保证电气设备的正常工作吗？

下面我们就说一下接线的技巧问题，首先就说接线的工序，这个工序很简单，就是将导线接到电器上或接线端子上，大家可能都会说，这个太容易了大家谁都会。但我们有一些电工的初学者接完了线后，只要轻轻地一碰线就掉了下来，有很多的人进厂都几年了，还有这种情况出现。但是做了多年有经验的电工，这种现象就根本不可能出现，这是为什么呢？可能有的人会说，他做的时间长些，经验多一些，熟练了嘛。

那为什么有的人线路接出来，就不是这个样子呢？这就是接线的水平与技巧了。

我在这里举一个最简单的例子：说明将导线在接线孔内用螺丝拧紧的动作。

将线插入接线孔内，再用螺丝起子拧紧，这个动作看起来再简单不过了。那为什么老电工接的每一根线都不会掉线，而新电工接的线就会经常掉线呢？这里面就存在一个接线的技巧和习惯上问题。

从表面上来看，新电工的接线与老电工的接线，在接线的过程上好像没有什么区别，起码在接线的程序上和形式上看不出有什么不同，最多的就可能是部分老电工在接线的速度上可能会快一点，那为什么在接线的质量上会有那么大的差别呢？为什么从接线的过程上又看不出来区别呢？

现在告诉你区别就在于他的习惯和感觉上。我这里只讲一个地方，就是将导线放入螺丝孔内拧紧的过程，表面上看，新电工和老电工在接线过程上都是一样的，都是一手拿线，一手拿螺丝起子，将导线放入螺丝孔内拧紧后，就认为这个线头已经接完了，双手就离开了接线点了，并没有什么区别。但其实这中间是有窍门的，主要体现在两个地方。

（1）导线拧紧的过程。

老电工在导线放入螺丝孔内，就注意到了导线的直径与孔的间隙，在拧螺丝时，就注意到螺丝的深度，在手感觉到螺丝接触到导线时，在拧紧螺丝时就注意到了拧紧螺丝的力度。这个拧紧的力度，是在长期的操作工作中养成的感觉。

并且还要根据螺丝的大小，保证拧紧螺丝的力度即要将导线压紧、又不能损伤导线，这就是在长期工作中养成的感觉。如果感觉螺纹进位过于太深时，就会观察是否导线没有到位；如果感觉螺纹进位于太浅时，就会观察是否是丝口有问题。这些动作都是要凭感觉的，不是短时间能形成的，拧紧螺丝的力度，从手的外表当然是看不出来的。

（2）在拧紧螺丝之后。

在拧紧螺丝之后，老电工与新电工拿线的那只手的动作也不一样，区别在于：在手松开导线的那一瞬间，手顺势将导线拖了一下，这个拖动的力量不大。拖动导线的目的，就是看导线是否是真正的连接紧了，是否连接可靠。如果导线拖带下来了，说明连接有问题要重新进行连接。但导线的拖线动作和松开导线的动作，这两个动作是一气呵成的。

上面的这些步骤都是在接线的过程中，自然和迅速地完成的，可以用一气呵成来形容。还有很多的良好习惯，是要在长期的工作中培养的。这些动作的完成，是在长期的工作中养成的自然动作了，不需要用额外的动作去完成，习惯就成自然了。现在明白是什么原因了吧！老电工很多的习惯，是长期工作中培养的结果，不是一朝一夕就能够学会的，很多的是凭感觉和经验来完成的。如上面拧紧螺丝的力度的大小，就是凭感觉了。在长期接线的过程中，逐步地通过感觉，做到保持力量大小适中就可以了。

还有一个接线的步骤，不知你发现了没有，老电工的线路连接，不是每次只看一个端子，只接一根导线的。老电工看电路图时，最低的限度也是从一个

"点"的看，在看的时候就已经确定了几步的接线了。电工新手连接时每次都是接一根线，但熟练的电工每次都是连接或看两根以上的线，除非是再没有线连接了。这就说明熟练的电工在接线时是经过了思考的，先接哪一根后接哪一根都已经心中有数了。

你想一下你在接线的时候，你心里有没有这个数，如果你做到了心中有数，就说明你的接线水平提高了，如果没有的话，就说明了你的接线水平，就还是停留在按图接线的水平上。

现在应该明白了吧，为什么老电工的电路连接与新电工的电路连接效果是不一样的。但是你不要以为，我将这个秘密告诉了你，你就明白了并学会了，那还差得远呢。这只是书本上的理论知识，你要转变为实际上的操作经验，还是要在实际的工作中花一番工夫才行啊！

2. 导线剥绝缘皮的长度问题

导线在连接以前都要剥削导线的绝缘层，这是要视导线连接的形式，来决定剥削绝缘皮的长度。剥削导线的绝缘皮，绝缘皮不可剥削得太多，导线连接时的露铜太多，容易造成短路或粘连。绝缘皮也不可剥削得太短，以防在连接时压到绝缘皮而造成接触不良。

如是用螺丝孔内压接，就要视接线孔的长度、导线的粗细来确定的。就是用螺丝孔内压接，还要看是单螺丝压接，还是双螺丝压接，再来确定导线绝缘皮的剥削长度。如果导线太细时要将导线对折后来连接，剥削导线的绝缘皮的长度要加大一倍。

在用垫圈平压接时，导线要做羊眼圈后再进行导线的压接。这时要依据导线弯羊眼圈的长度，来剥削导线的绝缘皮。在对羊眼圈进行垫圈的压接时，垫圈不可压在导线端的绝缘皮上。在做羊眼圈后，在进行导线的连接时，与螺丝要以顺时针的方向进行压紧，不然在螺丝压紧旋转时，将会使导线退出来。

在用瓦形块压接时，不管是单根导线、还是双根导线进行连接，还是单根导线以 U 形进行连接，注意不可让瓦形块压在导线的绝缘皮上。

3. 不同导线的处理问题

在导线连接的过程中，会遇到各种各样的导线，所以在使用不同的导线时，要有相应的处理办法。

对于粗导线与细导线的连接，这时二种导线的线径，不能相差太大，如果相差太大，会使小截面的导线，容易在压接时压不到位而滑出，从而造成导线的连接不可靠。这时可采用将细导线对折的方式，来减小两根导线之间的差距。如果两根导线的差距太大，可采用将这两根导线先进行缠绕连接后再进行线路的连接。

单股导线和多股导线的混接，单股导线在压接时没有弹性，而多股导线在压接时有弹性，这两种导线在同时压接时，很容易使多股导线压不牢固。所以在这两种导线混接时，可将多股导线用锡焊或铜包处理后再进行压接。

铜与铝导线混合连接时，由于铜的密度大于铝的密度，对于压接时不容易紧密连接。又因为铜与铝两种金属的电化性质不同，铜与铝接触后的电位不同，会形成电化腐蚀作用。这就会引起铜与铝之间的接触不良，接触电阻增大的故障，并引起导线的接头处温度升高，温度升高更加速了接触电阻的增大，这样恶性循环就加速了导线的烧毁，所以铜与铝导线不宜混合连接。如不是特殊的情况，最好不要将铜与铝两种导线混合地进行连接，以免造成不必要的损失。所以最好采用铜铝接头进行压接后，再进行连接。

三、电气设备内、外线路的连接

常进行接线练习的人就会发现一个现象，同样是接同一个电路图，有的人线路接完后，感觉所接的线路很乱很多，就更不说美观了。但有的人线路接完后，就感觉所接线路的线就比较少，也比较美观，这是为什么呢？

这除了接线中对线路的整理以外，如将导线尽量地做到横平竖直、导线的线头不做得太长、不使用不同截面的导线、导线注意颜色的搭配等。其实还有一个相当重要的因素，就是导线的连接次序。

有的人会想都是按图进行接线的，对导线的连接来说，导线先接哪里后接哪里，反正都是要接的，应该不会有什么关系的。其实不然。线路的连接就是从电器的一个端子，连接到另外电器的一个端子上，这种连接是用一根导线进行的连接，称为单根导线的直接连接。如果是几个电器的端子，要将它们连接在一起，这种连接称为多根导线的串接。单根导线的直接连接就只有一种接法。但多根导线的串接，就有哪个端子要先接，哪个端子要后接的关系了，这个多根导线与多个端子的连接，也就是我们前面介绍的"点"。

单根导线的直接连接，接法都差不多，但"点"的连接，先接哪里与后接哪里，就大不相同了，"点"的连接次序和接线过程中使用的导线数量及线路的美观是有着很大关系的。

就拿我们常用的正反转控制电路来进行说明。图 5 - 21（b）和图 5 - 22（b）中已经用粗黑线标出来的，就是我们接线时所要连接的一个"点"。

实际接线图中间的虚线左面为按钮，按钮是电气箱外安装的器件，在实际的电路中是安装在操作台上一起的。接触器的触点是电气箱内安装器件，我们放在虚线的右面。在我们接线的过程中，按钮端子之间的连接线是短线，接触器端子之间的连接线也是短线。但只要是跨过虚线的连接线就是长线了，那就是跨过虚线的连接线越多，接线时使用的导线就越多。在工厂企业的电气箱内外线路的连接，也是这个同样的道理，所以，我们接线的过程中，接线时使用的连接导线越少越好。

1. 纯粹的按图接线法

下面我们开始用纯粹的按图接线的方法，来进行线路接线的连接，见图 5-21。

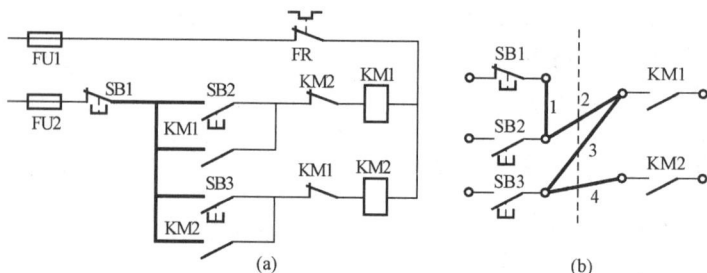

图 5-21　按图接线法

(a) 原理图；(b) 实际接线图

第 1 根导线的连接：按钮 SB1 动断触点的端子→按钮 SB2 动合触点的端子。

第 2 根导线的连接：按钮 SB2 动合触点的端子→接触器 KM1 动合触点的端子。

第 3 根导线的连接：接触器 KM1 动合触点的端子→按钮 SB3 动合触点的端子。

第 4 根导线的连接：按钮 SB3 动合触点的端子→接触器 KM2 动合触点的端子。

通过按图接线的方法，就是按照图上所画的先后次序进行的线路连接，大家看一下有几根导线跨过虚线，连接这个"点"所用的导线为：一根短导线、三根长导线。

2. 按距离远近的接线方法

同样是连接这个"点"，下面我们换一种思路，看看要用几根导线。

这次我们不按图上所画的先后次序来进行线路的连接，而是按照先近后远的原则来进行线路的连接。就是接线时采用先连接距离近的端子，再连接距离远的端子的方法，这样电路的这个点的连接原理还是一样的，再看这样的连接方法，所用的导线是否是一样多。

下面我们就开始采用按距离远近的接线方法，来进行线路接线的连接，如图 5-22 所示。

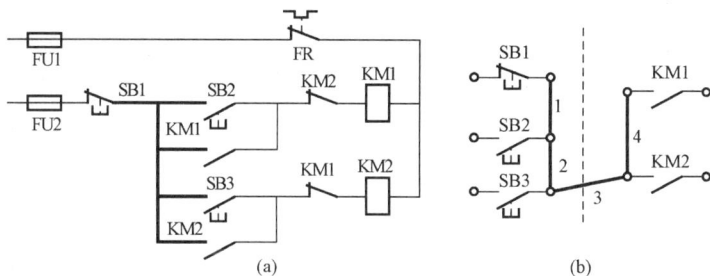

图 5-22　按距离远近的接线方法
（a）原理图；（b）实际接线图

第 1 根导线的连接：按钮 SB1 动断触点的端子→按钮 SB2 动合触点的端子；

第 2 根导线的连接：按钮 SB2 动合触点的端子→按钮 SB3 动合触点的端子；

第 3 根导线的连接：按钮 SB3 动合触点的端子→接触器 KM2 动合触点的端子；

第 4 根导线的连接：接触器 KM2 动合触点的端子→接触器 KM1 动合触点的端子。

可见，采用这种方法，只有一条导线跨过虚线。通过这两个线路连接实际接线图的比较，就很容易地看出孰优孰劣。

控制电路的线路连接，应该是本着先近后远的原则。这就是说我们在接线时，对于"点"的线路连接，要按照"内外有别，先近后远"的方式来进行线路的连接。

"内外有别"，就是说电气控制箱内部的电器，与设备外部主令电器是分别进行线路连接的。全部的电器在线路的连接上，是以电气控制箱为界分为内、外两个部分的。在完成电气设备所有功能的前提下，内、外两个部分的线路连接的数量是越少越好，线路的长度越少越好，这样能使电气线路更简捷，安装与维修起来就更方便。

电气控制箱与设备外部主令电器等的线路连接

我们平常的电气系统，从电气线路的实际安装上来说，是分为二个部分的。

一部分电器是安装在电气设备的电气控制箱内的，如接触器、热继电器、熔断器、断路器、时间继电器、中间继电器、控制变压器、接线端子排等。这些电器的安装与接线，是在电气控制箱内完成的，控制箱内部电器之间的线路连接，是采用电器之间直接连接的，与外部电器之间的连接，一般是用接线端子排进行连接的。有个别先进的电气设备，是采用多孔插头、插座排来进行连接的。

另一部分电器是安装在电气设备外面的，是安装在电气设备外面各工作或操作部位的，并以主令电器居多。如电源开关、熔断器、断路器、电动机、按钮、行程开关、接近开关、电磁阀、电磁铁、指示灯等。外部电器与控制箱内部电器之间的连接，是通过外部线路与控制箱内部的，接线端子排进行连接的。

"先近后远"，就是说在连接电气控制箱内部的电器的时候，按电气线路的要求，先连接靠得近的电器端子，后连接离得远的电器端子，电气线路的原理并没有改变，但接线的顺序有所改变，特别是在"点"上的接线顺序，有接线先后顺序的变化。在接外部主令电器时，如按钮操作台也是采用"先近后远"的原则，来进行线路的连接的。

电气设备的线路连接，还有一个更艰巨的任务，这个任务就不是短时间内能够完成的，那就是电气线路的美观。电气线路的美观说起来很容易，很多的书籍上都讲到这方面的知识，如接线时要保证导线的横平竖直、导线要按颜色进行区分、主电路与辅助电路有分别、导线转弯时要弯成直角等。说起来容易做起来就难了，不是像上面这几句话就能解决的。

对于电气线路的美观不是一个简单的问题，也不是短时间能够做到的。这是要经过长期的摸索和练习的过程的。对于一般的维修人员，可以说这一辈子也难做到完美，因接线的机会太少了。除非是做专业的电气线路安装的人才有可能达到一定的水平。

在这里只对电气线路的美观，做一个框架上的解释。电气线路的布线是从主电路开始的，导线要做到横平竖直，并且导线的底板线与空线的距离一样。不管是主电路，还是辅助电路，都不允许有导线的交叉，绝对不允许有主、辅电路导线混合安装的现象。

主电路和辅助电路的导线，有条件时要采用不同颜色的导线，来进行不同区域的划分。通过导线的颜色，就能判断电压不同的级别，不致造成线路的混接。

线路的连接导线还有端子编号，接线端子的编号，外线导线的编号、元器件端子的编号等，大家可以参阅有关的书籍。但是，最重要的还是要进行实践的操作，要在大量的电路接线过程中，才能逐步地提高电气线路美观的水平。

四、电路接线水平的标准

有的人会问接线接到什么程度，才算是学会接线路图了，电路接线的学习就已经达到要求了。这里可用当时在"电工、电子技术专业进修班"学习时，授课老师说的一席话，来看你是否已经合格。

当你独立地将电气线路的线接完成后，这时如果有人问你，"你接的这个线路通电后，肯定没有问题，能保证一次成功吗"，如果你的回答是"应该没问题吧、一般没问题、差不多吧、我反正是按电路图接的"之类的回答，是这种含糊和没有底气的话，这就说明你的接线是不合格的。说明你对你接的线路还是没有信心和把握，对在接线的过程中还有一些细节没有把握，有些地方还是没有搞清楚，那你就还需要继续地努力了。

如果你能理直气壮地回答"肯定没问题，保证一次成功"的话，说明你在接线的方法上，已经可以过关了，对于电路的接线方法有了一个基础的了解。

如果你的回答是"肯定没有问题，要错就是图纸错了"的话，说明你的接线已经基本合格了。

如果你的回答是"肯定能成功，图纸上有问题的地方我已经纠正了"时，说明你是真正的合格了。

但要注意的是，这只是说你电路接线已经达到了一定的水平，但并不是说你熟悉电路。电气线路的进一步的学习，就是对电气线路的分析了。

五、电气元件与线路的测量

前面已经说过，在接线之前一定要对所用的电器元件进行测量。这一点无论是新手还是老手都要注意。

电器元件触点的接触不良现象是常见的一种故障，而且还有可能是时有时无的。电接触不良是由于很多的原因造成的。例如两触点的接触表面上，由于各种的原因，覆盖着一层导电性很差的物质。如金属的氧化物、硫化物、粉尘、污物等，有时在两触点的接触面形成的油膜、水膜等。这些原因的存在就会造成，接触电阻值的增大会引起接触电阻不稳定，甚至破坏电接触连接的正常导电。使用环境中的潮湿、温度过高、酸、碱、氧化硫、氯气体等环境因素的影响，也会加速电接触材料的化学腐蚀、电化学腐蚀及其他性能的变化，电接触两导体表面会氧化加剧，而造成电接触的稳定性变差。触点的弹簧压力降低，也会使接触阻值明显增大。

所以，为了保证电气线路的正常工作，必须要保证电器与线路的连接可靠，不能有接触电阻的存在，这用眼睛是看不出来的，就要使用万用表来进行检查了。

有很多人本身的经验就不足，在线路的接线过程中，到现场后就急于完成接线的任务。在接线的任务完成后，电路不能正常地工作，这时就不知道从什么地方查起了。电器元件触点的检查，在没有进行线路连接时，是很容易进行检查的，现在接完了线以后，就不是很好检查了。

到了这个地步，就一时怀疑是电器元件触点的问题，一会又怀疑可能是线路连接的错误，这就增加了检查线路的困难。本来对于电气线路的接线就不是很熟练，再进行线路的查找就更不容易了。如果你在接线前就进行了电器元件触点的检查，这时出现了线路错误时，就只有线路接线接错的一个原因了。

六、电气线路的简单分析

在接线时，要对电路的工作原理，电路的动作程序要有一定的了解，最起码要知道这个电路是什么名称，是用在什么地方的。

电工证的实操考试时，笔者就发现有部分的学生在电路通电试车时，一旦电路的动作不完整就蒙了，不知道电路的故障出在什么地方，只知道围着电路到处看。如电路通电后接触器动作了，但电动机有嗡嗡响声但电动机就是不转，这时用脚带一下电动机就可以转动，但是考官还是会判电路失败。还有的情况是：电路接线完成并通电后，用手按下启动的按钮后，电动机运转正常。但是就是不能松手，手一离开按钮，电动机就停止转动了。这时，有的学生要小聪明，按住按钮不松开，考官没有注意就让他蒙过去了，但如果考官发现了一样还是完蛋。

这种只知道按照图接线，而不知道电路的工作原理和动作原理的人也不是占少数的，主要问题就是理论方面的基础太过薄弱，所花的时间太少，根本没有去理解。就算考试侥幸通过，一旦走上实际工作岗位还是两眼一摸黑。

所以，在学习理论知识的时候重点要放在理解上，并要做到理论要联系实际。在学习电力拖动的知识时，要对电路的组成、电路的工作、电路的动作等要一步步地搞清楚，不能别人让你去接线，你就去接法，要多问一个为什么？电路的工作步骤和动作原理，在学习简单的电路时，就要开始分析和理解，不然到电路越来越复杂以后，就更不容易学明白了。电路的原理分析其实是很简单的，就看你努力去做没有。

下面就以自动顺序控制的电路为例，进行简单的电路动作原理的分析。两台电动机的自动顺序起动电路如图 5-23 所示。该电路是用时间继电器来控制两台电动机起动时的间隔时间的，就是说，第一台电动机起动后，第二台电动机延时一定的时间后，再自动启动的电路。

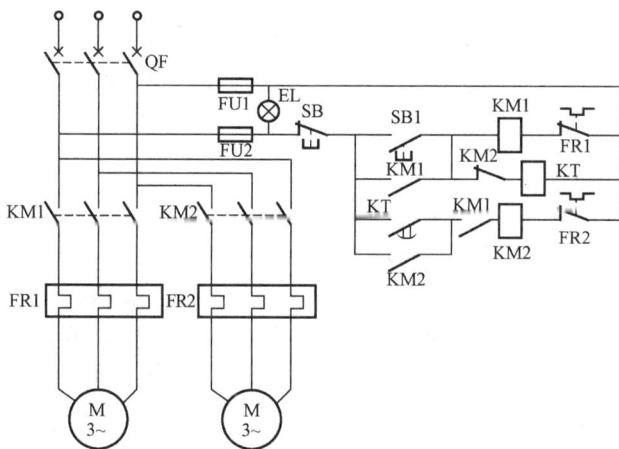

图 5-23　两台电动机的自动顺序起动电路

图 5-23 所示电路的具体动作程序如下。

（1）闭合断路器 QF，指示灯 EL 发光显示，主电路与控制电路均已通电。但因两电路均没有形成回路，所以，两电路均没有工作。

（2）按下按钮 SB1 → KM1 线圈得电 → KM1 主触点闭合 → 电动机 KM1 转动
　　　　　　　　　　　　　　　　　→ KM1 两个辅助动合触点变为闭合并自锁
　　　　　　　　→ KT 线圈得电 → 延时开始

（3）假设时间继电器设定的延时时间为 3s，则在时间继电器 KT 线圈得电以后 3s 的时候，时间继电器设定的延时时间已到。这时，时间继电器的延时闭合的动合触点，就由断开转换为闭合。

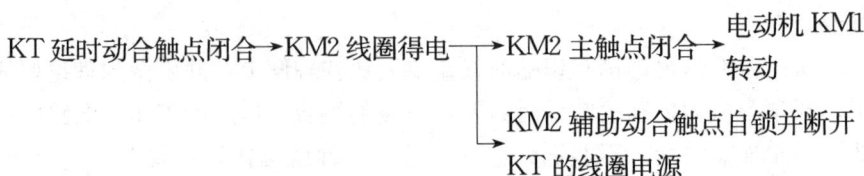

KT 延时动合触点闭合 → KM2 线圈得电 → KM2 主触点闭合 → 电动机 KM1 转动

　　KM2 辅助动合触点自锁并断开 KT 的线圈电源

（4）按下按钮 SB → KM1 线圈断电 → KM1 主触点断开 → 第一台电动机停止转动

→ KM2 线圈断电 → KM2 主触点断开 → 第二台电动机停止转动

（5）断开断路器 QF，线路断电。

　　电路动作原理的分析，虽说是理论与实际的结合，但其实并不是很难，只是要多花点时间，来慢慢地按步骤进行分解，并要注意电器各不同位置的触点的转换。电路动作程序的分析，对今后的电气电路故障的维修，是有很大的帮助的。可以这样说，对于电路动作程序的分析，你掌握得越好越熟练，就会对你的电路维修和设计，打下一个良好的基础，就更利于今后的发展。

　　最后对于理论的学习多讲一句，有很多的人对于理论都喜欢去背，不论是单位组织的学习，还是要进行证件的考试，不管三七二十一，拿到了复习资料后在考试以前，就是一门心思地想怎么样将它背下来。其实，你这是浪费了一个很好的学习机会，理论知识是干什么的？是让我们理论联系实际的。所以，如果你能将理论上的知识，从原理上进行分析和理解，是可以学到很多的，对今后工作中有用的知识的。如果你能将一部分理论上的知识理解了，你就不需要去死记硬背了。而且，靠死记硬背得到的知识和数据，不要多长的时间就会忘记了。而且，靠死记硬背下来的知识，如果对题目稍有改动，你就不知道怎么去回答了。一定要记住要理论联系实际地去学习，不要将这两个方面的知识独立地去学习，那样的进行对学习是没有多少效果的。

　　在平时的学习中，要看一些你看得懂的书，不要一下子就看内容很深的书。学习技术要循序渐进，不要有一步登天的想法，要有打持久战的准备，战线不能拉得太长和太宽，要有一个重点的方向，每一个人都要有选择地确定自己的目标去学习，每一个人都要有自己的技术特长，不能大而全地去学习，这样只能成为一个万金油式的电工，每项技术都懂一点，但没有一门技术是精通的，这样是不行的，一定要有自己的技术专长和特点。

第 6 章

电 工 新 手 学 维 修

在进行维修工作之前，先必须完成本书的前5章的学习，因为那5章的内容都是最基础的知识，是必须要学习和掌握的，缺少任何一个部分的知识，你都不可能进行维修工作。维修是电工最终的任务和目的，是要靠前面学习的知识来支撑的。

现在电工维修方面的书籍很多，维修的方法和方式也很多，但是有不少人即使是看了许多书，知道了不少技巧，却仍然会感觉到心里没有底。真正到了维修的时候，还会不知所措而力不从心。为什么开始学习的那么多维修方面的知识，真到了维修的实际中工作中就用不上了，就不灵了呢？是这些维修的方法本来就没有用？还是这些维修的方法过时了？还是自己根本就没有学会？其实都不是，这主要是由两个原因造成的：①你只学习了理论上的维修知识和方法，你并没有在实践中去使用和验证过，没有做到理论与实际相结合，只是纸上谈兵而已；②你在书本上学习的维修方法太多，只是在看书时有一定的感觉，好像有一些维修方法比较好，但你并没有根据你自己实际的水平，你自己实际的维修经验，来选择适用于你的维修方法。所以，单纯地看书是没有用的，一定要边看书边实践，这样才能够学习到实用的维修知识，才能够使自己的维修水平得到提高。

> 要记住，不能只去看书而一定要去动手去做，胆子要大一点。

书上只是告诉你一个方向，具体的路怎么样去走还是靠自己去摸索。要先选择最简单的维修方法，也就是要根据你现在的实际情况，你认为最可行的维修方法，来进行维修实践的摸索和探讨。从理论中来再到实践中去，再从实践中回到理论上来，通过反复地理论与实践的过程，最终学习到实用的维修的方法。

总之，在接触维修工作以前，一定要做好思想上和行动上的准备，不能到了真正要维修时，再去选择和学习维修的方法，做什么事情都要不打无准备之仗。维修前的准备工作做得越充分，对今后的维修工作来说就会越顺利。

第1节　电工新手维修前的准备工作

电工新手在维修前的准备主要是两方面：①要有维修前心理上的准备，维修技术肯定是要比原来学的线路连接要复杂，要花更多的时间和精力来学习，可能会遇到更多的困难，维修失败的经历会更多，你要有心理的承受能力，不要经过一些挫折后，就信心不足而打了退堂鼓了；②电气的维修是建立在你前面学习的线路连接基础上的技术提高，前面的知识你学的越好，基础打得越牢固，你后面的学习就会好一些。所以，要巩固和掌握前面学习的知识，该补充的知识要及时地进行充实。

我们花了大量的时间和精力，学习电工技术的理论知识和操作技能，其最终的目的是：保证电气设备的正常运行，完成对电气设备的维护和维修。这也是电气工作人员的基本任务，这句话说起来很容易，但做起来就不那么容易了。有很多的人，包括我们自己在内也在为这个目标而努力，这不是一天、两天、也不是一年、两年能做成的，可能我们花上毕生的时间也完成不了的。所以，作为一个电气维修人员，要有长期的思想准备。为适应科学技术的高速发展，不使自己落伍，要有活到老、学到老的精神准备。

在维修的工作前，要对维修的工作有个充分的认识，先要知道什么是维修？是不是别人给你电路图，你能照图将它连接出来就行了。没有这么简单，照图接线是电工最简单的基本功，要记住电工的一句常用语：会接线的人不见得会维修；但会维修的人就肯定会接线。

要做一个合格的电气维修人员，必须要达到下列条件后，才能顺利地学习和完成维修的任务。

一、对电气设备工作情况的了解

刚开始时，可能要了解的电气设备较多，但时间可能有限，你可重点地了解电气设备的基本情况，能多了解的尽量多了解，要对复杂的电气设备作重点的了解，因这类设备的故障率可能会多一点。对于通用型的电气设备，可少花一点时间，对于专用型的电气设备，要多花点时间，因专用型的电气设备，比通用型的电气设备，发生故障的比例会高很多。要注意对电气设备资料的收集和整理，这一点对电气设备的维修和维护是很重要的。特别是对于专用型电气设备的资料收集和整理，因这类设备的变化比较多，加工的类型也较多较复杂，设备的型号和生产的厂家也是相对地繁杂。一般的书籍上基本上都没有这方面的资料，这都要靠平时自己去留心地寻找和收集，有机会的话可以向厂家索取，这就要看你的恒心了。

我们主要是了解电气设备的工作情况，并了解电气设备加工过程的情况，首先是要对电气设备的操作人员进行了解和询问，这是维修工作一个相当重要的环节，主要是了解设备的操作过程，也就是工件的加工过程。如对加工的工件有什么要求？工件是怎么样放入的？工件放入后的具体操作？设备的运行是手动操作？还是自动操作？加工是分几步进行的？每一个步骤之间有什么具体要求没有？工件加工的速度上是否有特殊的要求？加工的过程中有什么要特别注意的？这台设备是否经常出现那些故障？以前是否有别人处理过类似的故障？对故障是如何处理的等问题。这个过程是越详细越好，问得越清楚对你今后的维修就会越有利。

对于了解的电气设备加工过程的情况，不能只去询问电气设备的操作人员，要在电气设备加工的过程，自己要亲自对加工的过程进行核实，看是否是与了解到的情况相符合，如果有不符的地方，要尽快地调查清楚，是有些什么程序不一样，要及时地进行资料上的更正，以免造成维修时的误判。

二、对常用的电器元器件的了解

这里所说的对常用的电器元器件的了解，要比前面我们在线路连接时的了解，要更加深入一步。对常用的电器元器件工作原理、电器端子的连接、电器组成结构了解外，我们还要对常用的电器元器件的安装使用、日常维护、故障处理等方面知识的了解。尽量做到了解每一个电器在故障中不正常的特征，以便在维修时进行判断和处理。

如果已经确定了故障的范围，并且确定了故障的现象，这时判断有哪些电器有可能造成故障的发生，有哪些电器与故障的发生无关，就要求你对电器有个更全面的了解。如电动机确定已经通电了，通过观察接触器已经正常动作了，这时你就要根据这些现象，来确定故障的范围，可能引起此故障的电器。这时你就要有个正确的判断，接触器正常动作了，但电动机不转，就可确定是主电路的电器或线路有问题，与控制电路无关。主电路除线路外，只有熔断器、接触器、热继电器、电动机几个电器了，不管是通电状态，还是在断电状态，用万用表很快就能查出来。

再就是我们常用的时间继电器,现在常用的时间继电器,大部分都是电子电路的,一般时间继电器都配有电源指示灯,如果时间继电器的电源指示灯亮了,是否就能够证明时间继电器的工作是正常的;如果时间继电器的电源指示灯不亮了,是否就能够证明时间继电器的工作是不正常的;如果时间继电器通电后,电源指示灯亮了,也能够听到时间继电器内部继电器动作的响声,是否就能够证明时间继电器的工作是正常的。再如时间继电器延时时间的调整,是在时间继电器通电后进行调整,还是在时间继电器断电后进行调整等,这些问题不要急于回答,要想想后再回答,我相信有很多的电工新手是答不全的,你这就可以从各种的书籍中慢慢地去查对,利用自己的实际工作经验来进行判断。

总之我们对日常工作中接触到的常用电器,要有一个较全面的了解,每一个人工作的环境、工作的行业、管理的范围不一样,所接触到的常用电器也就会不一样。可能有的人他常用的电器,其他的人这一辈子都可能没有机会接触到,这其实也是很正常的。但没有接触过的电器,并不代表你不能去了解,只是我们每一个人的重点是不同的,首先你的精力要放在自己的本职工作上,而对你现在没有用过的电器,你即去花大量的时间和精力去研究,这也是很不现实的。

三、熟悉并牢记电气控制的典型电路

在平时的接线与学习的过程中,要将电气控制电路中的典型电路逐步地熟记在心,不能总是去依靠电路的图纸。因我们在维修的过程中,在对线路进行检查的时候,是要立即判断线路的结构是什么样的电路。所以,在线路检查的过程中,不可能总是去对着电路图去查,这就要求电气维修的检查者,要非常熟悉各种典型的电路。因为每一种典型电路都有各自的特点,我们就是根据它们的这些特点来确定它是什么类型的电路。对于这类电路就是要通过它的自锁、互锁、顺序等的这种特点,来与其他的电路进行区别和判断。

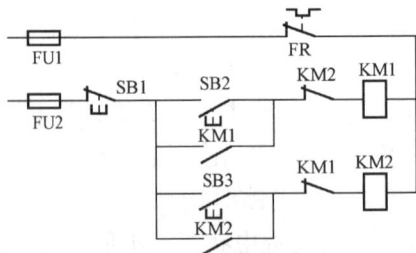

图 6-1 正反转控制电路

不管多么复杂的电路,都是由许多个典型电路组成的。如图 6-1 所示的正反转的控制电路,它本身就是一个典型电路,但同时它又是由两个自保的电路组成的,只是在两个自保的电路中,加了电气的互锁触点而已。你必须要知道为什么要装互锁,不加

互锁会有什么后果产生？互锁有几种类型，它们的主要作用和功能是什么等。我们只有熟悉了典型电路后，才可能去掌握复杂电路的结构和组成。如果达不到这个要求，就会在维修的过程中，无法在自己的头脑中，形成一个完整的电路概念，就无从谈起去进行电路的维修了。

四、掌握几种适用自己维修方法

要熟悉几种我们常用的对电路的检查方法，并根据电路的结构，选择最适应自己的检查方式。先可以选择一种简单一点的维修方法，再慢慢地熟悉其他的维修方法，但不要急于求成。对于不同结构的电路，有的检查方法比较适用，而有的检查方法就不太适用，检查的速度上就要慢很多。学习最好先从简单的电路检查学起，再逐步地进行深入。如果你一开始，就拿一个很复杂的电气控制电路图，花了很多的时间和精力，到最后是越看越糊涂，这对于你学习的信心也是一个打击。所以，学习要一步步地来，要循序渐进地进行，以免造成消化不良。

如我们对于简单的通用车床电气线路，用从电源开始检查的方式，很快地就基本上大致清楚了电路的结构，配合触头上的检查后，电路图基本上可以说地八九不离十了。然后再将电路图与车床的电器进行对应，并将电气控制箱内部的电器与外部的电器，在电路图上进行分别，如果出了故障的话，就能用简单的方法进行维修了。

再就是维修的方法，不要以为书籍上维修的方法，就是你要照搬来进行维修的方法，如果那样的话，你的维修就没有办法进行了。就如我们前面讲的接线方法，你说好的接线方法，并不是每个人都适用，可能他认为某种接线的方法就只适用于他，别的接线方法他就不适用，这也是很难说的。

众多的维修方法，只是对你进行启发，每一种维修的方法，在使用时各人的用法是不一样的，并没有强制上的规定。有的人在前面的电气维修是用的一种方法，但中间时就可能是使用另外一种维修的方法了，这在维修的过程中，是随着设备的情况、自己的习惯、线路的变化、条件的不同、水平的高低、维修的经验等因素来改变的。维修同样的故障，不同的人进行维修，他们维修的方法是会不一样的，但维修的结果只有一个，那就是恢复电气设备的正常工作状态，你达到了这个目的，就没有人会说你什么了。

但在开始进行维修时，你没有维修的经验，就可参考已经成熟了的一些维修经验。要注意的是维修的大方向没有多大的变化，关键是在维修的细节上，有很多不同的维修方式和步骤。

五、对相关机械知识的了解

可以先看一下前面的"机械基础知识"的章节，在这里主要是强调在到达现场后，要针对不同的电气设备，来掌握相关的电气设备的机械特点。因维修不是单独电气和电器的维修，它与机械装置是一个组合的整体，它们是互相关联和紧密配合的关系。很多电器元件在动作时，是由机械、气压、液压等的动作来完成的，它们之间有着密切的联动关系的。对于机械的结构和动作不了解，就不可能对电气设备有一个全面地、系统地进行分析和理解。所以，如果你不懂机械基础方面的知识，是不可能成为一个合格的电气维修人员的。缺乏机械基础方面的知识，就会在电路的分析和判断的过程中形成一定的障碍，这样就不可能对故障的分析和判断做到完善和准确。因有时机械上的故障，是以电气上的故障来反映的，如电动机不能转动，有很多的时候，都是由于机械故障而引起的，维修时不要被表面现象所迷惑了。

维修人员不但要有电气维修的知识，又要有机械方面的能力。如齿轮的传动、连杆的传动、链条的传动、气压的传动、液压的传动等，还要有机械、气压、液压等调节方面的知识。

对于采用气动或液压装置的电气设备，因电气与机械是一体的，就要有相关的判断的技巧，分清到底是电气故障，还是机械上的故障，不然很容易造成错误的维修，严重时还会损坏相关的器件，并可能造成新的故障出现。

六、到了新的环境后的第一件事

有很多电工新手到了一个新的环境后，因人到了新的工作环境后，都喜欢走马观花地到四处去看看转转，对什么都好奇和新鲜。但即忽略了一个重要的问题，就是到了一个新的工作岗位后，没有充分地利用开始的试用期或熟悉期，没有在这个有限的时间里，来熟悉和掌握自己职责范围内电气设备的情况，有不懂的地方没有及时地进行询问和请教。真到了电气设备出现故障后，就措手不及而临阵磨刀了，在这样没有准备的状态下，仓促地进行电气维修工作，最终的结果是可想而知的。

电气维修人员可以说是典型的"养兵千日，用在一时"的工种，电气设备没有出问题的时候，可能几天都会没有事干。但是，一旦电气设备出现了故障，你就要在最短的时间内将故障排除，将设备恢复到正常的工作状态。所以，很多的准备工作，都是要提前来完成的。如设备工作时的工作状态，电气设备加工时的动作程序，电路的工作原理、电气设备内电器的动作顺序、线路的分布、各元器件的作用、电路的常见故障等。对于有电路图的设备，要及时地将电路图分析清楚，并要与实际的电气设备相对应，看有什么地方是否有不相同，要及时地进行校正和注明。对于没有电路图的电气设备，就更要多加以观察和记录，并对加工的程序与电器的配合，最好在事先画出一个草图，并加上相关的注释，这样到电气设备出现故障时就可以发挥作用了。电工新手对于各种电器，最关键的就是要了解它具体的使用，而不是它的内部结构。遇到不懂或不认识的电器，一定要将它的作用和接线搞清楚，内部结构不懂没有关系，最主要的就是你要知道，怎么样去使用它就可以了，这些都要在平时做好准备的。

所以，到了一个新的工作环境后，不能没有事情做时，就想先让自己轻松一下，你开始的时候轻松了，到后面可能就要吃苦头了，要有先苦后甜的思想准备。首先要在设备没有出现故障前，对设备的运行状态进行了解，这是维修前的一个很重要的准备工作，可以说有时会直接关系到维修工作的成败。

有很多的电工新手，在进入待维修的岗位之前，没有对自己所要负责维修的电气设备，没有进行事前的了解和摸底，没有对电气设备的故障，做故障前的相关调查，造成了出故障后电气维修的失败。一般有经验的维修人员，在开始的时候都是很忙，到后来就轻松下来了，因他把要做的准备工作做到了前面，对自己管辖范围内电气设备的基本情况，在维修以前就已经做到了心中有数了，在电气设备出现故障后，他就可以从容地面对维修上的问题了。这一点一定要引起很多电工新手的注意，本来自己的维修经验就不足，又不去做好相关的准备工作，为自己今后的维修工作打好基础，了解一些相关的维修信息，真的到了电气设备出了故障的时候，那时候就会措手不及了。

要在尽量短的时间内，熟悉你管理的电气设备的电路，先从你的本职做起，先做好你分内的工作，然后再去继续学习其他的知识。不要想在短的时间内将什么都学习到，人的精力是有限的，如果你能在某一个很小的方面，有一定的建树，或者还说小一点，就是你单位的某台电气设备别人都修不了，如果只有你一个人能修的话，说明你就有了一定的成就了。

第2节　电工新手的第一次维修

很多刚开始进行电气维修工作的电工新手，第一次遇到了出故障的电气设备面前，头脑里是一片空白，两眼不知往哪里看，双手不知往哪里放。人也就没有了底气，根本就不知道从哪里下手。因心里面没了底，在心慌意乱地勉强进行维修的时候，就生怕修不好会出洋相自己下不来台，怕给别人留下笑柄。

有的电工新手，第一次进行电气设备维修时，手里面拿着工具，也不管是试电笔，还是螺丝刀了，到了出了故障的电气设备以后，就围着设备边转边看，但又不知从什么地方开始，发现有能调节的地方，就拿着工具东拧拧西调调，发现了那个电器好像有问题，就手足无措地忙于盲目地动手。满心希望能出现奇迹，在自己到处动动调调的努力下，设备就能恢复正常的工作了。

有的电工新手，刚开始上岗维修的时候，就生怕遇到出现故障的电气设备，心里就想设备这几天千万可别出问题，我还没有准备好呢！千万给我几天准备的时间，让我到处去看看，有个喘气的过程。

电工新手以上这些表现是很正常的，最主要还是对于电气的控制不了解。电气控制最重要的就是对控制的了解，控制大家都知道，但真正的认识和掌握控制，还是要有一个过程的，最主要是理解的过程。电气控制最主要的就是控制动力或者说是能量，这也是我们要了解的关键，电气的动力控制最主要的就是对加工的控制，加工最主要的就是加工的动作，加工的动作就是加工的过程，加工的过程就是我们所说的控制，我们是有程序或者说是顺序的控制。电气设备有多少个加工的过程，就会有多少个相应的控制程序，加工的动作程序越多，加工设备的自动化程度就越高，控制系统就会越复杂。

工业电气控制的动力，主要是由电动机来提供的，所以我们主要还是对电动机的控制，控制电路主要是由各种电器组成的，是由各种电器来实现控制的。

下面我们就对电工新手，在第一次维修时所遇到的问题、在第一次维修时所要做的、在第一次维修要注意的地方，按步骤进行具体地解释，以供电工新手作为借鉴。

这里分两个部分进行解释，第一部分是对于电工新手在第一次维修时，要克服的心理上的障碍与毛病。第二部分是对于电工新手在第一次维修时，在实际的维修工作中，要采用的维修方法。

一、电工新手在第一次维修时，要克服心理上的障碍与毛病

电气电路故障的维修，是一项技术性较强的工作，电工新手在第一次维修时，肯定是有一些不适应。在第一次维修时，因为没有经历过和没有这方面的经验，心里肯定是七上八下的。这就会对电工新手的心理上，造成一些不良的影响和波动，下面就介绍电工新手需要克服的心理障碍。

1. 要克服心理上的惧怕情绪

其实对于电工新手来说，心情忐忑也是正常的，每一个人不管做什么样的事情，都有他第一次的时候，万事开头难，都有这样一个适应的过程。这主要是实际的经验不足引起的，一般是没有人笑话你的，每个人到新的岗位都有一个适应期的。

普工上岗都有适应期，技术性的工种就更不要说了，这就是为什么每个人开始时都有一个试用期。这个过程要自己把握好，要在短时间内调整好自己的心态，尽早地进入正常的状态。

谁都会有第一次的时候，谁也不能保证第一次维修就能成功。失败是成功之母，如果没有失败的话，就不可能有成功。是人就肯定会犯错误，人就是在犯错误的过程中成长起来的。所不同的是在犯了错误以后，要知道怎样去总结经验教训，以后不要再犯同样的错误，别人所犯过的错误，也是自己的前车之鉴，要知道去汲取和总结经验教训。所以，电气维修人员要磨炼自己，培养一个良好的心理素质。干什么事都要保持有一个清醒的头脑，做到处事不惊，遇事不乱，要有清晰的处事方法和分析能力。要明白自己先要干什么，知道自己后做什么，不能盲目地瞎冲乱撞。

2. 要克服心理上的畏难情绪

过了上面心理适应的这个过程，下一步你就要面对正式的维修工作了。第一步就是接触电气设备的电路了。就是对控制箱或控制柜的了解了，很多的电工新手，在第一次进行维修工作时，打开一个稍复杂一点的电气控制箱，哇！面对电气控制箱内数量众多的电器、密密麻麻的各色导线，当时头就大了，不知从什么地方下手了？认为这太难了！认为自己的水平太低或实际经验太少，心里面就开始打鼓了。

实际上，电气线路并不像想象的那么复杂，不管多么复杂的电路，它都是由一个个简单的电路组成的。就如我们小时候玩的积木一样，是一个一个拼凑而组合起来的，组合起来以后就好像很复杂了。所以，你只要能将它们区分开来，复杂的电路就变得很简单了，关键的是你要有能力将它们分解开来看。

在这里举一个实际的例子，笔者曾经带着一批电工新手到工厂参观，虽然他们才经过电工考试，并取得了电工特种作业操作证，但是这却是他们第一次到工厂，也是第一次见到工厂的电气控制系统。大家都想亲眼见识一下工厂现实的电气线路，但是当打开电器控制箱的箱门后，所有的学生都傻眼了，只见900mm×1600mm的控制柜里内有一、二十个接触器，并有各种颜色的密密麻麻的线路，导线有粗有细，都是用线扎成一扎扎的，这一扎扎的导线，有从电器控制箱的后面进来的，也有从电器控制箱的后面分出去的。大家都变得垂头丧气、底气不足，都认为这台设备的电气线路太复杂了，老师根本就没有教过这样电路，平时也没有练习过这样的电路，以自己的现有水平那是肯定无法搞懂的！于是很多人就开始打退堂鼓了。有个别的学生提出来，是否给他们看些简单的电气设备的电路。这时，老师就告诉学生，这是车间内比较简单的电气设备了，很多的学生当时都不相信，有的学生还认为，这是老师故意在为难他们。但其实不然，后来笔者将学生分成几个组，让他们分别沿着控制柜去检查进来的和出去的电线，看这些电线都到了什么地方去了。学员们很快就查清楚回来了，说进来的线是从车间上方的电源线上引下来的，下来了有四根电线。套了塑料管出去的电线有近二十条左右，每条塑料管内都是三根电线，都分别接到不同的地方水泵上的三相异步电动机的接线盒里了。笔者再让学生们按控制柜内线路导线上的编号，查一下它们的线路都是与什么电器相连接的？编号是否都是相同的？都连接到哪里去了？再观察电气控制柜面板上的按钮数量与接触器的数量有没有什么关系？没有用多长的时间，学员们就将线路检查完了，我问学生们这个电气控制柜是起什么作用的，你们现在通过线路检查清楚了没有。这时，大部分的学生都说基本上查清楚了，较细的控制线都接在了控制柜面板上的按钮和指示灯上了，每一个接触器与一红一绿二个按钮配套，按线路的检查应该是单向连续运转的电路。现在再问学生们这个控制柜的电气线路复不复杂？平时你们学习过这种电路没有？这时，所有的学生都笑着不做声了，都围着电气控制箱或到生产线上去了。

其实这就是一个简单的电气控制柜，是一条控制工件前期表面处理的酸碱清洗工序流水线的控制柜，它有近二十台酸碱清洗用的水泵，并且全部都是单向转运的。只是要根据工件表面清洗的具体情况，来确定哪些电动机工作和哪些电动机不工作，这些都是工人视工件的清洗情况，通过电气控制柜面板上的按钮来控制的。

通过这个实际的事例，可以说明一个很现实的问题：那就是不管做什么事都不能只看事物的表面。做什么事情首先要对自己有这个信心，要相信自己有这个能力，如果你连自己都不相信，就没有人能够帮助你了。

做什么事情之前，一定要保持清醒的头脑，遇事后一定要冷静，不要事情还没有开始做，自己就先自乱了阵脚，不要轻易地放弃，不要刚到战场就想要做逃兵。要相信别人能够做到的事情，自己也一定能够做到。做电工一定要有比较敏锐的观察力，要多注意从各方面来观察和判断问题，要做到先动脑子后动手。

3. 要克服维修时的急躁情绪和不良习惯

对于初涉足电气维修的电工人员来说，最大的难处就是实际经验不足，遇到出了故障的电气设备，不知从何处下手，这时就有急躁情绪的产生。

对于进行电气维修的电工新手来说，都有一个共同的毛病，就是不喜欢去分析，而是喜欢动手。有的人在维修的过程中，只要看哪个元器件好像有问题或检查到疑似故障的电器，就不管三七二十一毛躁的急于去动手，急急忙忙地拆下来，只想快点将故障排除将设备修理好。但事与愿违，这样做不但原来的故障不能排除，还有可能会出现新的故障隐患，并有可能造成更大的故障。就是侥幸找到了出故障的电器元件，但由于并没有注意电器上线路的走向和做相应的标记，在对新的电器元件安装时，因没有注意原来电器上的接线，将电器上的线路又连接错了，人为地造成了故障的扩大。

在确定了某电器元件损坏后，要进行电器拆卸的时候，不要太性急，要看清楚了以后再去拆卸。对于电器元件接线较多或导线上没有接线标号端子的电器，最好是要做一个线路拆线的记录，或者是在导线上做一些识别的标记，这样就便于你再重装电器元件时，不至于将电器上的线路连接错。这一点请在拆卸电器一定要注意，很多的电工新手在刚开始进行维修工作时，就是因为没有做好相应的准备工作，吃过这方面的亏。如果你将线路接乱了再要想恢复过来，那里是要花相当的时间和精力的。

不要将简简单单的电器更换工作，变成了复杂的电气线路查线工作。

所以，对于初涉足电气维修的电工新手来说，电气设备维修的程序，不是先动手，特别是乱动手。一定要控制自己的情绪，一定要先动脑子后动手。对电气设备的维修要先了解、再观察、细分析、后判断，在最后确定了故障点后，才可以开始动手，切记！

二、在实际的维修工作中，要采用的维修方法与维修的过程

电气故障的维修与步骤，国家和行业并没有一个详细的规定，也没有维修的具体步骤的示范。维修的方法现在有很多，不能说这个维修的方法好，那个维修的方法不好。这要依据不同的电气设备、不同的电气故障、不同的维修条件、不同的维修水平、不同的维修时间等因素，来具体地进行确定。维修人员的技术水平与维修经验，决定了每一个人的维修方法。

每一个人电气维修的目的是一样的，从某种意义上来说，对于故障的修理

并不困难，难就难在对故障点的查找上。对于电气故障的维修是从什么地方开始？用什么样的步骤进行故障的查找呢？其实这和电气接线是一样的，关键是要找到适用自己的维修的方法，并逐步地完善自己的维修方式。

对于实际电气故障的维修，进行全面的检修是完全没有必要的，这在实际的维修中也是很少采用的。一般的电气维修都是采取单刀直入、直奔主题的方式。那就是电气设备的什么地方出现了电气故障，就检查什么地方，就修理什么地方。对于没有出现故障的部位，一般情况下是不会去检查和修理的。如发生了短路故障，就先找出短路点，针对短路点进行修理，并恢复短路损坏的线路或电器，修理工作就完成了。如接触器的线圈烧毁了，直接进行线圈的更换就行了，并在更换线圈的过程中，对接触器的电磁系统部分，就进行了相应的检查了。如果是因电源电压升高，引起的线圈的烧毁，这种情况还是不多见的。如设备的某加工程序出现问题，只要找到此程序的相关电器，并对上一级和本级的程序进行检查，就可以发现问题的所在，这与其他电路与程序并没有多大的关系。

所以，如果不是特殊的原因，如电气设备受到外力的损坏、控制电路人为地拆卸、无法判断加工的程序、无法判断内部电器的工作程序等。一般情况下是不会对电路进行全面检查和分析的。因电路的全面检查和分析，是要花费相当多的时间和精力的，特别是较复杂的电路。有的时候，去检查和分析一个复杂的电路，如果没有接线标号的话，检查所花费的时间，可能要比电路重新布线的时间还要多，而且还不可能保证电路分析准确。

电气维修的工作都是有针对性的维修，并没有想象中的那么复杂。但要想成为维修高手，最好在设备没有出现故障以前，将电气设备的动作程序摸清楚，都有什么电器控制什么程序，电路是分为几个部分组成的等。

1. 维修前"询问"的重要性

对于刚开始进行维修工作的电工新手来说，很多的人都想知道从哪里下手。就是有电气线路图的电气设备，都感觉不是很有把握，就别说是没有电气线路图的电气设备了。那从什么地方开始入手呢？首先就要从电气设备的了解入手，从电气设备的加工过程入手，从电气设备的动作过程入手，也就是从电气设备动作的程序入手。电气设备的这些情况，一般是从3个方面获取：①从电气设备的操作人员那里得到；②通过电气设备在加工工作时通过自己的观察得到；③从电气原理图的分析得知。

首先就是要对电气设备的操作人员进行询问，了解故障发生前后的情况，这个询问的步骤是相当重要的，不管是有图纸也好，没有图纸也罢，这都是电气维修的第一步，一定要加强与电气设备操作人员的了解与沟通，因为电气设备的操作者，是最熟悉电气设备性能的，他最先了解故障发生的情况和现象，并有可能知道发生故障的部位和原因。通过对操作人员的询问，详细了解电气设备的加工过程，电气设备的动作过程和程序。了解电气设备正常时的状态与故障时的状态。这是你了解电气设备运行状态的第一手资料，这会有助于你判断故障发生点和分析故障产生原因。这一步骤是相当重要的，一定要千万记住。

通过正确的询问，再辅以简单的检查和判断，多数情况下都能很快找出故障发生的原因及出现故障的部位，即使一时没有找到直接原因，也可以缩小故障的范围，在最短的时间内将出故障的电气设备修理好。

> 不要小看电气设备的操作人员，他们天天与这台电气设备打交道。对这台电气设备的具体情况，不见得比你了解得少，有时我们说，电气设备的操作人员，有时可以当半个修理工。有时候他的一句话，就可以帮你解决大问题。

TIPS▶ 需要询问的问题

这类的故障以前出现过没有？是否是在有某种外来因素而引起？以前出现这类故障时有人修理过设备的什么部位？出现这类故障换过什么电器没有？出现这类故障时有没有什么先兆？这类故障是否有一定的规律性？出现故障前有什么不正常的现象没有？故障发生前有什么不正常的味道没有？故障发生前有什么不正常的声或光没有？在我们来之前有人修过没有？

下面对上述问题做一些具体的解释。

（1）这类的故障以前是否出现过。

如果以前没有出现过类似的故障，就可以暂时判断这个故障是偶然发生的；如果以前出现过类似的故障，就说明这类故障可能是因同一个或类似的原因引起的，如设计不当、绝缘破坏、外力碰撞、工件错位等原因引起故障的发生。有时在设计时只考虑了正常的情况，没有考虑实际工作中的特殊情况，如加工工件对电气线路的影响、加工过程对电气线路的影响、操作过程对电气线路的影响等。

如有一台电气设备，在设计时考虑不周，将安装控制线路蛇皮管的走向，放在了加工出料刀口的下方，如果操作人员按规定将铁渣清理掉，就不会出现什么问题，因铁渣离蛇皮管还有一段距离。但如果几个班才清理一次铁渣的话，铁渣就会堆在蛇皮管处了，刚加工完的铁渣温度是相当高的。所以，就经常发生电气设备出料刀口的这一处，蛇皮管内的导线因外来温度过高，而造成内部导线的绝缘被破坏，经常地造成短路故障的发生。因设备的安装位置设计时就已经固定了，并且在设备机体定型时，就已经预先设置了管线孔，如现在要进行线路改线是相当困难的，线路要绕设备外面转一大圈，所以就没有改动线路，只要求操作人员按时进行清理。但每过一段时间就会发生此类的短路故障，因这个故障是发生在蛇皮管内的，如果不是操作人员提供线索，蛇皮管内又短路了或者是你以前修理过，假如不知道此故障的话，真的检查起来还是要花点时间才能找到故障点的。这时如果操作人员告诉了你，这个以前出现过的故障原因和故障点，你维修起来还有什么困难吗？如果你没有询问操作人员的话，那你就慢慢地去检查线路吧。

（2）出现这类故障时是否修理了设备的某些部位。

这个问题通常是在发生过有同类故障，并且有人修理过的情况下问的。他可以告诉你设备的什么部位出现过问题，可以让你节省大量的检查时间，可以直接去判断是否是这个部位有问题。如果确定是这个部分有问题，那故障的原因就找到了。

对于非常熟悉电气设备的维修人员，只要知道电气设备故障的现象，一般情况下就可以马上判断是什么原因引起的故障。如有一条流水生产线的轨道速度是由电磁调速系统来控制的，电磁调速异步电动机是由普通鼠笼式异步电动机、电磁滑差离合器和电气控制装置3部分组成，通过控制器可在较大的范围内进行无级调整流水生产线的轨道速度。电磁滑差离合器，它包括电枢、磁极和励磁线圈3部分。电气控制装置由给定电压、速度负反馈、放大器、触发电路、可控硅（晶闸管）整流等环节组成。这如果是由一般的电工来进行维修，那可以说维修的压力是很大的。第一次发生流水生产线的轨道只有最高速度的故障，就是速度无法控制的故障时，车间电工根本就修理不了。来了几个部门的技术人员，包括机械的维修和电气的维修人员，检查了好几天才检查出是电气调速控制箱内的一个双向可控硅击穿了，更换了一个新的双向可控硅后，流水生产线就恢复正常的速度。过了一段时间，又发生了流水生产线的轨道只有最高的速度，速度又无法控制的故障。这时，就没有通知上面的几个部门了，车间电工直接就到了电气调速控制箱，将电路板上的双向可控硅先进行了在线测量，怀疑双向可控硅已经击穿，就将可控硅拆下来，用万用表进行检查，果然双向可控硅又击穿了，就又更换了一个新的双向可控硅，生产线就又恢复正常了。这类的故障差不多每年都会发生一次，除了第一次，后面基本上每次都是半个小时解决问题。这就说明了有的故障是有它的多发性，如果你对这台电气设备比较熟悉，那就可能在很短的时间内就可以排除故障。但如果你对电气设备不熟悉的话，就像这台电气设备，你如果从电源开始检查的话，估计那就没有修复的希望了。因这台电磁调速系统，要想将它的原理搞清楚，是需要多方面过硬的理论和实际知识的，否则是根本做不到的。

如果是你在这条流水生产线的轨道速度出现了失控的问题时，如果有人告诉了你这条流水生产线的轨道速度出现了失控时，别人修理过什么部位，相信你就是一个电工新手也能够在短时间内将设备修复。但如果没有去询问操作人员或没有人来告诉你，那可能你就会无能为力了，或者你准备用几天的时间来进行检查了。

（3）出现这类故障时是否换过电器。

这个问题也是在发生过有同类故障，并且有人修理过的情况下问的。但它的目标就更详细了，如果是相同的，只要更换相同的电器就可以了。但不可武断地判断，要看这次是否是这个元件，有没有可能是其他同线路的元件。

如我们日常中常用的电风扇，经常出现给电风扇通电后，电风扇内有轻微地嗡嗡声，但电风扇的风叶不转动的故障。但只要你用手拨一下电风扇的风叶，你往哪边拨，风叶就往哪边转动。这时我们就不要再进行检查了，就直接拆下电风扇内的移相电容器，并按照它相同的规格和参数，更换一个新电容器后故障就算排除了。因电动机的绕组和焊点是很少出问题的，如果是绕组出问题也不是马上能够修复的。作为电气新手来说，如果操作人员告诉你了故障现象，并告诉你换了什么元件，你还不会修吗？

（4）是否是在有某种外来因素引起。

如果操作人员告诉了你，是在什么外来因素引起的故障问题就解决了。如现场的温度异常、有人违规动过了什么元件、违规操作、操作人员的变更、设计不当、工件换了批次、材质有改变、加工件不规则等原因，你就可根据不同的情况，进行相应的处理了。

比如有一台多孔机的 30mm 的镶合金的钻头有时会频繁地损坏钻头的合金片，经观察是在钻头穿孔的瞬间钻头的合金片损坏，但其他的几个麻花钻头没有出现问题。采取了调节节流阀改变钻孔速度、更换镶合金的钻头其他的生产批次、更换传动皮带、对气缸进行清洗等措施后均没有解决问题。后来还是一个维修人员发现，在钻头穿孔后的冲击距离好像比平时大一些，就怀疑是否是气动压力过大引起的，当时很多的人还不相信，就将调压阀进行了更换，更换后就再也没有出现这个现象。原来是在车间气动设备的使用量减少时，造成了压缩空气的压力过大，30mm 钻孔的气缸较其他气缸大，加上调压阀有点问题，就出现了损坏镶合金的钻头的故障。但在平时压力正常时，就没有这个故障的出现，所以只有在压力过大与调压阀有问题的时候，才有这个故障的出现。这个故障的出现是压力超过标准并得不到调整的外来因素引起的。

又如有一台平板打磨机，一直工作都是很正常的，但有个别时候就会出现电动机的热保护频繁地跳闸，并造成电动机的严重过热。对设备进行检查，也没有发现是什么原因引起的，有时电动机严重过热时，只能进行停机处理。这个问题也不是经常出现，有时有的操作人员进行操作时，就没有这种情况的发生。后来在与操作人员闲谈时，就说到了这个问题，其中有一个操作人员告诉说，他知道是什么原因引起电动机严重地过热的。他说在加工的时候，有的工件铸造时上下有点差别，就是有一端的下面长一点，平时你不注意看，还不容易看出来。如果你将下面长的工件放在打磨机的上面，就在打磨的时候会经常地卡死电动机，但将把手把一抬起，电动机又可以转动了。如果你将上面长的工件放在打磨机的下面时，打磨时的情况就要好很多。后来了解工件的问题是没有办法的，因并没有超过标准。知道了电动机过热的原因后，就对电动机的传动机械，进行了一些相应的改进，在电动机将要堵转时，电动机就可以进行空转，再就没有发生过电动机严重地过热的现象了。这就是因为加工件有变化、设计不当、操作人员的变更等，几个外来因素引起的故障。

（5）出现这类故障时是否有先兆。

这个问题就是问在故障发生前有什么现象发生没有？如电动机转速的变化、电动机动转时有异常的声音、某些电器元件有不正常的响声、在设备的某种电器出现某种情况时、设备在加工时有不同平常的情况等。这些就是故障发生时的先兆，通过这些异常的现象，就可判断故障发生的原因。

如有一台用于喷底面涂料漆和面漆的通风机，通风机是用来抽去喷漆时多余漆雾的，这也是改善操作人员的工作环境。这台通风机工作一段时间后，就会出现通风机叶轮卡死的故障，因通风机的电动机和叶轮部分，是安装在约 3m 多高的铁架子上，叶轮卡死后就要打开叶轮处的铁盖板，将叶轮扳动一下就可以了，叶轮基本上不用清理，高速旋转的叶轮基本上都甩干净了，叶轮两年清理一次就可以了，但每次出现叶轮卡死的故障维修的时间都在 3 小时左右。每个月都要上去好几次，这也成了维修班的一个负担了。有一天，快下班时，操作人员告诉我们，明天的加工任务比较多，你们早点将通风机维修好，他们也不想很晚下班。这就奇怪了，通风机用得好好的，你怎么知道明天就会出问题，就没有当回事。不想第二天通风机果然启动不了了，就又上去拆叶轮盖板，将叶轮扳动一下，再将它恢复，三个小时又过去了。这时就去找操作人员询问，他是怎么知道叶轮会被卡死的，他说喷面漆比喷底面涂料漆容易造成卡死，但最主要的是听通风机关机时的声音，如果叶轮快停下来时惯性的声音很顺畅、惯性较好，明天叶轮就不会被卡死，如果叶轮惯性的声音不流畅有刹车减速的感觉的话，那明天叶轮就会被卡死。后来分析是漆将叶轮与壳体凝固卡死的，后来通过试验，叶轮惯性的声音有刹车减速时，约4小时漆就可将叶轮与壳体凝固卡死。清楚了故障的原因，维修人员就与操作人员配合，在通风机关机时有叶轮惯性的声音有刹车减速时，在通风机停机后约2小时左右，将通风机启动一下，这就破坏了漆的凝固。如果白班没有时间，就在维修黑板上注明，让晚班的人员操作一下就可以了，这以后一年都很难出现几次叶轮卡死的故障了。

（6）这类故障是否有一定的规律性。

故障有一定规律性的发生，就说明故障是由同一种原因引起的。如电动机有规律性的停止转动，说明加工的过程中，在某个动作过程时因过载原因而引起的；在加工某种批次的产品时，有这种故障出现；在加工某种材质的工件时，有这种故障出现；在加工某种形状的工件时，有这种故障出现；在设备的某种电器出现某种情况时，有这种故障出现；在温度有变化的时候，有这种故障出现；在设备上的压力有变化的时候，有这种故障出现；在电源电压较高或较低的时候，有这种故障出现；在变更操作人员的时候，有这种故障出现等。通过了解得知了故障出现时，这种规律性产生的原因，就可从这些原因中，找出引起故障发生的真正原因了。

如有一台气动设备的牵引电磁阀，只要电磁阀的线圈一烧毁，你就必须要对阀体进行清理，不然你换了线圈后，不要多长的时间，线圈就又会烧毁。别的牵引电磁阀就没有这个现象，你就是将整个牵引电磁阀更换了，使用一段时间后也一样，但对阀体进行清理后，可以正常使用很长的时间。后来分析可能是这台设备使用坏境的关系，因这台设备是第一道工序，灰尘和杂质比较多的关系。如果操作人员告诉了你这个规律，你维修起来就容易多了，不然你连续地更换线圈，烧毁了还不知道是怎么回事呢？

（7）故障发生前是否有什么不正常的味道。

在故障发生前，有没有嗅到不正常的味道，如烧橡胶皮的味道、烧塑料的味道、什么东西烧焦的糊味、有某种特殊的刺鼻味道等，如有烧橡胶皮的味道，就说明在设备中，有橡胶材质的导线或电器，出现了过流或高温的现象。如有烧塑料的味道，就说明在设备中，有塑料材质的导线或电器，出现了过流或高温的现象。如有什么东西烧焦的味道，就说明在设备中，有除橡胶、塑料材料之外的材料，如电木类等材料的元器件，出现了过流、爬电、高温的现象，这也是很多短路故障的前兆。如有某种特殊的刺鼻味道，最有可能的就是有绝缘漆的电器，如接触器、继电器、控制变压器、电动机的线圈烧毁了。如还有其他的味道，只有根据实际的情况，来进行分析了。有时候，味道的出现，是与其他的现象同时出现的。如接线排等电木材料，因导电粉尘的积累而引起绝缘破坏，造成了爬电的现象，这时接线排处就会有火花和味道同时出现，严重时还会有响声出现。

（8）故障发生前有什么不正常的声或光没有？

一般情况下，不正常的声或光现象，有时是一起出现的，如发生了短路的故障时，它的声与光是同时出现的。再如比较严重的接触不良故障，就有比较响的声音，同时有较强的火花出现。但要注意的一点是，短路时所产生的电弧，亮度是比较强的，时间又是很短的，同时响声也较大。这时，如果设备的操作人员或旁观的人员，告诉你设备的某处短路时（熔断器除外），你只能作为参考，因短路的时候，电弧的亮度是比较强的，这种情况下看到的短路点，往往相差甚远，除了很明显的短路点以外，大部分人看到的短路点都是不准确的，就这一点不能太相信，要依据自己的检查来确定。

（9）在我们来之前有人修过没有？

这一点很重要，对于已经被人修理过的电气线路，那就有两种情况：①因修理者水平的关系，是已经没有办法修理好离开的；②在修理的过程中，有其他更重要的事情，暂时离开的。

以第一种情况最麻烦，因他既然修理不好，那就不可能将线路进行复原。一般情况下，都对线路进行了拆动，已经不是本来的线路原貌了，这时接手后再进行修理，就有了一定的难度。因水平较低的电工，是最喜欢东拆西挪的，本来很漂亮的线路，也能让他拆得乱七八糟的。这时要检查导线、元器件有无移动、改接、错接、损伤坏等情况，如发现有上述情况，必须要及时地进行复原。如果有新更换上的元器件，要检查更换的元器件的型号和参数，是否与原来的型号和参数相符，线路的连接是否正确。要解决了这些问题后，才可以进行下一步的故障检查。

第二种情况稍好一点，因为既然已经发现了原因，那说明电工并不是随便地乱拆线，在这种情况下，要仔细地观察线路，看线路中什么地方动过了，有可能的话，最好询问一下当事人，这样恢复起来就会快一点，这也便于下一步检修。

上面就是对操作人员"询问"的了解，以及对你维修工作前的帮助。如果你到了一台电气设备旁，没有操作人员可以进行询问，就不可能从操作人员那里得到任何的信息，这种情况也是常见的。

这时，你就要从别的渠道问清楚，这台设备是加工什么的？对工件进行加工时的要求？对工件加工的技术参数？通过这些加工的信息，你肯定是要搞清楚的。你了解了设备一些基本的情况，你就可以从电气设备的动作程序，对电路进行判断，具体的检修步骤，可以按下面的步骤进行。

2. "询问"后直接进行维修的实例

在到达出故障的电气设备后，通过询问电气设备的操作人员，有时可能只是一二句话。这时，你就要根据这些信息，进行你自己的分析与判断，特别是综合性的分析与判断。如果你分析和判断准确的话，你可能在几分钟内，就可能对故障的原因和位置做出一个确定。这在实际的维修工作中是很常见的，有很多的故障检查并不是很难，可以直接就找出来。

下面举几个例子进行说明。

情况：电气设备的操作人员说，在加工的过程中，感觉电动机有沉闷的声音，加工时好像响声大一些，过了一段时间后，设备就不能起动了。

判断：通过操作人员的描述，你很快就能判断出这是过载的现象，最大的可能就是热继电器跳闸了，直接去检查热继电器就可以了，并立即找出引起过载的原因，这样故障就可以排除了。

情况：操作人员反映，设备的某处冒烟，并有味道出现，过了一段时间后，听到响了一声后，并有光出现，设备就启不动了。

判断：这时，就要确定设备的什么地方冒烟，这可能就是短路点，短路点就肯定有短路的痕迹，应该很容易就能够找到了这个短路点，这时故障点就找到了。对此故障点进行绝缘处理，并更换熔断器后，设备就能正常的工作了。

情况：在设备的正常工作中，突然控制箱内有烟冒出，并伴有刺鼻的味道。

判断：出现这种情况的第一反应，就是这与短路的故障有区别，应该就是什么电器的线圈烧毁了。这时只要打开控制箱，从温度、外观、味道等就应该容易找到故障点。因线圈烧毁后一般都会有过热现象和白色的丝状物出现的，这就能快速地找到烧毁的线圈，更换后就可以正常工作了。

情况：还是设备的正常工作中，控制箱内有味道，有时有点烟，过了一段时间后，听到响了一声后，并有光出现，设备就不动了。

判断：这与刚才的故障就有一点不一样了，味道也不一样，这就有可能是控制箱内，接线端子或某电器，有绝缘不良的爬电现象，导致后来的短路故障的发生。这时主要是查出短路点来，可采用手"摸"感觉出发热点，"看"哪里有短路的痕迹，"闻"看味道是从哪里出来的，应该能够比较容易地就会找到短路的地方，进行绝缘修复就可以了。

情况：设备在加工的过程中，突然动作不正常了，并发现某处有电火花产生。

判断：这时，先将产生电火花的接触不良的问题先解决了，但这肯定不是短路故障，是线路的时通时断而造成的电火花，影响到了设备的工作不正常。这与短路的故障不相同，一般是由电路接触不良而引起的，首先是要找到产生电火花的地方，找出产生电火花的原因，重新进行连接或紧固的措施，应该就没有什么问题了。

情况：设备一直都很正常，就是某人动过了什么地方后，设备就不正常了。

判断：这时不要去查电路，就检查某人动过了的地方，这个地方是起什么作用的，一般观察此地方，应该能很快地找出原因，恢复后就可以正常了。这时的重点就放在此人呆过的范围，仔细观察此地有些什么电器，有什么电器会影响到此设备，如组合开关、电源开关等是否是在正常位置；是否有线路被碰断、移位、错位等不正常的现象。一般情况下，就能够发现故障的所在的。

从上述实例也可以看出，由于外部原因造成的电气故障，是占有相当大比例的。如绝缘损坏、设计不当、设备过载、违规操作、触点接触不良、导线断裂、导电粉尘积累、外力损坏、人为原因、有腐蚀性的气体或液体、环境因素等原因，这类故障都是操作人员容易发现的。我们日常的维修工作，基本上都是处理这一类的故障，这类故障所占的故障比例是相当大的。对于这类常见的故障，进行故障的检修时，一般是不需要进行线路全面检查的，检修的过程也是相当简单的，用常规的方法就可以排除故障了，真正的疑难故障毕竟还是不多见的。

3. 电气控制箱内、外线路的测试与测量

我们平时在看控制电路图时，电器元件都是按照电气的动作原理和动作顺序进行分布的，在图上看控制电路时，还是比较容易看懂的，找各电器的端子相当简便。很多的书籍对于电路的分析，是在控制电路图上进行的，对于故障检修的测试与测量，也是在控制电路图进行的。所以，很多的电工新手在学习维修知识的时候，就进入了这个误区，以为真正的维修就是这个样子，按照书上教的步骤来进行就行了。结果是在进行实际的维修工作时，发现根本不是那么回事，原来所学的维修步骤根本就用不上，这时就完全蒙了，就不知道从什么地方下手了。

就如最简单的单向连续运转电路，从电路图上来看是最简单的了，书籍上对电路的检修讲得也是比较多的，用试电笔、校验灯、万用表来对各点的测试，用电阻法、电压法来测试，如果你要测量哪个点，测量哪个电器，在电路图上看是相当容易的，并且有很多的图表进行了说明，但到实际的线路上进行测试就不是那么回事了。因控制电路图与实际电路的接线是有相当大的差别的。这就是我们要讲的实际电路的测量，其实就是电气控制箱内、外线路的测试与测量，现在我们就用这个简单的电路来进行说明，电路图如图6-2所示。

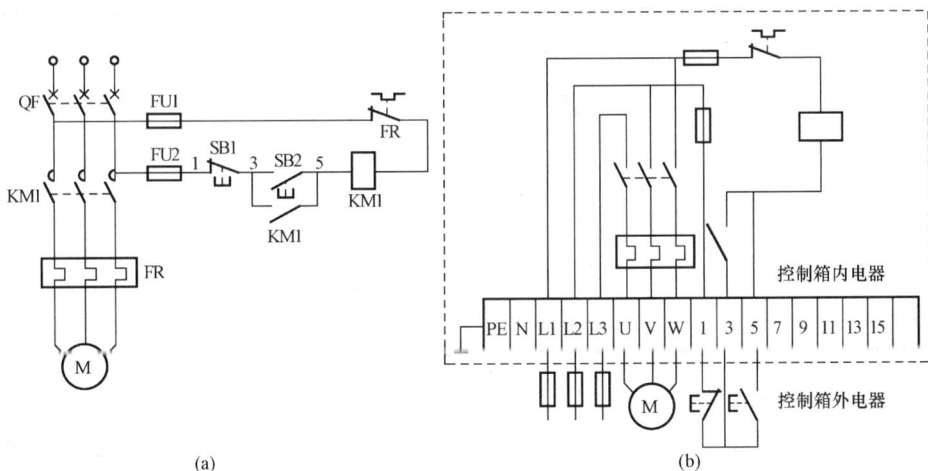

图 6-2　单向连续运转电路
（a）电路图；（b）接线图

　　电路图上的电器，在实际的电气安装上分为两个部分：一部分的电器是安装在电气控制的内部，另一部分是安装在电器控制箱的外部的，中间的是靠电器控制箱内的接线端子排进行连接的。

图6-2中，（a）是电路图，（b）是实际的电路接线图，现在你再去进行实际的测量，看还有没有开始看控制电路图那么清楚了。也就是说你在电路图上做好了测量某点的准备，再到实际的电路上去进行测量，看你能不能够找到你需要测量的点了。

这就是我们很多的电工新手在开始维修时，没有注意到的一个相当关键的问题。有很多的人在书上或电路图上，分析了要检查或测量的地方以后，认为很容易地就能够找到自己要找的地方，完成相应的检查或测量工作。但到了实际的设备上进行检查或测量工作时就看不清楚了，完全没有电路图上那么直观了，电气控制箱电器的分布，与控制电路图上的分布，安全是两回事。

所以，电工新手在开始维修时，要清楚这两种电路图的区别，不然你是无法进行实际的维修工作的，电路原理图是以设备加工的动作程序，按步骤进行电器符号排列的，并且一个电器可按功能的不同，可以画在几个地方。而设备电气控制箱里的电器，它是不管一个电器上有几个功能，而是以电器的实物进行安装的。并且还将电器分为两大部分进行安装，即将主令电器、指示电器、照明电器、电磁阀、电动机等，安装在电气控制箱外面的各工作位置。将接触器、各种继电器、控制变压器、整流电路、接线端子排等，安装在电气控制箱的内部。这两大部分的电器，包括电源部分的线路连接，通过电气控制箱内部的接线端子排进行连接。这就是控制电路图与实际电路的线路图最大的不同之处，这也是电工新手在开始维修时，最容易迷惑和迷惘的地方。

很多电工新手在开始维修时，就地在这个地方被卡住了，总感觉学习的知识与实际的应用很多地方是不一样的，中间好像隔了一层纸一样，有点看不明摸不透的感觉。其中，关键的问题在于电工新手对电路的认识，还是停留在电路原理图上，在认识上并没有从原理电路图，过渡到实际的应用线路中来。这个认识上的过渡，是需要一点时间的，但最重要的是要到实际的工作现场来认识，要到生产加工的电气设备上去了解，这样才能够理解两种电路的区别了。电工理论知识的学习与实际工作的实践，肯定是有一定距离的，电工新手要尽快地缩短这个距离。最主要是搞清楚哪些电器是安装在电气控制箱的内部的，哪些电器是安装在电气控制箱的外部的，先要将这些电器搞清楚问题就解决一半了。这就需要电工新手要多到实际工作的设备上，对照控制电路图了解电器的实际分布情况，内、外电器的线路连接，将两种电路的功能相结合与互补，就能够对电气设备有个全面周全的理解了。

4. 对于电气设备简单故障的检修

作为刚进行维修的电工新手来说，独立地进行维修的工作，开始时不要性急，要做到稳扎稳打。要与操作人员积极地进行交流与沟通，并对电气设备的外观进行检查，要多观察、多分析、多研究，要理清故障的头绪，开阔自己思路，对故障进行充分的分析和判断。在没有确定故障的原因以前，绝不可以盲目地去动手，并对电器设备乱拆卸和乱调节，这样不但不能排除故障，还有可能使原来的故障没有排除，又造成了新故障的发生，严重时会造成电气设备的损坏。

电气故障的表现有两种类型：一种类型是电气设备的外部或内部的外表或表面，有较明显的故障特征，这类故障的发现和处理，都是比较容易和简单的，这在上面已经讲过了，这里就不重复了。

现在讲电气故障表现的另外一种类型，就是在电气设备的外部或内部的外表或表面，没有发现故障的特征，这时就可以进行电气设备的通电试机了。电气设备通电试机的目的，是快速的了解电气设备的故障现象，再对故障现象进行分析和判断，这样就可以节省检查的时间。在电气设备的通电试机前，要了解电气设备的通电试机，是否会对加工的工件或设备造成损害，如果有这个损害的可能，就要先断开主电路或电动机的动力，避免造成这类损害事故的发生。可以通过断开熔断器、接触器线圈等手段，来达到切断部分主电路的目的。

在电气设备的通电试机时，最好有二个人进行操作，并做好紧急停机的准备，操作人员对电气设备进行操作，电工主要是对电气设备控制箱内的电器进行观察，同时也要旁观外部的电器和线路。通过细致地观察后，很多的时候是能发现设备的故障情况。确定了设备故障的现象和部位后，就可进行细致地检查和详细分析，找出产生故障的原因后，采取有针对性的维修措施，准确而又迅速地排除故障。

如果在电气设备的通电试机时，只能确定设备故障的现象，但不能确定故障的具体部位时，就要对相关的电路进行检查了。如电动机有正向的转动，但没有反向的转动，这时就要对相关的电路进行检查了。这种检查也分为两种：①断电的检查，断电检查使用的工具是万用表和校灯，主要是用万用表做电路的通断及电阻检查；②通电的检查，通电检查使用较多的工具是试电笔，有的人是使用校灯，也可以用万用表做电压的检查。

> 在通电试机时的观察，一定要做到仔细和准确，不然将会造成维修工作的误判。

对于电气设备的通电检查，这里要强调电工新手最容易、也是最常犯的错误。就是在按压启动按钮以后，电气设备没有反映的情况下，很多的人就喜欢用手或工具按压接触器或继电器等，这样很容易造成电动机或设备的强行起动，造成电气设备的非正常动作，使电气设备在故障的情况下强行转动或运行，很容易造成新的故障，严重时会造成电气设备的损坏。所以，在电气设备故障未排除的情况下，不要养成用手或工具强行按压电器的不良习惯，以免造成更大的故障或事故的发生。当然，有目的和有预防的进行按压接触器或继电器的检查除外。

下面就以图 6-3 所示的初级电工常用的自动往返电路为例，来说明维修时的步骤。这里的故障表现为在通电试机时，工作台向右运动的电路正常，但工作台不能向左运动。

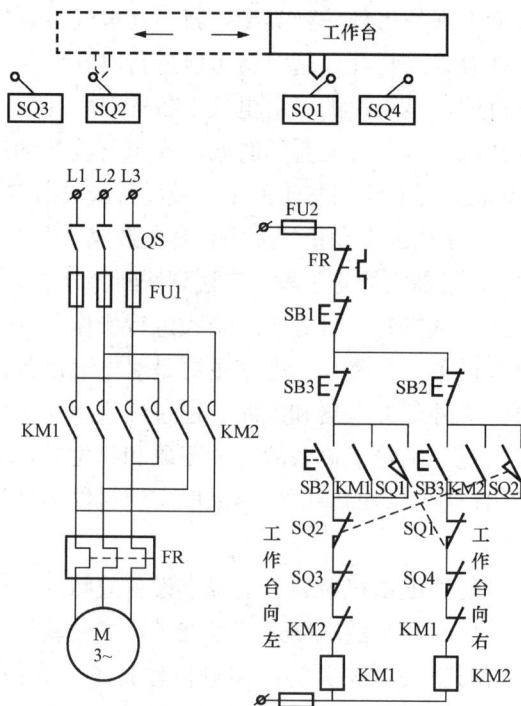

图 6-3　初级电工常用的自动往返电路

（1）断电时用万用表来进行检查。

但要引起注意的是，这个故障是工作台不能向左运动，故障的表现都是电动机不转动，但在故障检查时，这个同样的故障，即依据不同的观察情况，有不同的维修方法。

1）通电试机时观察，电气控制箱内的接触器 KM1 吸合动作，但电动机不转动。

故障的判断：既然接触器 KM1 吸合动作，说明控制电路是正常的，电动机不转动，是因为主电路的故障引起的。并且主电路的一部分是正常的，因工作台向右运动的电路正常，所以只要检查接触器 KM1 主电路的连接线。

这时将万用表的两表笔，将接触器 KM1 按下，测量接触器 KM1 的 U 相主触头的上、下两端，看是否是导通的，再依次测量 V、W 相主触头的上、下两端，是那相有故障的原因很快就查出来了。

2）通电试机时观察，按下按钮 SB2 在自动往返动作时，接触器 KM1 没有动作，电动机不反向转动。

故障的判断：接触器 KM1 没有动作，但接触器 KM2 动作正常，说明是控制电路的问题。

TIPS▶ 断电时用万用表进行检查，有两种不同的测量方式。

（1）在电气控制箱内，将万用表的一个表笔放在上面熔断器的下端，另一个表笔分别测量按钮 SB3 的接线端子排两端，万用表应该是显示通的，如果显示不通，就重点检查按钮 SB3 的线路。再将万用表的一个表笔放在下面熔断器的下端，另一个表笔分别测量接触器 KM1 的线圈、接触器 KM2 的动断触点、行程开关 SQ2、SQ3 的各端子，应该都是相通的。如果测量行程开关 SQ3 不通，就重点检查行程开关 SQ3 的端子排，如果行程开关 SQ3 的端子排不通，就要检查其相关的外接线路了，其他的电器元件也是相同的检查方法。如果电器元件的故障排除了，这时将万用表的两表笔，分别测量控制电路二个熔断器 FU2 的下端。按下按钮 SQ2 或接触器 KM1 后，万用表应该显示有约千欧左右的电阻值。注意在测量控制电路时，要拿掉一个熔断器 FU2，不然在按下接触器时，会通过二个熔断器、接触器主触头、热继电器、电动机的绕组形成回路，这时万用表就会显示电动机的绕组的电阻。

（2）在电气控制箱内，拿掉一个熔断器 FU2 后，将万用表的两表笔，分别测量控制电路二个熔断器 FU2 的下端，最好是将二表笔进行固定（空出双手），这时万用表应该没有显示。用手按下接触器 KM1 没显示后，就准备一根短导线，在电气控制箱内的端子排上，找到按钮 SB2、行程开关 SQ2、SQ3 的位置。用导线分别对电器两端子进行短接，这时注意观察万用表的显示，如果短接到哪个端子万用表有显示，就说明是哪个电器的外接线路有断路的地方。也可以用多个元件端子一起进行短接的方法，确定哪一段有问题后，再进行的逐个检查。

这二种用万用表测量的方法，都是在有图纸的情况下进行检查的，对于刚进行维修的电工新手来说，最好从简单一些的电路故障入手。在维修的过程中，不要受外界的干扰，要静下心来，对线路进行细致的检查和分析。将你学习过和操作过的知识，对比实际中遇到的电路，找出它们的共同点和不同点，特别要注意内、外部线路的分布。如外部的按钮线路，与平时的接线有什么地方不同，按钮接到外面去连接了几根线等。

（2）通电时用试电笔来进行检查。

使用试电笔对电路故障进行检查，其最大的好处就是方便，检查时比较灵活和快捷，并且是单手来操作的。所以，使用试电笔进行故障检查的人很多，用试电笔检查电路的方法基本都差不多，只是从哪边开始的习惯问题了。在通电试机时，要随时做好停机的准备，发现不正常的情况，要能及时地停机，以免造成不必要的损失。

用试电笔对电路的检查就随意多了，如对上面的电路进行检查时，如果是380V 的控制电路，对于有经验的电工，对于断开的故障就直接用试电笔，测量接触器 KM1 的动合辅助触点的两端，测量哪个端子试电笔没有带电显示，就说明是哪边的线路有问题。再对没有带电显示的那一边，用试电笔进行逐个端子测试，测试到哪个端子没有带电显示，就说明这个端子的线路断开了，对此端子的线路及电器元件进行检查后，应该就能够发现故障点了。对于控制电路断开的故障，控制电路是使用 380V 的，那不管你用试电笔测试哪个端子，试电笔应该都是有带电显示的，哪里试电笔测试时没有带电显示，就说明哪里的电器元件有问题。

但这里就要注意的是，用试电笔对接通故障的检查，就是通电后电气设备就自动启动了的故障，对于这类故障的检查，就必须要取下一个熔断器，如果不取下一个熔断器，用试电笔进行测试时，那全部的端子都会有带电显示。所以，对于用试电笔对接通故障的检查时，就必须要取下一个熔断器，从两个熔断器的线路分别进行测试，这样就能够较快地发现，没有带电显示的端子，并找到相应的故障原因。

如果是 220V 的控制电路，因为只有火线试电笔才有显示，所以在用试电笔测试时，可以将零线的熔断器拆下后进行测试，对于有怀疑的端子，可以用短接法进行判断，其他测试的方法与上面基本相同。对于采用 110V 或 127V 电压的控制电路，用试电笔测试的方法与上面基本相同。试电笔在电气控制箱内的各点测试，从哪边开始都没有关系，因为试电笔的测试速度很快，重点是你要知道，你要测试的是什么地方？测试的目的是什么？对这些搞清楚就可以了。

（3）试电笔与万用表的配合使用。

试电笔在设备故障的检查中，最大的优势就是携带比较方便，使用起来很灵活，体积比较小，测试的速度较快，并且可根据试电笔的氖泡亮度的情况，来判断电压的高低、直流的极性等。在判断电压的高低时，一定要用自己常用的试电笔，或用对比的方法来确定。但试电笔只能判断测试点有无带电显示，但要确定线路是否断开、是否接触不良、电阻是否变化,整个或分支电路是否正常等,就不能够直接进行确定了。

万用表的最大优点,就是能够直接显示电路的具体数据,并能够对电阻、电压、电流进行准确地测量。对于怀疑的通路、断路、短路、接触不良等故障,可以在测量时直接进行判断,这一点是试电笔做不到的,试电笔只能进行通电测量,但万用表不管是通电测量,还是断电测量,都可以使用。但万用表在使用的过程中,一定要注意万用表档位的选择,如果挡位选择错误,就很有可能会损坏万用表,万用表的价格要比试电笔贵多了。所以,在使用万用表时,要做到先看、再调、后用。

> 在实际的维修工作中,一般是先用试电笔进行快速地检查,如果要对故障点进行确定时,就会用万用表进行数据上的确定。试电笔与万用表是配合使用的,是相互互补的关系,它们是各有各的长处和优点。

（4）加强对电气设备的观察和了解。

如遇到了较复杂的电气线路的故障,要注意观察故障的现象,前面已经说过了,电气设备一般都是常见的故障,真正的疑难故障是很少见的,对于刚进行维修的电工新手来说,就是遇到了也是无能为力的。这时,你要与操作人员积极地进行交流与沟通,尽可能多的了解电气设备的相关信息,这样对你分析和维修的工作会有很大的帮助。但也不会有人会为难你的,因为你毕竟是个新手,就是有经验的电工,也是要花相当的时间的。当然,如果电工新手第一次维修,就碰到疑难故障,对你是有点儿打击,只能说你的运气不好。但也不是没有收获,你对电气设备的情况,还是有了一定的了解,这也是积累了经验,并可在别人维修的过程中,学习到相关的维修经验。

在通电试机时,如发现只是某一部分工作不正常,这时应设法将不工作的部分,查清楚是否是独立的部分。如设备的一个加工部分不能工作,但其他的加工部分是正常的。这时,就全力去查这部分的电路,电路虽说有联系,但主要的电路还是独立的,因不管多复杂的电气线路,也是由典型电路或分支电路组成的。

如果是半自动或全自动设备,是在加工到哪个程序时加工的程序中断了。这时,就可以观察最后动作的电器是哪一个,再对这个电器进行确定,主要是确定它的作用,这个电器接受上一级信号的位置,自身这一级加工完成后,是要经电器的触点向下一级传递信号的。找到向下一级传递信号的那个触点,就只要确定触点信号传递到下一级没有?如果确定传递到下一级了,但下一级的电器没有工作，那这个故障点就找到了，故障点找到了，单纯的维修是不难的。

我们管这类的维修方法为"中心开花"，就是不全面地去分析电路和检修电路。这种维修的方法，适用于维修经验不足，对全部的电路不是很了解，但又碰到了要进行维修的设备。这种维修的方法，有点儿投机取巧，并可节省一定的时间，对于常见故障的设备维修是很有效的。

但对于电气设备来说，如果你将电路的原理搞清楚了，对于全面的维修工作还是有益的，这也是维修的根本。所以，在维修的空隙时，还是要对所有的电气设备做一个全面的了解，做好维修前的准备工作，这样在电气设备出现故障时，才能够准确和快速排除故障。

对于电气故障的检修方法，可以学习下一章的"学习电气维修的常用方法"，这里只对电工新手第一次维修，进行简单的维修学习。作为电工新手第一次维修时，如果能够将上面的内容，真正的学习并做到了，也就相当的不错了。

电气设备维修知识的内容，在这一章中几个小节内，是相互交叉与互补的。所以，要多方面地进行学习和了解后，选择自己现在可行的维修的方式，先进行简单电路故障的尝试。维修的水平和经验是逐步提高的，你要考虑自己实际的维修水平，不要不切实际地，开始就想从复杂的电气故障做起，这样可能会适得其反，并对于你的信心也是一个打击。电气设备的维修，是维修能力综合的体现，不是各部分独立的，所以要从多角度地去理解和消化，尽快地掌握和选择自己适用的维修方法。

第3节　学习电气维修的常用方法

电气维修的方法有很多种，从现在很多的书籍上和互联网上，都可以看到相当多的维修方法。这些维修的方法，都是别人在理论上的研究和在实际的工作中总结而来的。很多的维修方法有相似之处，也有各自不同的特点，每一个人使用的维修方法，都有不同的维修的步骤。

TIPS▶ 电气设备维修

一、电气设备维修的十项原则

1. 先动口再动手　　2. 先外部后内部　　3. 先机械后电气

4. 先静态后动态　　5. 先清洁后维修　　6. 先电源后设备

7. 先普遍后特殊　　8. 先外围后内部　　9. 先直流后交流

10. 先故障后调试

二、检查方法和操作实践

1. 直观法　2. 测量电压法　3. 测电阻法　4. 对比、置换元件、逐步开路（或接入）法　5. 强迫闭合法　6. 短接法

三、电气故障检修技巧

1. 熟悉电路原理，确定检修方案　　2. 先机损，后电路

3. 先简单，后复杂　　　　　　　　4. 先检修通病，后攻疑难杂症

5. 先外部调试，后内部处理　　　　6. 先不通电测量，后通电测试

7. 先公用电路，后专用电路　　　　8. 总结经验，提高效率

四、查找电气故障的常用方法

1. 经验法　　2. 检测法　　　3. 状态分析法　　4. 类比法

5. 推理法　　6. 单元分割法　7. 图形变换法

五、分析电气设备故障的方法

1. 状态分析法　2. 图形分析法　3. 单元分析法　4. 回路分析法

5. 推理分析法　6. 简化分析法　7. 树形分析法

　　上面简单的列举了一些维修的方法，但只是列出了维修方法的标题，因这些具体的内容太多，就没有全部的提供了。从这些维修方法的标题上来看，都有很多相似和雷同的地方，这就说明了维修的方法都差不多，所不同的只是怎么样去实际地使用了。先用什么维修方法，后用什么维修方法，这就是维修方法使用的关键。检修的方法说多也不多，说少吧也有一些，但仔细看起来，就是说法有所不同，但用起来就有很多雷同的地方。现在出版的很多电气维修方面的书籍，对各种电路的故障讲得也很全面、很系统、很详细、很具体，并有各种维修分析的方法，并采用多种的维修形式，但很多的电工初学者，看过以后就感到很迷惑，这是为什么呢？

　　这其中最大的原因是，初学者没有多少实际维修的经验，很多的人文化水平不是很高，而很多书籍的维修都是针对有一定维修经验的人和有电路分析能力的人。最重要的一点就是，大多数的书籍都是以通用型的电气设备来做维修的案例，而一些初学者根本就没有接触过通用型的电气设备。所以，对通用型电气设备的维修经验介绍，就会与初学维修的人有着一段认识上的距离。并且书籍上理论的知识多于实际上的知识，如果你不针对实际的电路进行维修的学习，就是我们所说的理论脱离了实际，是没有办法进行学习的。对于维修方法

的理论知识，不要大而全地学得太多。而要按你实际的文化水平和维修经验，选择适用于你自己的维修方法，来应用到实际的维修工作中，在实践中来检验维修的方法。维修的理论与实际的维修是有着一定差距和不同的，它们是互相支撑和补充的关系。

有的时候学习太多的维修方法，反而不是一件好事。因你只是从理论上进行学习了，但并没有在实际工作中去应用。这么多的维修方法，真到了实际的维修现场，你去用哪一个维修方法，或者说你先用哪一个，后用哪一个维修的方法呢？到时真的没有办法来确定。

每一人对于故障的维修，采用的维修方法都会不一样，这与每一个人维修的经验、工作的经历、工作的时间、文化水平等都有一定的关系。但从同一类的故障来说，水平和资历浅的人，就会用一些相对简单的维修方法。如在检修设备不能启动的故障时，就会采取稳扎稳打、按部就班的维修方法，从电源开始进行检修，一步步地逐步地向后进行检查，直到检查到有故障的地方。

有一定水平和资历的人，就会用一些较成熟和完善的维修方法。如还是设备不能启动的故障，就会去直接判断是主电路（电源）还是控制电路的问题。如果是控制电路的问题，就会立即判断，是控制电路那一个单元出了问题。控制单元确定了，就会判断是那一电器或线路有问题，就会有针对性地进行检查。充分利用自己的维修经验，在最短的时间内，将故障点查出来并排除掉。

但要特别注意的是，如在上面电气维修过程中，对电源部分故障的检查。如果按很多的书籍上面讲的故障原因，一般都罗列了近十条或十几种故障原因，这你不能讲这些书籍上讲得不对，它确实有它的严谨性和全面性，但在我们实际维修的过程中，就是有实际工作经验的维修人员，如果按这样的过程去维修的话，那就要耗费大量的时间和精力。并且对于电工的初学维修者来说，简直可以说就是一个灾难。为什么呢？按他们现有的水平和实际的经验，他们是不可能搞清楚这些检查过程的；也不可能知道这些故障检查的原理；那就更不可能进行故障的检测与判断了。

所以，在学习电气维修之初，最好是要先掌握简单实用的维修方法，不要去学习过多的维修方法和方式，因维修的方法和方式，是要与实际的实践操作相结合的，并与理论的学习和理解相配合的，学习维修的方法过多过杂，反而会变得无所适从。还是那句话，要选择最适合自己的维修方法。

下面就将本人经多年的维修工作中，在对电气故障的维修时，积累的一些经验和心得，供电工的维修者作为参考。

一、电气设备无法启动的电源检查

电气设备无法启动的故障，就是电气设备所有电器都无法正常的工作。这也要分为几种情况，如果电气设备无法启动，电气设备的仪表、指示灯都显示无电，这时首先就要从电气设备的电源，开始入手进行检查。如果电气设备上的仪表、指示灯都显示有电，就要检查进入电气设备的电源类型，是三相电源，还是单相电源；是用的三相四线制，还是用的三相五线制等。还要检查设备内部的熔断器、断路器、组合开关、转换开关、闸刀开关等，要了解电源电路有哪些保护的电器。是否有不正常的现象，电气设备内部的电源开关是否打开，控制电路的急停按钮是否复位。

电源部分的检查比较简单，用试电笔与万用表就能够很快地进行判断，在检查的过程中，要防止感应电和回路电的影响，不要造成误判。具体的电源检查过程，大家基本都会操作，这里就不多做解释了。

如果检修电源后恢复正常了，电气设备就可以启动了，故障就排除了。如果还有其他的故障，就要针对不同的故障进行处理了。

二、从设备外观与外围电器器件的了解

从电气设备外观的了解，可以发现一些比较明显的故障征兆。如电气设备发生故障后，故障元件有明显的外观变化，如某处有过热的痕迹、短路的痕迹、绝缘爬电烧焦的痕迹、线圈烧毁的痕迹、导线的断线、导线的粘连、焊点松动脱落、按钮不复位、触点烧毛或熔焊、行程开关失灵、电磁阀电源线熔化等。还有电器的故障显示，熔断器的指示装置弹出、空气断路器脱扣、电气开关的动作机构受阻失灵、热继电器过载触头动作等。通过这些不正常的现象，就可以进行相应的修复，并对可能引起同线路损坏的电器进行相应的检查，彻底地排除连带的故障。

电气设备正常运行时与有故障运行时，有时发出的声音会有明显差异，听它们工作时发出的声音有无异常，有时就能够找到故障部位。如电动机在过负荷运行时、单相运行时、机械装置传动系统不良、联结轴松动等情况下都会有不同的声音差异。

有的电器在声音有异常时，它自身的温度也会有变化，有的温度会明显升高，用手触摸电器的发热情况，也可以很快地查找到故障电器或引起发热的原因，如电动机、变压器、各种线圈、断路器、熔断器等，但在触摸时要注意安全，要用手背试探性地去触摸。并在外观的检查过程中，如果闻到一些不正常

的气味，如电动机的绕组或电器的线圈发热严重或烧毁，这时它的绝缘被破坏，就会发出臭味、焦煳味或特殊的气味，这时就可以根据味道，查到故障产生的位置。

不要小看了这些故障的现象，这对故障的排除可以起到相当大的帮助作用。电气发生的故障绝大多数都是因为某一种原因引起的，但可能会引起与之相关的线路或器件损坏。同一台电气设备同时出现两个原因的故障是相当少见的。所以，在电气维修时，也不要全面地去怀疑，故障的范围是有限的，只是它会以多种形式出现。

从设备外围电器器件的了解，主要是看一下设备的外面，有哪些电器元件，如电动机、行程开关、接近开关、按钮、电磁阀、牵引阀等，这些外围的电器，如果了解清楚了，配合上面的加工动作程序、有几个加工过程，就可大致地清楚了每个电器的作用。

如有几台电动机，就说明有几个动力的来源，就最少有几个及以上旋转动力的提供，就有几个提供工件加工的加工头，通过电动机的安装位置，就可知道动力提供的范围；有几个启动按钮，就说明它有几个启动步骤，当然这有控制加工步骤的，也有控制电动机的，也有的是控制其他电器的；如有几个电磁阀，是单电阀，还是双电阀，电磁阀是动断型还是动合型的，就能确定有几个气缸来控制加工行程的，以及对电磁阀控制的方式；有几个行程开关，就说明有几个控制行程、起动的动作或是给下道加工程序提供信号的。从安装行程开关位置来判断它的作用，如安装在轨道上的行程开关，就可通过行程开关所处位置，来判断加工头的加工行程和方向，或者是作为限位保护、安全保护作用的。

通过按钮的使用数量，如有几个启动按钮、几个停止按钮或其他作用的按钮，了解它们各自的作用是什么，如是单启动，还是正转和反转的启动，有没有急停按钮。并可通过按钮上的连接线，来判断是否有直接正反转的功能，并要注意有无多联的按钮。对于初学者来说，普遍都认为按钮都是控制电动机启动和停止的，其实，在电气设备上，按钮也常用于其他电器的控制，如控制电磁阀、控制电磁盘等。所以，不要有看到按钮就认为是与电动机有关系的概念。如果有红色的蘑菇形按钮，那说明此按钮是作为紧急停止用的，一般是装在控制线路首端的。

三、从电气设备的动作程序对电路的判断

首先就是要判断电气设备的加工程序，将设备的加工程序搞清楚了，电气

设备的电路轮廓也就基本清楚了。将电路的主要工作部分搞清楚了，其他的分支部分就很容易清楚了。做什么工作都要抓住重点，重点的问题解决了，其他的问题就好办多了。设备加工程序的步骤，是了解电路的一个重要的环节，这个环节如果处理好了，就会为后面的维修和维护的工作节省大量的维修时间。

电路的重点是什么，就是它加工时动作的程序，这从设备的加工就能够看出来。

到了一台电气设备以后，先要看设备有几个动力源，如果是依靠机械传动的，那就要注意它有几台电动机。这里要注意每一台电动机，是带动几个加工的部件？这个意思就是说，如这台设备有 3 台电动机，对加工的工件要钻 3 个孔，这就是 1 台电动机只带动 1 个加工部件；如果这台设备有两台电动机，那么其中一台电动机就肯定要带动两个加工部件。现假设设备有 3 台电动机，那么它的加工程序就有以下两种加工方式：一种加工方式是，它有 3 个加工头，就是有 3 个钻头，在加工的过程中，加工工件是固定的，是加工头在移动。3 个加工头的加工方向可能会不一样，如在前后左右上下的不同方向。3 个加工头的加工顺序可能也会不一样，这就要看 3 个加工头在加工时是否会互相影响。如果不会互相影响，就有可能是 3 个钻头同时进行钻孔，如果会互相影响，那就有可能是 3 个钻头分开进行钻孔。那就会有几种情况，如加工头依次地进行钻孔加工、先加工 2 个后加工 1 个、先加工 1 个后加工 2 个。

另一种加工方式是：设备加工工件时，它只有 1 个加工头，就是只有 1 个钻头，在钻完第 1 个孔后，进行工件的移动后，再依次钻第 2 孔、第 3 个孔，这种方式用得比较少。

加工头的作用就只有几种，如钻、车、铣、磨、刨、插等。要完成这些加工的任务，就需要加工的动力，现在最主要的动力就是电动机。按现在的设计，电动机的加工基本上都是一对一的，如 1 台电动机只提供钻 1 个孔的动力。但也有 1 台电动机给几个加工头提供动力的，这就要我们对设备进行观察时，要将动力的分配看清楚，这将直接影响电路的判断。

下面就以常见的 C650-2 型车床为例来说明。C650-2 型车床电路如图 6 - 4 所示，它的加工件的旋转动力，是由主轴电动机来提供。另外还设置了刀架快速移动电动机，是对刀架（加工头）快速移动的。为了对刀具（加工头）进行加工时的冷却散热，还设置了冷却泵电动机。

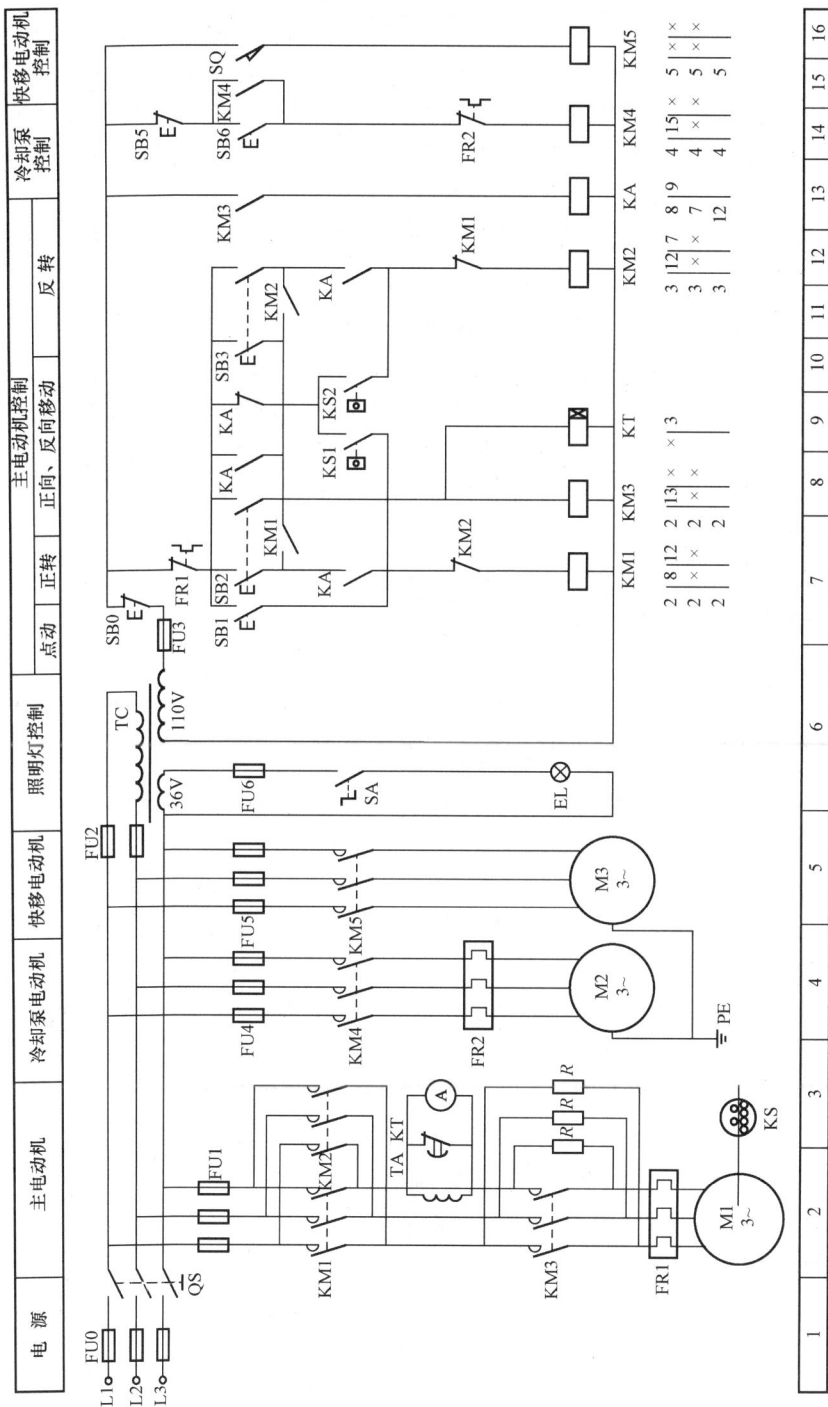

图 6-4 C650-2 型车床电路

这个电路我们就是以前没有见过，也可以大致地判断出来：主轴电动机有正反转控制。由按钮 SB2、SB3 和接触器 KM1、KM2 组成主轴电动机正反转控制电路，并由接触器 KM3 主触点短接反接制动电阻 R，实现主轴电动机全压直接启动运转，并通过速度继电器 KS 实现正反转反接制动的控制。刀架快速移动电动机的控制，与主轴电动机一样，这从接触器的数量与接法就能够看出来。这样车床的电路的轮廓就出来了，但它可能有一些其他的要求，这只要在电路中加入就可以了。

我们对于电路的分析来说，只要电路的大概轮廓出来了，后面就好办多了，具体的细节就再去研究，但困难已经不是很大了，只是一个时间的问题了。但如果电路的轮廓判断错了，后面的电路分析就会跟着错了。

前面我们讲过加工头的动力问题，下面就要讲加工头行程问题，所谓加工头的行程就是加工头在加工的过程中，加工头前进与后退的加工距离。

上面讲的 C650-2 型车床的加工头（刀架部分），它是没有前进与后退的程序功能的，最多只是有机械的蜗杆传动。但有很多设备的加工头是可以按程序前进与后退的。从这方面来说，通用机床设备少一点，专用设备的就多一点，这就是说专用设备的加工头，一般需要加工头前进与后退的较多。

加工头前进与后退的动力，现在常用的有 3 种传动形式：①机械传动，动力的来源为电动机；②气压传动，动力的来源为空气压缩机；③液压传动，动力的来源为液压缩电动机。

除了机械传动为齿轮、皮带、蜗轮等传动外，气压传动与液压传动，一般都是使用电磁换向阀、调节阀、节流阀等进行配合使用的。所以，作为电工来说，要学习电磁换向阀、调节阀、节流阀、单向阀等这方面的相关知识，不然在电路的判断与维修时，你就无法进行电路的分析，最终将导致维修的失败。

电磁换向阀、调节阀、节流阀的知识，在前面的章节中有介绍，可以自己去看一下。这里主要是搞清楚电磁阀的线圈在电路中的连接，电磁阀的线圈通、断电时对于加工头的影响，加工头是前进还是后退等。

在实际的工作中，开始对于这方面的知识不了解，这也没有什么关系。因气压传动与液压传动，都有一个共同的特点，就是在设备上都有一个气或液压缩的缸，这个气或液压缩缸的长短，基本上就是加工头的加工行程。如果你看见了几个这类的气或液压缩缸，就会有几个加工头的行程。

在电路的分析上，有几个加工头的行程，就有几套相应的电路进行控制，你可以通过外部行程开关的多少来进行电路的分析。

如图 6-5 所示（电磁换向阀是使用的单电阀），在图 6-5（a）时是加工头在原始位置的时候。按下按钮 SB 继电器 KA 线圈得电并自锁，继电器 KA 动合触点闭合加工头的电磁换向阀 YV 线圈得电，电磁换向阀换向并加工头开始前进加工，行程开关 SQ2 动断触点闭合，接触器 KM 线圈得电，电动机开始旋转。行程在加工完成碰到了一个行程开关 SQ1，见图 6-5（b），切断继电器 KA 线圈的电源，继电器 KA 动合触点断开，电磁换向阀 YV 线圈失电并换向，加工头退回到原始位置，全部的加工结束，见图 6-5（c）。

　　所以如果在加工头开始行程的位置与加工头结束行程的位置，各安装了一个行程开关 SQ1、SQ2。原始位置的行程开关 SQ2，是控制加工头电动机的。在加工头开始加工，离开加工原始位时，原始位置的行程开关 QS2 从被碰压的状态变为无外作用力的自然状态，行程开关 QS2 的动断触点恢复动断状态，电动机开始运转。在自动化的电气设备中，加工用的电动机，是经常采用这种行程开关来控制电动机的方式。在加工头加工完成，碰到加工位置的行程开关 SQ1 时，电磁阀换向加工头退回到原始位置，压到原始位置的行程开关，原始位置的行程开关转换，电动机又停止运转，这个电动机的控制方式电工的新手要注意。

258

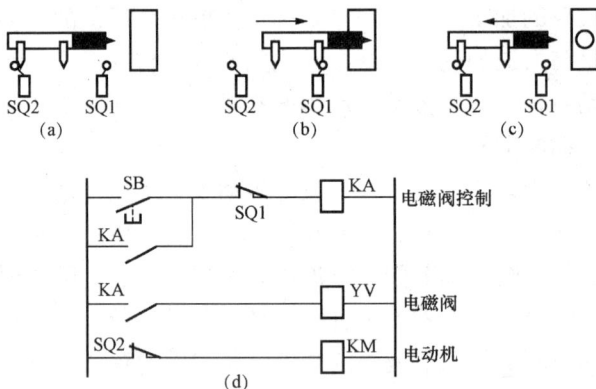

图 6-5　控制电路分析

　　还有的装有多位行程开关的，这时你就要注意，在加工头的行程内，加工头可能是用行程开关来控制加工过程快慢速度的。如在加工头没有接触到工件时，加工头的前进为快速，在加工头快接触到工件时，改为慢速进行加工，这种行程开关可能是一个整体，但也有两个以上的接触头。

　　在全自动或半自动的设备中，如装有多位行程开关的，有时是为了给上一个加工程序或下一个加工程序，提供加工完成或启动信号的。如这一个加工过程结束后，通过行程开关给下一级加工程序，提供上一级加工完成的触点变换，为

下一步的加工程序提供启动信号。还有
一种是提供加工完成到位信号的，如在加
工头加工完成，碰到加工位置的行程开关
时，在电磁阀换向的同时也给下一程序提
供触点变换，启动下一的加工程序，有
的时候是与时间继电器配合使用的。

为达到在电路中增加控制的功能，
可以在控制电路中加入其他控制电器的
触头，可插入增加功能触点的地方如图
6-6所示。

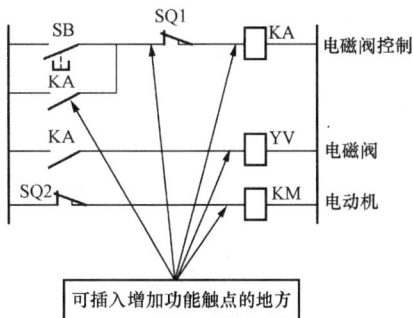

图6-6　可插入增加功能触点的地方

增加功能触点时，停止功能用串联的形式，启动功能用并联的形式。

通过上面的学习，可以知道每一台电气设备的加工过程，都是分析电路动
作的一个关键。在实际的应用中，会有一些不同的功能和要求，就会在每一个
电路的支路中，加入一些如按钮、控制开关、行程开关、转换开关等的触头，
具体可加入增加功能触点的地方，请参阅上图的箭头处。这样就使得电路图好
像变得复杂了，但你只要将几个组成的部分分析清楚了，电路也就不会搞
乱了。

不管做什么事情，都要抓住事物的关键，有些电气控制线路看起来似乎很
复杂，但它们是由一些典型的电路、基本电路的环节所组成，就是由这些起着
不同作用的，几个独立的电路组合而成。只要将主要的电路控制内容搞清楚
了，是分为哪几部分来完成的，其他的分支就容易搞懂了。如上面加工头的加
工电路，就是主要控制二个电器，一是电磁阀是受继电器来控制的；二是电动
机是受接触器来控制的；并都是以触点闭合，线圈通电后来动作的。顺着这个
思路就可以知道，如果想加入断开的功能就用串联触点来增加控制点，就只能
用动断的触点来加入。如果是想加入启动的功能就用并联触点来增加控制点，
就只能用动合的触点来加入。

四、从设备控制箱内了解电器器件

要先从主电路入手，通过对主电路的分析，了解电气设备的动力情况。如
断路器、熔断器、电动机的规格、大小等进行分析。如可根据断路器规格的大
小，来判断此电气设备的总功率大概是多少；根据熔断器熔体电流的额定值，

就能判别各主电路和控制电路的额定电流的种类；根据接触器的主触点的电流大小，就可以大致地判断电气设备的用电功率的大小，根据接触器主触点上的连接线，就可判断出电动机的工作方式是单向运转、还是正反向运转、星—三角控制、能耗制动等不同的电路。

从接触器辅助触点线路连接，如从动合触点上，可以判断此动合触点的作用，如电路有无自保，判断是点动电路还是单向正转电路；或者是顺序控制电路；从接触器的动断触头，可以判断是否是正反转电路的互锁。

从时间继电器的数量，可以判断控制电路中，有几个需要延时的动作，延时的时间为多少。从时间继电器使用的延时触点的数量、动合、动断等，就能判断出有几个延时动作，并知道是延时接通的动作，还是延时断开的动作。

从有无电流继电器，可以判断是否有频繁动作的电动机，电流继电器是用电流的变化来判断电动机的工作状态，并来控制接触器的动作的。例如用电流继电器来控制电磁工作台，来控制砂轮机作为失磁保护的。

从控制变压器输出电压的等级，可以判断是否有提供设备的安全电压供局部照明的。是否在为指示灯提供电压、是否为接触器的线圈提供电压、是否为整流电路提供电源。从有无整流器来判断，有没有电子器件的供电，是否有为能耗制动、电磁工作台直流供电。

从电气设备控制箱内的电器，通过各元器件的辅助触头和控制用电器，可以了解控制电路的电气工作原理。与电气设备外围的电器器件，是相互对应与配合的关系。这时，可以将对外围电路与电器的了解，对加工动作程序、加工过程的了解，来对应电气设备控制箱内的电器。通过控制箱内部的电器，与电气设备外围的电器器件，这两部分电器的对应，应该说对电路的结构，已经是基本清楚了。

TIPS ▶ 判断窍门

如对于有电动机正反转的电路，肯定要由两个接触器来组成；

如有几个气缸来控制加工的行程，如果是使用的单电阀的，那就肯定要与继电器来组成控制电路；

如果是使用的双电阀的，那就有可能与控制箱内的电器无关，起码与继电器的关系不大；

如果是由行程开关来控制电动机的运行，那接触器就只与行程开关或相连的电器触点有关了。

当然，如果能在电路正常工作时，进行上面电路对应的分析，逐步地深入了解各部分电路具体的组成结构，搞清楚它们各部分之间的相互联系，针对电气故障的具体表现，并综合地对上面电路原理的分析，就可以大致地判断出故障发生的范围，通过进一步的分析，就可以准确地判断出故障部位。所以说，什么工作都要做在前面，要在电气故障出现故障前，来做这些电器分析的工作，要省时省力得多。

对于比较简单的电气线路，较容易查找出故障的部位。但是对线路较复杂的电气设备，在分析电路时通常首先从主电路入手，了解机床各运动部件和机构采用了几台电动机拖动，电动机是否有正反转控制，是否采用了降压启动、是否有制动控制、是否有调速控制等；再根据机床对控制线路的要求，来对电路中的各组成部分各个击破，分别来进行分析和处理。

五、对无法判断动作程序电路的维修

对这种电气设备的维修，一般都是自己从来没有修理过的电气设备；出了故障后才到现场的，再就是平时没有进行维修前准备工作的电气设备。

在这种故障的检查过程中，要充分地利用电路原理图的作用，电路原理图在维修中要起着相当重要的作用，电路原理图是电工维修的第一图纸，使用电路原理图来检查电路要简单的多，电气维修人员必须熟悉和理解电气原理图，这样才能正确判断和迅速排除故障。如果没有电路原理图的话，就要通过自己的实际经验，根据电路的结构对线路作具体的分析，来形成一个电路图的框图，这个框图的准确度，就要看你的实际维修水平和经验了。

对于这类的电气设备，除了上面讲的"询问"的相关过程外，先从设备不通电时的检查开始，先对有故障电气设备的外观，进行详细地检查和观察。从电气设备的外观上，发现一些比较明显的故障征兆，进行相应的电气故障维修。

如果断电检查没有发现故障的原因，那就要对电路进行通电检查了。对于设备无法动作的故障，就要先从电气设备的电源部分查起了；对于电源正常，但无启动动作的，就要从设备的启动电路检查起，如从按钮部分查起了。设备通电及启动后，对于动作程序不完整的故障，要先从电气控制箱内，将程序最后动作电器的触点与没有动作过的电器触点，有连接关系的电器开始入手，检查出是哪个电器触点发生的断路。

在电气设备的检查过程中，要根据实际的故障状态进行相应的分析。最好是通过控制箱内部的电器与电气设备外围的电器器件，先将整个电路按功能、

动作等细分为几个部分，这样便于简化电路，方便后面的电路分析，逐步地将电路的动作程序完整化。再根据电路故障的现象，不断地将电路进行细化，不断地缩小故障的范围，最终检查出故障点。

六、用氖泡式试电笔进行电路的检查

试电笔是用于对故障设备通电检查的，如果没有通电是没有办法检查的，但不需要启动设备进行检查。试电笔如果使用得当，检查故障将相当快捷，并且准确率相当高。在电工实际的维修工作中，试电笔是使用得最多的工具。

用氖泡式试电笔进行电气设备的维修检查，是最常用、最实用、最简单的维修检查方式。虽说现在有各种各样的仪器仪表，但是这些仪器仪表只能是在某些测量上能够更加精确，但对常见的实际维修工作，并不能起多大的作用。因机床电气的故障维修有它的特点，它是以常规的故障居多；只有特殊的故障才需要用仪器进行测判断。

试电笔的另外一个好处，就是体积小巧，携带很便利，插在口袋里就可以了，抽出来抓在手里就可以使用了。

在实际的维修过程中，我们用一支试电笔，就可以完成大部分电源与维修的检查过程。在很短的时间里，就可以基本确定电源是否工作正常，这就是实际的维修过程与理论的学习过程最大区别。

在实际的维修工作中，最好是要使用自己的试电笔，自己的试电笔用熟悉了，就可以根据氖泡亮度的大小来判断电压的高低，特别是在有感应电压的时候。

因主电路相对的简单，这里就只对控制电路进行检查步骤的说明。在用试电笔进行线路的检查时，先要了解清楚控制电路的电压，如是 110V、220V、380V 的。一般情况下，在用试电笔对电路进行测试时，要断开控制电路两个熔断器中任意一个。

断开控制电路的一个熔断器，这有两个目的。

（1）在电压为 110V 或 380V 时，如果电路不断开一相熔断器时，电路的任何一个端子上全部都有电，这就无法进行测试了。断开一个熔断器后就可用试电笔测试出，什么地方有电，什么地方没有电，并可交换地断开熔断器进行测试。通过对电路中各点的测试，就可分析出什么地方有断路或连接的故障。

（2）在电路测试中，一般的维修都是一个人进行的，有时为了判断外电路的按钮、行程开关等电器的好坏，或者是要模拟某电器的动作时，就会用短接线将此类电器的触点短接。如果不断开一个熔断器，设备就可能会进入工作状

态，这样是很不安全的。

下面我们就以正反转电路为例，来具体地解释在实际的电路检修中试电笔检查的方法。正反转电路如图 6-7 所示。

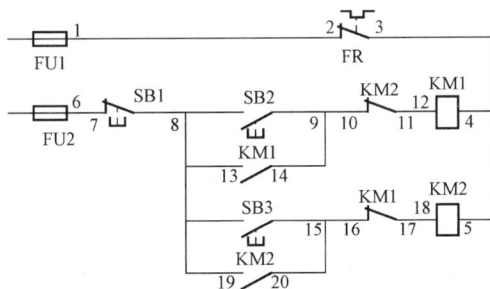

图 6-7　正反转电路

在对电路的测试前，最好将电路的故障区域压缩到最小的范围，这样会减少检查的难度，并可节省检查的时间。如下面的正反转的电路，一般情况下是不会正反两个方向的电路都一起出问题的。那个方向的电路出了问题，就只要检查那个方向的电路就可以了，没有必要检查两个方向的电路。如果是两个方向都出了问题，故障的范围反而缩小了，只要检查共用部分就可以了。如两个熔断器、热继电器动断触点、停止按钮及相关线路就可以了。

现在，首先是控制电路电压为 110V 或 380V 时，用试电笔对电路的测试。现在对电气控制箱内的电器，开始进行测试，这时每一个触点和端子都有两个测试点。先断开熔断器 FU1，用试电笔对 6、7、8、13、19 端的几点进行测试，这些点应该是有电的。但要注意 7、8 的测量，是在电气控制箱内与外部连接的接线端子排上进行测量的，因 SB1、SB2、SB3 是接在操作台上的按钮。如果测量 6、7 端有电，但 8 端没有电，就说明按钮 SB1 的外线断开了。如果测量 13 端有电，但 19 端没有电，这就说明 13、19 端之间的连接线断开了或没有压接好。现在看图就要清楚地知道，7、8 端子是接在接线端子排上的，8 为 3 个按钮的公共端子，这一相的电路端子就只能测量到这里了，如果没有查出问题，可将熔断器 FU1 安装上，断开熔断器 FU2 继续进行测。

断开熔断器 FU2 后，除了刚才测量过的 6、7、8、13、19 端子外，其他的端子全部都应该有电。如果用试电笔测试时，哪个端子没有电，就说明相邻的端子间断开了。如测量 4 端有电，但 12 端只有感应电，那就说明接触器 KM1 的线圈断开了，有可能是线圈的问题，也有可能是连接线的问题，这时故障就好检查了。再如 17 端有电，但 16 端没有电，说明接触器 KM1 的辅助触点断开了，也有可能是连接线的问题。通过用试电笔对电路中各端子的可以，就很容易地发现电路中的问题。

对于控制电路是 220V 供电的，因有一个熔断器是接的零线，用试电笔测试时，试电笔会无显示。这时，可将零线上的熔断器断开，用短接法进行检查。就是在控制箱内的接线端子排上，用导线将接线端子排上的按钮二端子短接，或将接触器的辅助动合触点用导线进行短接后，再用试电笔进行测试。通过对各点的测试，很快地就会发现故障点的。

用试电笔进行电路的测试时，要注意试电笔氖泡的亮度，在氖泡的亮度有变化时，就要注意电路中电压的变化。这也是用试电笔在电路测试时，我们能够发现电路故障的一个注意点，这时就要注意这个点的电压，是因为什么原因使电压降低的。但在用试电笔测试的过程中，二点电压的比较是要站在同一个测试点上的。不能站在不同的测试点，进行试电笔氖泡的亮度的比较，这一点在用试电笔的测试中一定要注意。

用试电笔进行电路的检查比较方便和快捷，但对于电压低于 60V 的电气设备，就没有办法用试电笔进行检修了，这一点在检修时要注意。

七、用万用表对电路的检查

用万用表对电路故障的检查，也是常用的检查方法之一，但都是以电阻、电压的测量为主，是以具体的数据来判断故障的。在实际的故障检查中，主要是对故障电路的电压进行测量对比，对线圈的电阻测量确定线圈的好坏，确定导线是否接触不良，触点是否接触不良，这一类的故障是人的眼睛无法确定的。

万用表对设备的带电检查，一般对电源故障的检查比较方便一点，但对带电的控制电路故障的检查用得少一点。一般就是对熔断器、线圈、控制变压器等电器电压的测量检查，但都是以确定性质为主的测量居多。所以，万用表的带电检查，就是以数据来进行证明电路的状态，这也是万用表优于试电笔的一个地方。

万用表在实际的维修使用时，一般是不作为首选工具的，这主要是因为万用表在使用上没有试电笔方便，在使用时必须要双手操作二个表笔相配合使用。如果用万用表作为线路的维修检查，特别是电路中的串联电路是不太方便的，因电路在实际线路中的两点有时不在一个地方，查找起来有一定的困难。再就是携带不太方便，因维修人员维修巡视时一般是不便带万用表的。

但万用表对于断电时，对检查电路是否正常是相当方便的，并且准确率是相当高的，这是别的工具很难做到的。就如图6-8所示的正转电路，如果要判断电路是否能正常的工作，用万用表就能够轻易地判断出来。

将万用表的二表笔放在断路器QF的两个端子上，用手按下接触器后，就能测量出电动机绕组的电阻，测量3次，就可以判断出主电路是否是正常的。取下控制电路的一个熔断器，将万用表的两根表笔放在两个熔断器的

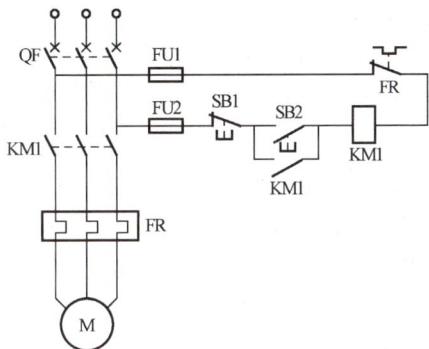

图6-8 正转电路

下端，按下按钮SB2，就能通过是否有接触器线圈的电阻，来判断电路是否能正常启动。再用手按下接触器后，就能通过是否有接触器线圈电阻，来判断电路是否有自锁（自保）功能。

对于自动化程度较高的生产设备，现在很多的电器和电路，是采用低压直流电源供电的。对于这类电路的测量，可视电源公共端的极性，将万用表的一端进行固定，用万用表的单表笔进行测量，这样测量的速度会快很多。对于这类电子电路和低压的电路，用试电笔来测量就无能为力了，万用表是对这一类电路测量的必备工具之一。

所以，在维修工作中万用表是作为确定工具来使用的。如接触器、继电器的触点，用眼睛观察时没有发现问题，但其他的地方又没有检查出问题，怀疑是触点的问题时，就要使用万用表来判断。

八、初学维修者对电气设备故障的认识

初学维修者对电气设备的故障，要有一个故障类型的认识。到底有哪些类型的电气故障出现的多一些，要做一些什么维修方面的准备等。

其实，常规的故障维修是占维修总量的绝对多数，如我们前面讲到的，如因环境因素、绝缘损坏、违规操作、外力损伤、设备过载、人为因素等原因引起的故障。再一个就是我们在电路的维修中，发现电路的断开故障又是占多数的，如电路不能启动、电路工作不正常、程序工作时中断这类的故障是占多数。但设备的电源一打开，设备就自动启动了，这就是某元件或线路短接了，这类的故障是很少见的。这就要求我们，对于这类常规故障的现象，要有一个快速检查和判断的方法，积累发现和确定这类故障的经验，这样才能在维修的过程，应用自如并快速地排除故障。

电气设备的特殊故障，只占到维修量极小的比例，但在维修时所花费的时间较多。这就要求我们平时要加强理论上的学习，在工作中不断地积累维修的经验，对电气设备的工作原理和动作原理，在平时的维修工作中，要进行详细地分析和理解，做好做足前期的准备工作。只有这样才能在设备出现这类故障时，做到心中有数而处事不惊。

要学会和掌握常用的测量工具和手段，因在实际的故障检查过程中，我们的常规检查是主要的，对这类的检查手段要学会。真正使用特殊手段的检查，如用示波器、频率仪等仪器进行的检查，机会还是相当少见的，对于这类仪器只要会用就可以了，在维修学习之初可以先放一下。

对于电气故障的原因，要有自己实际判断的方式和分析的方法，不能全部都听信于人。对于电气设备上的现象，从实际经验来说，只有三种可能，一是正常的，二是不正常的，三是不可能的。一般是先从实际的经验来考虑，再就是用理论进行分析。如果有人来告诉你，有人在操作机床后，将电动机给烧毁了，机床已经启动不了了。你到现场后已经问清楚了，这个人只是启动了一下设备，几秒钟后机床就停机了，并再也不能启动了。并了解到设备的启动过程中，没有发现其他的异常现象。电动机是正常烧毁的、电动机是不正常烧毁的、电动机是不可能烧毁的，你会选择哪一个答案呢。如果你回答不出具体的答案，可以到电动机与变压器的内容中去寻找。

每一个人的文化水平、维修经历、维修经验、维修思路、维修方法、维修工作时间的不同，他的维修水平和处理方法就会不相同。你要根据自己的实际情况，确定自己的维修的方式，完全按照别人的维修方法是不可能的，在学习别人经验的同时，也要重点地培养自己的维修风格。

第4节 有电气线路图时的维修

电气线路图中，最重要的就是电气原理图，它是分析电气故障的理论依据，能够理解和熟悉电气原理图，就能够知道电气设备的工作原理，通过对故障发生现象的分析，就能较快地找到故障发生的原因，就能快速地对电气故障进行维修。有电气线路图时的维修，是要比没有电气线路图时的维修，要方便、快捷得很多，能在短时间内对电气设备的线路，有比较系统和详细的了解，如果能有电气线路接线图，就能对电气线路的内外线路的联系，对电气线路有更加全面的了解。所以，有了电气线路图进行维修，最大的好处是不需要全面地去查线，这样就可以节省大量的时间。

人对了解新的事物有一个特点就是喜欢先入为主。电工新手对电路图的分析能力，一般都不是很熟练和准确的。如果他先对电路图进行分析的话，就很容易产生电路分析上的偏差，他就会拿这个偏差了的动作程序，去硬套设备的动作程序，而且大部分的电工新手，还就能够按照他的思路给套下来。如果他按照这个思路去进行维修的话，其结果是可想而知的，这在实际的维修工作中，是有很多的人犯了这样的错误的。再就是有的电工新手如果发现，电路图与实际的电路不一样的话，那他就更维修不了了。

对于刚开始学习维修技术的电工，或维修经验不足的电工来说，维修准备工作的开始，不要急于去看图纸，最起码也要是同步地进行。最好是从先了解电气设备入手，一是询问电气设备的操作人员；二是自己对设备运行时的观察。对设备的内、外部电器的了解，对电气设备的工作情况，电气设备加工时的动作程序，再对应设备的实际的动作程序，也比较容易看懂一点。

对于一个熟练的维修电工来说，如果有电气原理图的话，那他肯定是先看电气原理图的，这样对了解设备的情况要快一些，就是电气原理图上，有与设备实际的动作程序不一样的地方，也可以凭他的实际经验，很容易地就能够发现。

有的电工新手会认为，有了电气线路图，为什么不先看图纸，在电路图上了解电路的动作原理，不是更快一些吗？理论上是这样的，但在实际的工作中，主要是因为电工新手的实际工作经验不足，分析电路的能力不够，对于动作程序不是很了解，这就容易造成对电气原理上的偏差和误判。

所以，对于电工新手来说，这个程序反过来做，就会比较好一点，以免造成分析上的偏差。因为我们的维修工作，都是以实际的电路为准的。知道设备的动作程序后，再去了解电路图，相对来说要容易一点，误判的机会也会小一点。这也可少走一点弯路。经过一段时间的磨炼，在积累一定的实际的维修经验后，就可以恢复正常了。

下面就将电工新手在维修工作时，所遇到的几种情况加以说明。

一、电气设备配有图纸，并是在维修以前就拿到了

在有了电气线路图以后，有一个重要的程序是不能够忽略的，那就是对电气设备操作人员的询问，并且询问的过程要详细。不能说有了电气线路图后，什么问题就解决了，有很多的人在这方面是吃过亏的。因为电气线路图，只能够反映图纸设计时的情况，有时是不能够反映现场真实情况的。在电气设备的使用过程中，会因某些原因要对线路进行调整和改进，这时就会对电气线路图中的某些地方，进行相应的修改和改动。往往电气线路图的设计与电气设备的实际使用，是两个不相联系的部门或单位，这些电气线路图的变化，只是在下面的实际使用单位或使用人那里来完成的，那就不会在图纸上反映出来，这种现象在实际的工作中是相当常见的。除非是标准的、通用的一类设备，这种现象比较少见。

另外，你要自己对电气设备的工作进行详细的观察，是否与你了解到的动作程序相符，得到第一手的资料。这时，将你从操作人员那里了解的情况，与你自己对设备运行时所观察到的情况，整理出一个完整的加工动作程序。这时，将这个完整的加工动作程序，与电气线路图动作程序相对应，这时就比较容易地搞清楚整个电路的工作程序了。

所以，在有了电气线路图以后，一定要与电气设备操作人员保持比较密切的配合，并对电气设备的动作程序与电气线路图上的步骤，进行实际动作程序的对比，看是否与图纸上的步骤相符合。如果发现有的程序不相符，就要查清楚是什么原因引起的，是否是什么地方进行了改动。另一点要注意的是，要对实际电路与电路图上不相符的电路，做好相应记录或者标记，有条件的话最好重新画一张电路图，以免时间长了又忘记了。

如果是在电气设备没有出现故障前就有图纸，就要以图纸为主体，先将电源进入电气设备的位置，电源开关的位置查清楚。再将图纸上的全部电器，依照图纸查出它们的具体位置，它们的电器线路连接的关系和走向的位置，对电路图上所标注的各元件符号要与实物相对应，找到元件的实物后，要对元件的参数进行了解。如元件的规格、电压、电流、功率等，操作控制台主令电器的数量、分布等，如按钮的数量有几个，有几个停止按钮、几个启动按钮；行程开关的使用数量，作为换向的有几个、作为限位的有几个；指示灯的使用数量，都是起什么指示作用的；还有其他的种类开关安装的位置、使用的数量、它们各自的作用是什么等。

对电气设备的加工要求，具体的加工过程和步骤一定要了解清楚，这关系到电路的动作程序。电气设备的动力在什么地方，有几台电动机各自的作用、功率等情况。是否有其他的动力如气压、液压等。

电气控制箱内的电器，如有多少个接触器、继电器、时间继电器、热继电器等。并与电路图中的电器符号进行对应，分析它们各自的作用和线路的分布。从电气控制箱内的接线端子，就能搞清楚进来的是什么线路，是干什么用的。出去的线路有哪些都到了什么地方，都是起什么作用的，对应电路图后，都能分析得清清楚楚。

对于与电器有关的机械动作，如加工机械运动的行程与方向，与之配合工作的电器，如行程开关、接近开关等。电磁阀控制的相关机械运动，如使用的是单向电磁阀、双向电磁阀、还是牵引阀；是气压电磁阀、还是液压电磁阀；是二位三通、二位四通、三位四通等。并要了解控制方向、行程、速度等，其他的阀的情况，并要知道电磁阀的哪个线圈通、断电后机械的动作情况，这样才能了解整个电路的工作状态。

将这些相关的细节搞清楚，做到对电气设备心中有数，这个过程可能要花你一定的时间，但这是你必须要先完成的。这样就不会到电气设备出故障的时候，你不至于手忙脚乱地进行维修了。

如果电气设备出现了故障，你就可以通过出故障的动作程序上，立即用原来掌握的电气设备的这些详细的信息，知道是哪一部分电器出了问题，并能找到出故障的部位，并将故障排除。这就是在有准备的情况下，打有准备之仗，你原来的学习和努力，在这里就得到了回报。

二、到了维修的现场才拿到图纸

这是在没有接触过的电气设备，到达出了故障的电气设备后，电气设备本身配有了图纸。就是在修理前没有一个熟悉的过程，如果是熟练的电工，他可以利用平时积累的维修经验，来进行维修的工作。但是对于电工新手的维修来说，难度就要大于有准备时间的维修了。

如果你是到了维修的现场才拿到图纸，这时，你不要因维修经验的不足，又没有维修前的准备时间，而担心设备维修不了，这时你要静下心来，要知道你还有图纸，比没有图纸来维修容易多了。

这时，你不要急于去看图纸，因一个陌生的图纸，一下子是不容易看不明白的，这时就要马上进入询问的过程，要知道了解设备的动作程序，要轻松、简单得多，你也可以趁这个时间，调整一下心态。你要了解设备原来的动作程序是什么样的，现在的动作程序又是什么样的，是哪一个程序不正常，这样就可以在最短的时间内，了解清楚电气设备的故障现象。

这时，再将你了解的电气设备的动作程序，去对应电路图上相关的电器符号，并设法找到电器的位置，将设备的动作程序与电路图的动作程序相对应。在这个过程中，你可能要反复地去找图纸上所标的电器，做到图纸与实物相对应，这就有一个检查和判断的时间问题了。如果你对电器的了解，平时学习时熟练了，检查的速度就会快一些。通过图纸与实物的检查和对应，就会对电路的程序过程越来越清晰，很快就能够将电路分析清楚。

清楚了故障发生的经过，并根据电气故障情况，对照原理图进行故障情况分析，有很多的电气线路看起来似乎很复杂，但可以通过典型的控制电路，将它拆分成若干个控制环节来进行分析，这样可以缩小故障范围，在图纸上找到对应的动作故障范围，并进行相应的电路分析，就能迅速而准确地找出故障的确切部位了。这时，如果你还有接线图的话，就能够准确地找到故障点了，这就是有电路图的好处，不用反复地去查线路。

当然，在你到了维修现场才拿到图纸的这种情况下，维修所用的时间就要多一些，这里主要花费的时间，是用在电气线路与电器位置的熟悉上，其实就是对图纸与电器的熟悉。这里所讲的对电气设备的熟悉是有针对性的，因时间上不允许、不可能对电器进行全面的分析和了解，只能对故障相关的电器进行了解。

三、平时对通用设备的熟悉

通用设备就是我们常见的各类车床、铣床、磨床、镗床、钻床、镗床等金属切削机床和锻压设备，这类的设备针对对象较多，实现的功能也较多，但效率稍低。但这类的设备，是由国家进行规范化和标准化的，这一类的设备都有标准的图纸，电路都是很标准和规范的，很少有变动。我们在维修这类通用设备时，维修起来较容易一些，这一类的设备故障率不是太高。

在平时的时候，电工新手可以对这类的通用设备进行研究和学习，因这类电气设备都配有图纸，机床电气系统维修图包括：机床电气原理图、电气箱（柜）内电器布置图、机床电气布线图及机床电器位置图，但重点是学习机床电气原理图和机床电气布线图。

通过学习通用电气设备的机床电气原理图和机床电气布线图，来锻炼自己的识图的能力、分析电路的能力，最主要的是提高对各种电路图的熟悉和使用。掌握电气设备电气的原理和特点，熟悉电路的动作要求和顺序、各个控制环节的电气过程，了解各种电气元件的技术性能。并且通过对通用电气设备的维修部分，学习一些常用的维修方法，这些通用电气设备介绍的后面，都有一些维修步骤的详细解释，这也就为自己的判断是否正确，提供了帮助，非常便于自学。

虽说只是一些理论上的知识，但它可以提高很多方面的能力，并对常用的电器也进行了解和熟悉，这对于电工新手的维修工作是大有帮助的。维修水平的提高，不能全靠在实际的维修过程中，来提高自己的维修水平，这也是不现实的，也是在维修的时间上不允许的，要注意吸收和学习别人的维修经验。

第5节　没有电气线路图时的维修

在进行电气设备的维修时，会经常遇到出故障的电气设备，没有电气线路图的情况，这给维修的工作带来了很多的不便，这会增加维修人员的工作难度，也会增加维修人员的检查时间，这也是对维修人员维修水平的考验。

但这里所讲的"没有电气线路图时的维修"，与前面讲的"电工新手的第一次维修"，是有很大的区别的。这里虽说还是讲电工新手的维修，但这里讲的电工新手，是经过了第一次电气维修的了，是接触过电气设备的维修电工了，可以说是有了一点维修经验的了，只是在维修电气设备时，没有电气线路图而已。

对于通用电气设备来说，就是在现场没有图纸，现在大量的书籍和互联网上，基本上都可以找到相应的图纸，这要平时花心思去找，一般都是可以找到的。但是大量的专用电气设备和非标电气设备，大多数都是没有图纸或图纸不全的，对于这类电气设备，书籍上基本上都没有提及，更没有维修方面的提示。平时，对于没有图纸的电气设备，就要运用原来所学习过的知识，主要是利用控制电路方面的知识画出相应的电路。你对这部分的内容理解的越深，在维修的过程中，就会分析理解得越快。

可以这样说，没有电气线路图进行维修，是要比前面有电气线路图进行维修，维修的水平是要求得高一些，这也是很正常的。你不可能到什么地方，进行电气设备的维修，都要求必须要有电路图，你才可能进行维修。如果不提供电气设备的电气线路图，你就拒绝维修，你说这可能吗？所以，要不断地提高自己的维修水平，要学会在电气设备没有电气线路图的情况下，也要能将故障的原因找出来，并能够维修到正常的状态。

电气设备的电气故障维修，有很多的检查步骤是相同或相似的，但维修时的条件不同时，对维修人员的要求也不一样。没有电气线路图时进行维修时，需要具备和注意以下几个问题。

一、对典型的电路的了解

因为没有电气线路图，这就要求你对电气线路典型的控制电路、常用的控制电路，有一定的了解和认识，严格一点就是说，对于这类的控制电路，是要求记忆在你的头脑内的。你在检查线路的时候，是要随时从你的头脑内，调出来进行线路的对照、对比、判断、使用的。也就是说在你看见实际控制线路的时候，你就要用你头脑中储存的这些电路的信息，来判断你所看到的电路是个什么类型的电路。电气控制线路看起来似乎很复杂，但它们是由一些典型的电路、基本电路的环节所组成，就是由这些起着不同作用的，几个独立的电路组合而成。只要将主要的控制电路内容搞清楚了，它是分为几块来组合而成的，其他的分支就容易搞懂了。

你可能会认为，这些基本控制环节电路，书籍上都会有的，到时候看一下书或翻一下书不就可以了。书籍上的典型的电路、常用的电路，那是书籍中纸上面的东西，那是放在纸上的死东西，这与你记忆在头脑内的典型电路、常用电路，这是完全不同的二回事。我们在对电路进行检查时，你手里面拿着一本书去进行对照、比对的话，那是无法在短时间内完成的。因这些电路是在书籍的纸上，你的头脑内并没有相关的电路，你怎么样将这两个东西，在你的头脑内有机地进行联系、对比、判断呢？

所以，你在日常的工作和学习的过程中，要对于电路中的典型电路和常用电路，要多去研究和理解，电路只有经常地去看看、经常地去画画、经常地去分析，时间长了就自然而然地记住了。

二、多观察设备的运行情况

在平时没有事的时候、平时路过设备的时候、平时在与操作人员闲谈的时候要多对电气设备进行这方面的观察。每年培训了这么多的电工，但电工为什么还是不够用，这说明不是什么人都可以做电工的。如果你的观察能力不强、遇事情后脑子转不了弯的人，是做不好一个电工的，就有可能会被淘汰的。就是能做电工也是做一些简单的工作，是不可能有大的发展的。

所以，要培养自己对事物的观察能力，在平时电气设备没有发生故障时，就要多了解电气设备的各种状态，对于各种电器的工作状态，要做到心中有数。如这台电气设备的电动机，平时的温度是什么样的；电气设备内的时间继电器，平时是调节到什么数据；这台星—三角降压起动的设备，平时的起动时间大概需要多少秒后才能够起动。不要小看平时积累的这些数据，到电气设备出故障时，你就能够用的上了，有的时候还可能会起到关键的作用。

如电动机的温度，有的电动机平时的温度就比较高，有的电动机平时的温度不是很高，那你在设备出故障时就要区别地对待了。如这台电动机平时的温度不是很高，但你在设备出故障后，用手去摸时温度是升高了，这时就要注意了，不能因为这个温度还在正常范围，就放过这个现象，这其实就说明它的负荷量增加了，这时你就要检查负荷量增加的原因，是什么原因使电动机的温度升高了，是否是属于正常的情况。如设备加工的工件比平时的硬度要高一些，加工的速度要比平时要快一些等。如果是故障情况，如电动机的轴承有问题、机械的摩擦增大、机械的轴承损坏等，这时就要进行相应的维修。

三、平时多了解电气设备的故障情况

电气设备的故障，有些故障是常发性、常见性的，平常的时候要加强与操作人员的沟通，对此电气设备经常发生什么样的故障、怎么样进行维修的、是一些什么人维修的、维修所花的时间、都换了一些什电器、什么电器经常坏和出问题等。这些问题要比你在维修前所要进行的询问详细得多，这才是真正意义上的沟通，这对你今后的维修工作，是会有相当大的帮助的。

要虚心地向其他的维修人员进行沟通和学习，包括机械等方面的维修人员，如果企业较大的话，那还会有其他的维修人员。这都是你学习维修经验的良师益友，不管是做什么维修的人员，他的维修年限有多长。其实，每一个人都会有他的长处，都有某一方面的专长，都有某一方面的特点，你就要取人之长补己之短。首先要有一个虚心学习的态度，这一点很重要，要让别人感觉到你的诚意，跟别人学技术是要花一点工夫的，不然别人凭什么将技术传教给你。

有时对于不熟悉的电气设备，特别是一些全英文的设备，这时就会感觉自己水平不行，有时就不想进行了解了。其实，你可以先进行外观上的观察，还是可以发现你能看懂的东西的。如现在有很多的设备是进口的，就是一些国内厂家生产的设备，也用英文来标注，很多的人认为自己水平太低，根本就看不懂。其实，作为一个电工，不管是用中文标注，还是用英文标注，对于电气设备的技术参数和数据，还是很容易看懂的。如功率的 W、kW；电压的 V；电流的 A；英制马力 HP；公制马力 PS；频率 50/60Hz；变压器的 kVA；电容的无功功率 var；接法的 Y、△；转速的 1425r/min。这都是国际上统一的，前面的英文看不懂，这后面单位的符号还是能够看得懂，我们就可以用这些参数来判断电气设备的性能。

第6节　维修质量的提高

电气维修的质量，很多的人可能还是第一次听说，就不要说是刚开始进行维修工作的电工新手了。很多的人在进行电气维修时，都没有注意到这一点，都认为只要将设备的故障排除了，自己的任务就算完成了，还有什么电气维修

的质量。就是现在很多电气设备的管理人员，也没有关注这方面的问题，这就造成了电气设备的维护管理不善，电气设备的使用寿命缩短。

电气维修的质量，将直接影响到电气设备的正常工作和使用寿命的。作为一个成功的企业，如果没有一支过硬的维修技术队伍，那它生产出来的产品，也就好不到那里去。因为产品是要靠设备来生产的，设备是要靠人来操作的，设备的可靠与正常运行，是要靠人来进行维护的。如果设备的维修与维护工作做得不到位，就会影响到设备精确度、完好性和可靠性，就会直接影响到产品的质量。

所以，我们在提高自己维修水平的同时，也要提高自己的维修质量。维修质量的提高，与一个人的职业道德、对待工作的责任心、认真工作的态度有很大的关系。如果一个人有比较高的维修水平，但他抱着干一天算一天的打算，没有一个认真负责的工作态度，那他就是有再高的维修水平，在进行电气维修工作时，也不可能做到有很好的维修质量。

一、维修质量低劣对设备的危害性

这里举个维修质量的例子，通过这个例就能够充分地说明，维修质量低劣对设备的危害性。有一个工厂的某个车间，引进了一条底板加工的生产线，是由生产设备的厂家进行安装和调试后，再移交给车间进行验收和使用的。当时验收的时候笔者也在现场，给人第一眼的印象可以说是赏心悦目，那种感觉真是相当舒服的。在车间的左右两边，整整齐齐排成左右二条加工生产流水线，全部的设备光洁明亮，从设备的外面看不到一根电线和其他裸露的接线头，电气线路全部都用线管连接到位，连接部位用塑料管接口锁紧密封，全部采用暗管布线，从外面是看不到管线的。同台设备不同部件的线路管、油管、气管等，都是用地沟进行连接的。工作人员在加工操作时，工件是不会触及到任何的管线。打开电气控制箱，那真是线路整齐有序，并按功能和电压的不同等级，用不同颜色的导线进行了分区，号码端子排上数字清清楚楚，一目了然，达到了相当高的线路敷设和安装的水平。这种设备如果保养得当，设备的故障率是相当低的。

但只过了一年左右的时间，又再到了这个车间的生产线去看时，如果不是见到过验收时情景的话，那可以说是不敢相信自己的眼睛了。现在所看到的状况是，在设备的周围线路是乱七八糟、东拉西扯的。电气控制箱的门都关不上了，电气控制箱内的线路杂乱无章，很多的接线端都不用了，将线直接从电器上连接到了外面，后装的线基本上都是拉的明线，塑料管的密封接口全部都不用了，是将线直接从外面穿进去的，可以用面目全非来形容。

为什么在这么短的时间里，将这么整齐规范的机床电气电路，变成了现在这样杂乱无章和面目全非的呢？这到底是什么原因引起了这种现象的出现？除了电气维修人员的频繁变动以外，最主要的就是维修水平的低下和不负责的维修所造成的，也就是我们所说的，是低劣的维修质量而造成的恶果。

通过这个维修的实例，就可以看到不管你的设备有多么的先进，配置有多么的完善，安装得有多么的正规。如果没有一支对工作认真负责、维修水平过硬、人员相对稳定、能够保证设备维修质量的管理和维修队伍，那可能在不长的时间里，电气设备就会变成上面的那个样子，再过一段时间这些设备可能就要进入淘汰的行列了。

TIPS▶ 维修质量

维修质量其实就是设备出现故障后，经维修人员的维修后，所能恢复到设备原来状态的程度。维修人员的维修质量越高，就越能达到设备的原始状态或越接近设备原来的状态水平。这也直接关系到设备的使用和设备的寿命，这从另外一个角度说明了，维修人员的维修水平，维修人员的维修态度的重要性。

二、维修人员的素质和工作态度决定维修的质量

维修质量的保证，是由很多的因素决定的，如设备本身的制造工艺、维修人员的职业道德观和职业修养、工作的责任心、领导的关注程度、维修人员的稳定程度、维修人员自身的维修水平、维修人员的维修经验、维修人员的待遇、维修零配件的供应、维修所需的费用、维修停机所需的时间等许多的因素所决定的。

这里举几个实例来说明维修的质量问题，如我们在电气维修中经常遇到的，导线因各种原因绝缘破损了，造成了漏电、打火、短路、断线等故障。这就需要进行维修，一般的导线都是套了绝缘管的，不同的人就有不同的处理方法。下面就是不同工作态度的人，所采取的不同的故障处理方法。

第一种处理的方法：是找到绝缘损坏的故障处后，想办法将导线连接起来，再用绝缘胶带进行绝缘处理，这个故障就算处理和完成了。

第二种处理的方法：是找到绝缘损坏的故障处后，也想办法将导线连接起来，再用绝缘胶带进行绝缘处理，再穿套入绝缘管内进行防护，并进行必要的

线路整理，这个故障就处理完成了。

第三种处理的方法：是找到绝缘损坏的故障处后，是将绝缘损坏的导线废弃不用了，另外用一根新导线来替代原来绝缘损坏的导线，因顺着原线路重新套管太麻烦，导线就用走明线的方式，并进行导线的整理与绑扎，这时对故障处理就完成了。

第四种处理的方法：是找到绝缘损坏的故障处后，也是将绝缘损坏的导线废弃不用了，另外用一根新导线，从原线路套管的走向，重新进行穿管。即用绝缘损坏的导线与新换的导线连接的方法，将新换的导线拉入到套管内，进行管线的恢复和复位。

这四种维修的方法，都能将绝缘损坏的故障进行修复，从维修的质量来说：

第一种维修方法：维修成本最低、维修速度最快。但它是属于应付式的维修，随着时间推移和环境的变化，就有可能会引起二次故障。这种维修的方法，电工新手用的较多，它是头痛医头、脚痛医脚的方式，故障排除了就可以了，没有考虑维修的质量。

第二种维修方法：维修时间和成本略高于第一种方法，但他还是考虑绝缘损坏的处理，为了避免引起二次故障，他在第一层绝缘的恢复基础上，又增加了一层绝缘，这样绝缘的效果要优于第一种方法。但是这种维修的方式，还是存在故障的隐患，从维修的质量要优于第一种方法。对有些人来说，也是快速式的维修，也是很多的电工新手常采用的方法。

第三种维修方法：维修的成本要高于前二种维修方法，所花的维修时间也较长，但他彻底解决了导线绝缘损坏的问题，因导线损坏后，不管怎么样进行绝缘的处理都不如新导线，绝缘的处理有可能会受环境因素的影响造成绝缘的下降，但它的维修质量要优于前二种处理方法。但它的缺点是，虽说维修所用的时间较短，但它破坏了原线路的完整性和美观，最重要的是可能带来新的安全隐患。

第四种维修方法：它所用的维修成本与第三种维修方法相同，但所花的维修时间是最长。但他彻底解决了导线绝缘损坏的问题，并且恢复和达到了电气线路原有的设计和安装要求，并保证了线路的完整性和安全性，没有留下维修的隐患，是最佳的维修方法。从维修的质量来说，第四种维修方法是最佳的。

这只是在电气故障维修中常见的一个例子，通过它的维修过程，就可以说明维修人员的维修素质，对待维修工作时的态度就决定了维修的质量。

有很多的维修人员，在处理电气设备的故障时，没有保证维修的质量，致使很多的小故障，发展成为了大的故障，大的故障继而发展成为了事故。如有的线路在使用的过程中，因意外的原因，发生了线路被拉断，导线绝缘被破坏的故障。维修人员在进行绝缘处理和线路连接的过程中，随便地将导线拧上并将导线隔开，这种应付式的故障处理，就很容易造成线路故障的扩大，并可能会发生人身触电的大事故。这种应付式的维修，就是维修质量的不到位。电气维修人员，在处理电气故障时，维修的质量的不到位，就可能会引起更大的故障或事故。

三、电气设备的日常保养与维护时，要保证维修的质量

电气设备在运行过程中，会因为设备的设计、本身的缺陷、使用的环境、违规的操作等各种因素，产生各种各样的电气或机械故障，致使电气设备不能正常的工作，这将对正常的生产造成影响，严重时还会造成设备的事故和人身的伤亡。为了保证电气设备的正常工作，减少设备维修时的停机时间，延长电气设备的使用寿命，提高电气设备的利用率，保障电气设备的正常运行。这就需要我们的电气维修人员，在进行电气设备的日常保养与维护时，要提高自己的维修素质，要最大的可能保证维修的质量。

电气设备在运行过程中，肯定会发生各种各样的故障，这是很正常的。引起电气设备出现故障的原因，除了有一部分故障，是由于电气设备本身的原因、外部的因素造成的外，还有相当一部分的故障，是因为忽视对电气设备的日常保养和定期维护而造成的。所以，必须要重视对电气设备的日常保养和定期维护工作，很多事故的发生，就是由于电气设备的日常保养和定期维护工作不到位而造成的。

但在实际的维修和维护的工作中，有很多的因素会对维修的质量造成影响。如安装设备人员的技术水平、安装设备所使用的材料质量、设备投入运行的不同时间段、设备实际使用的时间长短、设备使用的工作制、实际使用时的负荷量、设备的使用环境、操作人员的熟练程度等，这都对设备的维修和维护有不同的要求，有很多的维修和维护工作是要区别对待的。

电气设备的日常维护与定期维护工作，是要按照电气设备的维护规程进行的。设备的维护按规定一般是每年都要进行，对于很多的国营单位和大企业都是有设备的维护和检修的规章和制度，对于设备的维护和检修很多的单位是有硬性规定的，什么设备多长时间要进行一次什么维护，这些检修的规章和制度都是依据国家或行业的规定、规程、要求、手册等制定的，应该都是很规范的。

但对于电气设备的日常维护与定期维护工作，也要按照电气设备的具体使用情况、电气设备的使用环境、电气设备的使用时间、电气设备的特点等因素，制订不同的日常维护与定期维护计划，不能搞一刀切或者是形式主义的表面文章。

这里就举一个实际工作中的例子：笔者工作的地方，有关设备的各项规章制度是很健全的，而且对于设备的各个细节都有很明确的规定，从那个角度来看都可以说是很正规的。这里只讲最简单的电动机轴承的维护。按规定是每一年要进行一次轴承的清洗和上油，并确定在年底统一进行的。

但这么简单的一项轴承维护工作，在实际操作中就出现了很多的问题，有的设备运行环境较好，每天使用时间较短，轴承的质量也较好，拆卸后观察轴承和新的一样，油量没有减少和变色，但按规定也要更换。但在更换中的黄油就出现了问题，因是全厂统一进行的，并是在冬天进行维护的，并要求在一个星期内完成，全车间有上百台电动机，操作人员也参加进来维护，你说是不是像在救火。加上润滑油的供应也比较混乱，很多时候都供应不及时，电动机拆开了润滑油还不知道在什么地方。本来要使用 2 号或 3 号锂基脂、钙基脂、钙钠基脂的地方，因锂基脂、钙基脂、钙钠基脂和普通黄油从外观上分不清楚，所以普通黄油也混在了其中，有些本来运行得好好电动机，但在轴承维护后，只运行了几个月就损坏了，拆开一看轴承上没有一点油，线圈上很多的地方反而甩上了油。特别是高空通风用的风机，因拆卸受条件的限制（要进行搭支架），在拆卸的过程中因个别螺丝锈死而强拆，造成机械公差配合的加大，从而引起噪声和振动加大，为了轴承的维护真是不值。所以制度是死的人是活的，要根据不同的情况进行不同的处理。但在制度上是不可能面面俱到的。只有依靠一线的维修人员针对不同的情况，而进行不同的处理。

我们对于上述的不同的情况，对电动机进行区别对待，如对于设备运行环境较好，每天使用时间较短，设备质量较好的一类设备的轴承，每年进行抽查，约 3 年一次就可以了。对于高空的风机，采取对电动机的热保护调整和定时进行检查来解决，发现电动机或风机的轴承有出故障的先兆，马上再进行维修，这样就避免了机械的损伤和人力的浪费。

轴承的打油按制度是要经常进行的，但在有的时候也要灵活机动，如前面讲的高空的风机，拆卸真的是不容易，每一次出问题都要整个维修班出动，搭支架就要半天的时间，拆卸、分离、吊下、清理、维修、装配等，顺利的话两天完成就不错了，如果遇上螺丝打滑或锈死较多的话，那就不好说了。

有很多的维护经验，是在实际的维护工作中发现和总结出来的。如因维修人员检测条件的限制，分不清高速钙基脂与普通黄油的区别，如果用错了在电动机运行温度上升后，不但对轴承没有润滑作用，而且还会将油甩得到处都是，甩到线圈上后，反而对线圈的绝缘还有破坏作用。通过几年来维护中的摸索，后来我们想了一个土办法，来判断是高速黄油和普通黄油。将铁板加热到有点烫手时，将黄油放在上面，有流动但不化就可以用于电动机的轴承上，如果全化了的就不能使用，那样的就是普通的黄油。

再如对电气设备巡视时要通过塑料导线的颜色和塑料的收缩来确定导线的温度，如电热烘道全部是使用的电热管，但在安装的时候，当时为了节约成本，在烘道和控制柜之间的导线是使用的铝导线，这就造成导线和接触器铜铝接触的问题，开始时经常发生接触器主触头过热烧死而报废接触器的故障，后来就通过观察导线的颜色和塑料的收缩，来确定导线和接触器主触点的温度。还有在电热烘道使用了一段时间后或者是加工结束时，断电后马上用手触摸接触器端子发热点的方法，发现问题及时地进行处理，后来就很少出现接触器因触点烧毁而报废的故障了。

在电气设备的日常保养与维护时，保证维修的质量并不是很难做到，关键的是看进行电气设备的日常保养与维护的人员素质，是否是将心思放在维修上没有，能否积极主动地去想办法，这才是最重要的。

第7节　电工新手维修经验的积累

我们在学习各种知识的过程中，其实，都是在不断地探索和摸索中进行的，也是在不断地犯错误的过程中成长的。可以说在学习的过程中，是不可能不犯各种各样错误的，如果你不犯错误，就不可能进步。所以，在电工的学习过程中，只要不违反电业安全操作规程，胆子要大一点，不要怕犯错误。人的成长过程，其实是伴随着错误中成长的，关键是怎么样去少犯错误、少走弯路，要不断地吸取自己的经验教训，也要借鉴别人的经验教训，并在最短的时间内，掌握相关的实用知识，使自己的理论和实际的水平，不断地得到提高和成熟，丰富和积累维修的经验。

要做一名合格和称职的电气维修人员，就要不断地学习电气理论方面的知识，并做到理论与实践相结合。在日常的维修工作中，加强对电气线路和电气设备的维护，要不断的收集、积累、整理、吸收，维修和维护电气设备的先进经验和教训。不断提高和正确地处理在实际工作中遇到的实际问题，确保电气线路和电气设备经济、安全、可靠的运行。要在维修的过程中理论联系实际，从理论中来到实践中去。通过理论到实践、实践到理论、理论再到实践的过程中，不断地提高自己的理论知识和实践水平。在此过程中要虚心地学习和借鉴、他人的经验、方法、技巧，吸取别人的经验教训，采用先进、科学、快捷的维修和维护的方法，准确、迅速、正确地排除线路和电气设备的故障。

电工维修经验的积累其实是从两个方面开始的：一个是对于电气线路的分析水平，在维修的过程中不断地得到提高；二是在不断地维修工作中随着时间的推移，不断地总结和积累维修上的经验。这就是说我们如果想提高自己的维修水平，就必须要先提高自己分析电路的能力。

一、电路分析能力的提高

这里所说的电路分析能力的提高，主要就是对电路原理的分析，也就是对电路动作原理的分析。对电路分析的能力将直接关系到维修的工作，如果你连电路图的动作原理都分析不清楚，你又怎么样去进行实际电路的分析与维修呢？实际电路的分析就会关系到动作的过程，动作的过程是与维修的步骤，有着直接的关系。

所以，你要想提高自己的维修水平，首先就要提高自己的电路分析能力，特别是较复杂的电路分析，然后才能够做好维修的工作，维修水平的提高又会帮助分析能力的加强。只有这样才能使自己的维修水平不断地提高，才能有维修经验的积累。

电路分析能力的提高，必须对电气的原理、电气线路的结构，有一个比较细致的了解，并要理解每一个细节。这时对电气线路图的了解，不能只是会看电路图那么简单了，要知道电路图的分析步骤和过程。

作为有经验的维修电工来说，要经常地设计一些电气设备的控制电路，这在工厂的工作中也是很正常的事情。电气控制电路的设计，就是根据生产机械加工与生产工艺的要求，来对电气控制电路进行设计，如起动、反向、制动、调速、联锁、保护等电气动作，来达到生产机械加工工艺过程的要求。

电气电路的设计应满足生产机械的工艺要求，电路要做到是设计合理、结构简单、动作可靠、操作简便、安全可靠、经济耐用、适用性强、检修方便等。电路的设计要根据加工的实际情况，电路的控制形式并非越先进越好，控制逻辑简单、加工程序基本固定的加工机械设备，采用继电器—接触器控制方式比较合理；对于经常改变加工程序或控制逻辑复杂的生产机械设备，则采用可编程序控制器较为合理。

电气控制线路的设计方法有经验设计法和逻辑设计法两种。

（1）经验设计法：根据生产工艺的要求，按照电动机的控制方法，采用典型线路直接进行设计，先设计出各个独立的控制电路，然后根据设备的工艺要求决定各部分电路的联锁或联系。这种设计方法比较简单，但是对于比较复杂的线路，设计人员必须具有丰富的工作经验，需绘制大量的线路图，并经多次修改后才能得到符合要求的控制线路。

（2）逻辑设计法：采用逻辑代数进行设计，按此方法设计的线路结构合理，可节省所用元件的数量。

简单地来说，经验设计法，一般是我们的维修人员，凭着工作中积累的丰富经验，来进行电路设计的方法。逻辑设计法，是专业的设计人员使用的电路设计方法。

在刚开始电路设计经验不足的时候，可以先将电路进行分解为几个部分，如先将主电路画出来，然后再去画控制电路。控制电路也可以按动作、程序的结构，可以分为几个部分去完成。最后再将其他的电路，如控制变压器电路、信号电路、照明电路、整流电路等分几个部分地去完成，再将各电路进行逐步地组合。

开始画电路图的时候一定要有耐心，不要怕重画和失败，万事开关难，过了头一关就好了。第一次设计的图纸，肯定有很多不完善的地方，但设计得多了，积累了一定的经验后，就会越来越容易了。现将电路在初步的设计时，一些最基础的地方做一下提示。

1. 电路图中元器件的摆放位置

如我们平时看电路图时，对电路图中元器件的摆放位置就没有去注意，但现在就要考虑这个问题了，尽可能减少配线时的连接导线。因为，在电路图中元器件的摆放位置，就会直接关系到实际电路的线路，如导线的数量、连接的位置等。下面就以实际的例子进行说明，如图6-9所示。

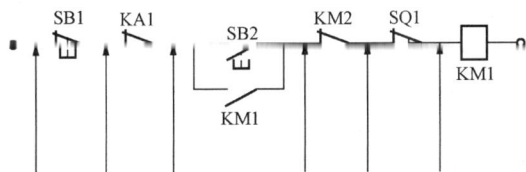

图6-9 需要6根导线

这里只画出了电路图中的一个支路，在电路图中所画出的各电器元件的位置不同，对电路的实际安装上是有很大区别的。电路图上的元器件是画在一起的，但在实际的电路中，电器的元件的安装位置，它是分为二个部分的。一部分电器是安装在电气控制箱内的，另一部分电器是安装在电气控制箱外面操作台上或工作位置上的，内部与外部电器中间的线路连接，是通过电气控制箱内的接线端子排完成的。按照这个支路电器位置的画法，在接线端子排上要接6根导线到外部的电器上。

如果将电路图上，所画出的各电器元件的位置改变一下，改为图6-10的位置排列，电路的原理并没有改变，但接线端子排上只要接4根导线到外部的电器上就可以了。不要小看只少了两根导线，外线是比较长的，多两根导线就会增加了外线路的穿管数。如果从整个的电路来说，那多出来的导线就很可观了。所以，在电路图的设计时，要考虑电器元件的摆放位置。

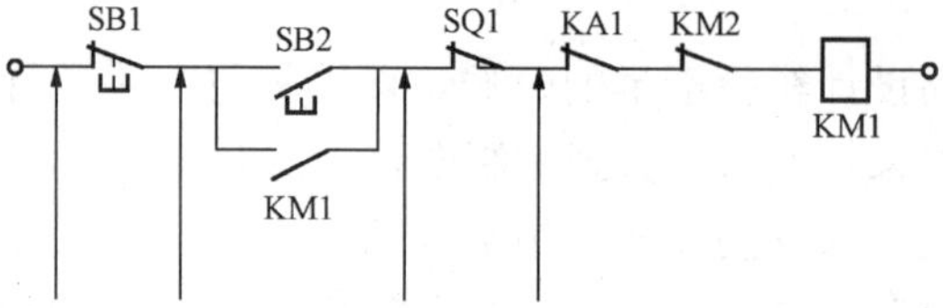

图6-10　只需4根导线

2. 同一电器内不得有两种电压

对于同一电器内不得同时有两种电压，这是为了防止电器内部发生短路的故障。如图6-11中的行程开关，行程的动断触点是接右边的一相电源，而行程开关的动合触点却是接左边的另外一相电源，这样这造成同一个行程开关内有二相电源的存在。一般情况下还是可以正常地工作的，但在触点中火花较大时或触点间行程较近时，就容易造成行程开关内部的短路。另一个隐患就是在维修人员带电进行设备维修时，很容易造成触头间短路。同时也增加了维修人员在进行维修时的不安全因素。所以，在电气电路的设计时，不得将同一电器的内部设计成两种电压。并且尽量地将各电路的触点设计在电源的同一侧。

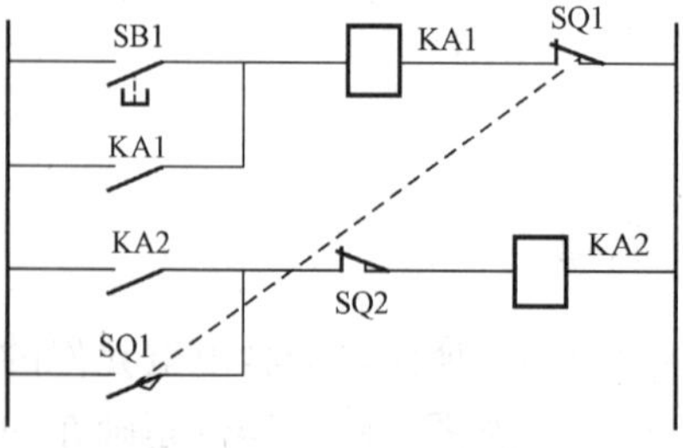

图6-11　错误的接法

3. 对于继电器、接触器的线圈，不得采用串联或并联的连接的方式

如果要求两个接触器是同时启动的，那么不得采用如图6-12所示的连接方

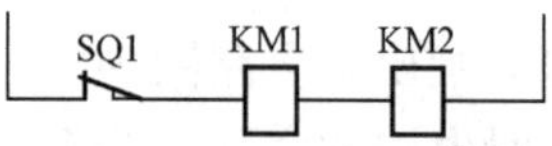

图6-12　错误的连接方式

式。两个接触器线圈电压为 110V，不管是否是同型号的，都不能串联接在 220V 的电路中使用。因为接触器两个线圈的阻抗不可能完全相同，就会造成两个线圈上的电压分配不均匀。就是两个线圈的阻抗完全相同，两个接触器吸合的动作总是有先后的，当有一个接触器先动作时，该接触器线圈的阻抗就会增大，这个线圈上的电压降就会增大，而使另一个接触器线圈的电压不足，造成接触器不能吸合，严重时将会造成线圈的烧毁。

再就是两个电感量相差悬殊的电器线圈，也不要将二线圈并联连接。以免电感量大的线圈，产生的自感电动势，可能会使电感量小的线圈，维持吸合一段时间，从而造成电感量小的电器误动作，应该将各自的线圈单独连接。

4. 电路的设计不是越复杂越好

有的人可能认为对于控制电路来说，控制电路设计得越复杂，使用的电器越多，对电路的控制就越全面，对电路的控制就越完善，电路的设计就越严谨，电路的设计质量就越高，这样对电路的控制和保护就会越有利。

电气控制电路设计的基本原则，是以满足生产加工工艺要求的前提下，控制电路的设计要求为：工作可靠、动作准确、经济耐用、结构简单、操作简便、便于安装、检修方便等。

所以，电路的设计就要力求结构简单和经济合理，能用简单电路完成的，就不必采用高成本的设计。在满足生产加工工艺要求的前提下，必须正确地设计控制电路，合理地选择和使用电器元件。尽量地减少电器元件的使用数量，尽量减少触头的使用数量，避免许多触点依次动作后才能接通一个电器的现象，以保证控制性能的可靠性和稳定性。减少电器元件的使用数量，就减少了通电电器的使用数量，这样也有利于节省电力能源，并且可以简化电路的接线工艺和导线的使用量。控制电路的简化，在一定的程度上避免了寄生电器出现，减少了控制电路的误动作，保证了控制电路工作的可靠性，

所以，控制电路的设计在满足生产加工工艺要求下，是电路的设计越简单越好，电器的使用量是越少越好，这也减少了电路的故障发生频率，减少了维修的工作量，减少了维修和维护的成本与时间。在电路的设计中，必须在电路中设置相应的保护电路，以确保电器和线路的使用安全，避免由于电路设计的不完善而造成电气设备事故的发生。

5. 要防止寄生电路出现

寄生电路是线路动作过程中意外地接通的电路，它会使控制电路的原设计或动作程序造成误动作，引起电路的不稳定，严重时可能还会造成事故。在控制电路的设计中，应避免寄生电路的出现。

图 6-13 所示是典型的正反转控制电路，在电路没有故障的情况下，电路是可以正常工作的。但如果电路有过载的情况，热继电器 FR 的动断触点就会断开。如果是接触器 KM1 吸合，当热继电器 FR 动断触点断开时，线路就出现了寄生电路。如图中虚线电流方向所示，使接触器 KM1 衔铁不能释放，就不能切断电路，这样就起不到保护电动机的目的了。电动机反转时的情况也是一样。

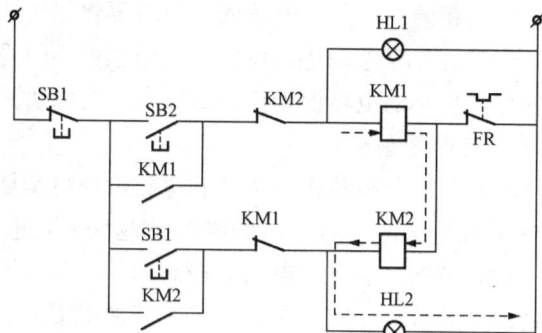

图 6-13 寄生电路

这是控制电路中，寄生电路产生的一种情况。对于控制电路中因继电器迟缓弹回，而引起的寄生电路，分析起来就有一定的难度了，但是在维修的过程中，它的出现虽然不是很多，但很容易造成意想不到的事故。但在多年的维修的过程中，笔者发现寄生电路的出现，主要是由两个原因引起的：①信号指示电器违规的安装；②控制电路使用两种电压。

寄生电路出现最多的原因，就是控制电路使用两种电压。

对于控制电路使用两种电压，引起寄生电路出现的原因，这在本书的故障例中有相关的介绍，这里就不作解释了。

二、电工新手维修经验的积累与提高

电气检修的全过程就是我们维修的经验，如果将长期故障维修的过程，加以集中和总结就是维修经验的积累。这个经验的积累可能是多方面的，并且维修的时间越长、维修的数量多，维修的经验就会越广泛，维修的经验就会越完善。

但对于电工新手来说，可能一下子做不到这一步，那就要求我们在维修的过程中，要加强这方面的意识，积累自己的维修经验，只有自己的维修经验才是对你有用的，别人的维修经验只能是作为借鉴，起到一个帮助提高的作用。在维修的过程中要对以下几个方面入手，来尽快地积累自己维修经验，提高自己的维修水平。

1. 加强理论知识的学习，打好维修的基础

电工基础理论知识的巩固，是做好电气维修工作的基础。可以这样说，如果你学习不好电工基础理论的知识，就肯定做不好电气的维修工作。因为你不可能进行电气故障的分析和判断，就不要讲后面的电气故障的检修了。

如果你不懂欧姆定律，就是我们常用的灯泡，你都不知道在电压升高以后，灯泡的电流会怎么样变化？是增大了还是减小了？会对灯泡造成什么样的影响？

如接触器的线圈经常烧毁，你就要用理论的基础知识来判断，有哪几种可能会引起线圈烧毁，你才能根据这几种可能的原因，去查找真正的故障点。

电工学的理论与电工的实践是相辅相成的，没有电工的理论，就不可能有电工的实践。所以，电工学基本的理论知识，是必须要先进行学习与理解的。

2. 培养良好的维修和安全的习惯

作为一名电气维修人员，在电气的操作工作中，要增强自我安全保护意识，遵守安全操作规程，要培养良好的维修操作的习惯，防止电气设备与人身事故的发生，提高自我安全操作的自觉性。在实际的生产工作中，很多电气事故的发生，都是没有按照安全操作规程来操作而造成的，所以要养成良好的工作习惯。

电气维修人员，在遇到突发的故障时，必须要做到遇事不惊，要保持清醒的头脑，要有足够耐心和耐力，不能有急燥的情绪，不能在故障情况不明的情况下，就急切地乱拆乱卸地乱动手，做什么事情都要目标明确，不能带有盲目性。并要有较强的现场观察能力，要通过电气故障的各种现象，通过细致地观察，冷静地进行故障现象的分析，并能准确地判断故障发生的原因。要有较强的操作技能和动手能力，能够在最短的时间内，将电气设备的故障排除掉，恢复电气设备的正常工作。

在电气设备或线路的实际操作工作中，要培养自己良好的操作习惯。如在电气设备的检修过程中，人体不得同时接触到两个带电点。或在电气线路的连接过程中，人的双手不得同时接触到两根线头，要养成单手操作的良好习惯。在用螺丝对导线进行压接时，导线要弯羊眼圈，在对导线坚固时要以顺时针的方向拧紧等。

在电气的实际操作工作中，要正确地使用电工防护用品。在低压设备带电工作时，应设专人监护，工作时要戴安全帽，穿长袖衣服，戴绝缘手套，要穿绝缘鞋，用有绝缘柄的工具，并站在干燥的绝缘物上进行工作，相邻相的带电部分应用绝缘板隔开。要在维修的工作中培养自己的按照安全操作规程进行操作的良好习惯。

电工很多良好的习惯是要在长期的工作中培养的，不是在工作时能刻意做到的，因我们日常工作的动作是无意识地按平时的习惯来动作的。如我们电工常说的带电作业的单手操作，就是在带电操作时要采用单手进行工作即在同相电源下工作。这样做的目的就是为了防止人体同时接触二相电源而造成触电事故的发生。如果你在平时的日常操作中，能够严格地按照此要求去做并培养成了习惯，那你在带电作业时就不会出问题。但你在平时的日常工作中没有养成这个习惯，那在带电作业操作开始时你可能会想到了要单手进行操作，但在实际的操作过程中很快就会忘记了，因习惯已经成自然了。这样就很容易发生触电的事故，这样的例子已经不是少数了，虽说大部分没有造成严重的后果，但人不会总是幸运的，说不定哪天就真的出事了，到那时后悔就来不及了。

通过长期的维修和培训中得到的经验告诉我，电工很多的经验和教训，是在设备出了故障后、烧毁了电气设备后，个别人在花了金钱和血的教训后，很多的人才能够吸取这些教训。就如电工在操作时必须要穿维修鞋这条规定来说，每一个人都知道穿维修鞋对人身保护的重要性，但落实到行动中就有很多的人就做不到了。但当有一个人没有穿绝缘鞋，而造成了人身伤亡的事故后，这时他就会引起重视了，不要别人讲就会自觉地穿绝缘鞋了，说到底就是一个工作习惯性的问题。

我们要自觉和强制性地去养成一个良好的操作习惯，这也要靠制度去进行监督和规范。

3. 对于电气设备制造质量不同的维修经验

我们在维修的过程中，会遇到各种各样的设备，有专业厂家生产的通用型设备；有非专业厂家生产的通用型设备；有专业厂家生产的专用型设备；有非专业厂家生产的专用型设备；也有很多是拼凑起来的专用型电气设备。这些不同厂家生产出来的设备，电气线路的设计、安装、材料等，是有着相当大的差别的。

如果你用同一种维修的方式，去修理这些电气设备的话，你可能就会在维修的过程中，遇到相当多意想不到的困难和迷惑。

如你在检修专业厂家生产的通用型设备，就要对这类设备的情况有一定的了解，不能乱下手进行维修。这类专业厂家生产的通用型设备，一般情况下是不会有设计上的问题，它是经过了实际考验的。检修这类设备的故障，基本上都是因为操作使用不当、环境因素影响等原因引起的。所以，在进行故障检修的时候，主要的维修思路是要以寻找外部原因和易损电器为重点。

如电气设备的使用环境，是否有多导电粉尘、比较潮湿、有腐蚀性的气体等，有无外力造成对电器或线路的破坏，电器的触点是否有粘连、接触不良的现象，继电器、接触器的线圈是否有问题等。主要的维修放在这些常见的故障上，并要注意在维修的过程中，不要将设备上的布线搞乱了。

对于通用型设备，因是成熟的电路设计，在内外线的配线上是相当规范的。通用型设备在说明书、图纸的技术资料是很完备的，就是万一技术资料遗失，也很容易在书籍中找到，并且这类设备的故障率不是很高。所以，对于这类通用型设备，维修的难度相对来说要简单一点，但维修的重点不能选错。

对于专用型设备的维修来说，就要比上面的通用型设备难一点了，如果是专业厂家生产的专用型设备还好一点，如果碰到非专业厂家生产的专用型设备，特别是拼凑起来的专用型电气设备，有的设备从外观上看很漂亮，而且外表上都是外文，但是内在的质量确很差。你在维修这类设备时，就要有充分地思想准备了，那是什么样的故障都有可能发生的。这类设备也是属于边生产边改进的，在电路的设计上是不成熟的，在使用的过程中，可能要根据加工的要求随时进行改进的。所以，这类电气设备的维修，最能考验你的维修水平，还要检验你的电路分析能力。

对于专用型设备的维修，要做好维修的记录，维修的记录的内容包括：维修的时间、故障的现象、检修的过程、元器件的更换、线路的改动、维修的体会、电气设备的设计改进、维修经验的总结等，这就是你维修之路的过程，也是你今后维修经验总结的第一手资料，你的维修经验的积累也是从这里开始的。

4. 在维修的过程中，对自己维修模式的完善

在维修工作的过程中，你就会发现每一个人，对于同样的故障现象，维修的方法都会不一样。你可能会认为，有的人的维修方法比较好，而有的人的维修方法不行。其实，这只是站在你的这个角度去看问题，是用你的维修水平和经验，去对比别人的维修模式。每一个人都有自己不同的维修模式，这是在长期的维修工作中，通过自己的磨炼、摸索、探讨、总结，而形成自己特有的维修模式。

电气故障的维修，它的目的只有一个，就是在最短的时间内、用最经济的

代价、使用最少的人力、较高的维修质量，使电气设备达到原有的工作状态，或接近电气设备原有的工作状态。这就是对我们维修人员的要求，也是我们要不断地提高维修水平的目的。

我们在维修的过程中，不需要按照什么样的维修方式进行，去学习那个人的维修方式，或者去学习某位维修水平很高的人的维修方法。这从某个角度来说也没有错，别人的维修方法是要去学习，特别是一些较先进的维修方法和经验。但你只能说是去学习还是可以的，毕竟是别人的维修方法，就只适应他自己来使用，如果你想去死搬硬套是不可能的。

因为，每一个人都有各自思考事物的方式，每一个人都要根据自己的实际情况，来培养和形成自己维修方式。有很多的因素会影响到维修方式的改变，如每个人的文化水平不一样；文化理论知识的基础也不相同；对电工理论的理解和消化的程度不同。维修工作时间的长短，对维修也会有影响，维修时间长的，维修经验就会多一些，考虑问题时就会全面一些，处理问题时就会完善一些。再还有很多的因素，都会影响到你培养和形成自己维修方式。如你维修工作的经历、不同的维修环境、各自经历的不同、不同的电气设备、不同的电路设计、维修思路的不同、采用不同的维修方法等。这些因素就会对你在处理问题时，产生不同的处理方式。

所以，你要根据自己的实际情况，确定自己维修的方式，培养一个良好的维修的思路和方式，并养成一个良好的维修习惯。不管学习什么样的技术，都是有一定的窍门和技巧的，你就要掌握维修中的窍门和技巧。完全按照别人的维修方法是不可能的，也是不现实的，这就说要在学习别人经验的同时，也要培养自己独特的维修风格。

5. 维修的记录与资料的整理

在维修的过程中要对维修的过程，特别是在进行线路或电器的拆卸时，要做好相关的接线或拆线记录。如果这个过程没有做到位的话，可能会对你后面的维修工作，造成无法补救的损失，有时还可能损坏设备或无法进行安装。

这里举个例子，一次在拆装进口的监控系统时，是将使用了不到一年的监控系统，更换为新购买的监控系统，换下来的旧的监控系统，要安装在另外一个地方。在拆下原来的监控系统后，就对拆下的线路做了记录，并安装上了新购买的监控系统。但旧的监控系统，因各种原因，当时就没有去安装，说是过段时间再安装。

过了大约有半年的样子，有一个人打电话给我，问原来的那套监控系统是不是我安装的，我当时就告诉他是我拆下来的。这时那人就告诉我说，他给别人进行整改装修时，在安装一套用过的旧监控系统时，找了几个电工都没有办法进行安装，因监控系统上很多的线，不知是怎么样进行连接的，但又不敢乱接线，怕将监控系统烧了。这个型号又没有同样的机型进行对比。实在没有办法了，费了好大的劲，询问了几个人后，才找到我问接线的情况。我当时就告诉他都过去半年了，你现在问我也记不清楚了。但我告诉他，不要急等我晚上回去后，我帮他找一下，因我全部的维修记录都是集中保存的，应该还在那里。我回去后到资料处找到那张监控系统接线图的草图还在那里，就给了他回去按图连接，很快就将监控系统装好了。

从这个例子就可以说明维修时的记录，在有的时候是可以起大作用的。所以，要养成在维修的过程中，在每次故障排除后，做好维修过程中详细的相关记录的习惯。维修记录的主要内容是：①记录设备的线路情况；②通过历次故障的分析及时总结维修的经验，便于今后维修时的参考；③维修经验的积累的素材，作为档案以备日后维修时参考。

在日常的维修工作中，很多人作的维修方面的记录，可能都会很不规范，有时可能就是几张纸，有时还是记忆在头脑里的。有一些的维修经验并不是自己亲手做的，是通过别人的维修取得的经验。这就需要经常地进行这些资料的整理工作，俗话说"好记性不如一个烂笔头"。所以，还是要做好这方面的文字记录，这个记录不光是维修经验方面的记录，也是各种数据的记录。

6. 不断地积累自己的实际维修经验

要在电气维修的过程，不断地加强理论知识的学习，要理论与实践相结合，在实践中不断地总结和积累实际维修的经验，吸取在维修工作中的经验教训。

在实际的维修工作中电气故障的涉及面广，故障的表现有着多面性和千变万化，这就要我们在维修的工作中，积累判断故障的经验，摸清并掌握电气线路故障的规律。如在维修的工作中，得到一个电气维修的经验，就是电气设备出现故障时，一般情况下只会发生一种故障，同时发生两个以上的故障的现象是相当少见的。但一个故障的发生，同时损坏两个以上元器件的情况还是经常有的。如短路的故障，就有可能在烧毁熔断器熔体时，又烧毁了导线、接线端子、元器件的端子、破坏了部分的绝缘等，这就是故障的一个特点。

又如电动机的绕组和电器的线圈烧毁时，就会有一种刺鼻的特殊味道，并在绕组或线圈的周围有玻璃纤维样的白丝，如果发现有这样的情况，就可以判断绕组或线圈基本上报废了。

针对不同的环境，就要有不同的维修应对措施。如在有铁粉尘的地方是最容易造成短路事故，如果是有铁粉尘或导电粉尘且又有油的地方，那就更容易发生短路事故了。电气设备中的油或油雾，对绝缘胶带、黑胶布等的危害很大，它可直接破坏它们绝缘性能，在这种环境下要采取相应的措施来进行预防。

电气维修要分几个层面来进行学习，这是有一个过程的，如有应急式的维修、有准备的维修、有计划的维修等。维修的过程是理论的学习、实际的操作、实际的分析、维修的实践、实践的总结、再理论的学习、这样一个反复的学习过程。要不断地总结维修的经验，要扩大自己的维修范围和视野，逐步地向电气维修的高端进行扩展，使自己的维修水平逐步地达到更高的境界。

所以，作为维修人员来说，对于一些常见的故障，要充分地利用别人的现有经验，可以借鉴别人的经验为自己分析后使用，这会大大缩短你学习维修的时间，并少走一些弯路。

7. 对半自动或全自动循环电路的了解

随着科学技术的发展和进步，电气设备自动化程度的提高，对于电气设备的要求也越来越高，就是对于继电器—接触器控制的电路，也提出了较高的加工程序和动作上的要求。现在半自动、全自动工作的设备是很常见的，半自动、自动循环电路的设备也是越来越多了。这就要求我们的电气维修人员要有自动化控制这方面的知识。现就对这类电气电路的设计和操作做一些简单的介绍。

机械传动的往复加工过程是最常见的加工形式，一般的机械传动大多是采用齿轮传动、气压传动、液压传动来进行的。齿轮传动是依靠电动机的正反转来实现往复加工的，因其机械结构和电气结构较复杂，现在一般使用得比较少。现在加工的往复传动方式，主要还是以气压和液压传动为主，用电磁换向阀来控制往复加工的方向，它有结构简单和操作方便的优点。如下面电气控制的加工图示中，加工头的前进和后退，都是依靠电磁换向阀进行换向，采用气压或液压为动力完成的，并且控制相当的方便。

下面就以一组半自动或全自动循环加工的机床实例，来进行这方面知识的讲解和学习。我们先来了解加工的具体过程。这是比较常见的加工过程，这在工厂企业的实际工作中是经常使用的，只是在加工动作程序的数量上有多少的问题了，但不管有多少个加工动作程序的循环过程，它们的基本原理都是差不多的。请看如图 6-14 所示的 3 个加工动作程序的循环加工实物动作图。这是要对加工的工件钻 3 个孔，加工的具体要求是：先钻左面的孔，待左面的孔加工完成以后，再开始钻右面的孔，右面的孔加工完成以后，最后开始钻正面的孔，钻正面的孔加工完成以后，全部的加工过程就结束了。

在电气设备没有进行加工前，各加工头都是处于原始的位置，电动机也是在没有工作的位置，全部的电器都处于失电状态。这台加工设备的传动方式是采用气压传动或液压传动，共有左、右、正面 3 个加工运动部件，加工头前进和后退的动力是采用气压缸或液压缸来推动的，用电磁换向阀来进行前进和后退的换向，本控制电路采用的是单电控二位三通换向阀，单电控换向阀的线圈通电加工头前进，线圈断电加工头就后退到原位。电磁换向阀细节请参照第 1章的第 7 节。

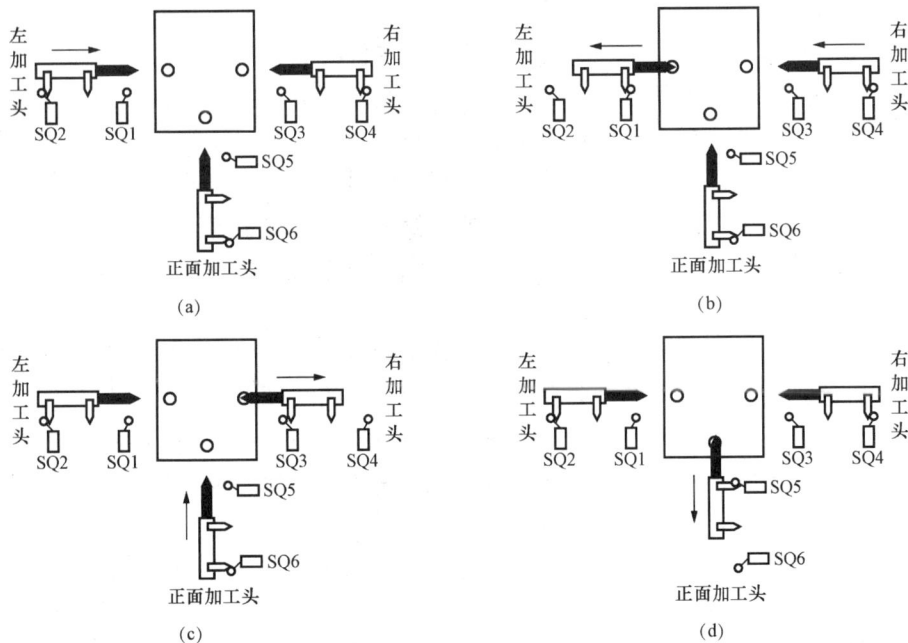

（a）

（b）

（c）

（d）

图 6-14　加工机床图示

当电气设备按下启动按钮后，左加工头开始前进，准备对工件开始左面钻孔的加工，左加工头前进离开行程开关 SQ2，左加工头的电动机开始运转，见图 6-14（a）。

左加工头对工件钻孔加工完成，并碰到行程开关 SQ1，左加工头电磁换向阀并换向，左加工头开始退回到原位置，并在同时给右加工头提供加工的信号，右加工头开始启动前进加工，见图 6-14（b）。

右加工头收到左加工头加工已经完成的信号后，右加工头开始前进对工件钻孔加工，右加工头离开行程开关 SQ4，右加工头的电动机开始运转；右加工头对工件钻孔加工完成，并碰到行程开关 SQ3，右加工头电磁换向阀线圈失电并换向，右加工头开始退回到原位置，并在同时给正面的加工头提供启动的信号，见图 6 - 14 （c）。

正面的加工头收到右加工头加工已经完成的信号后，正面的加工头开始前进对工件钻孔加工，正面的加工头离开行程开关 SQ6，正面的加工头的电动机开始运转；正面的加工头对工件钻孔加工完成，并碰到行程开关 SQ5，正面的加工头电磁换向阀线圈失电并换向，正面的加工头开始退回到原位置，见图 6 - 14 （d）。到此全部的加工过程就结束了，各加工头部件全部退回到了原始的位置，为下次的加工做好准备。

对于半自动和全自动控制的设备，一定要注意它们的自动程序控制，它们都是要利用加工完成到位和加工退回到位的行程开关、接近开关、光电开关等的触点来变换的。在上一个程序与下一个程序的衔接时，就要利用这些开关的动合或动断触点来为下一步的加工程序提供信号，这样才能够使加工的程序自动地连续进行下去。所以，作为电气的维修人员，是要了解这个自动程序的衔接过程，如果对于这部分电路的原理不熟悉，那也就无法进行此类电气设备的维修。

下面就对应上面的加工动作程序过程，针对不同的加工程序要求来设计不同的电路。在分析这类半自动和全自动控制电路的时候，一定要注意上一个加工过程与下一个加工过程是用那个开关来衔接的，这是此类电路的一个关键点，在进行电路分档时一定不要搞错。我们先从半自动控制的电路开始分析和了解。半自动控制电路如图 6 - 15 所示。

半自动控制电路的动作程序过程如下。

按钮 SB1 为总停止按钮，不管加工在什么程序位置，只要按下按钮 SB1，就立即停止加工，加工头的各部件都要退回到原始的位置。在没有进行加工时，各加工头都是处于原始的位置。

在按下启动按钮 SB2 后，左加工头控制继电器 KA1 线圈得电并自锁，同时其动合触点闭合给左电磁阀 YV1 线圈通电并换向，左加工头开始前进。左加工头前进后离开行程开关 SQ2，行程开关 SQ2 动断触点闭合，接触器 KM1 线圈得电闭合，左加工头的电动机开始运转。左加工头前进对工件开始钻孔加工，在碰到行程开关 SQ1 时，行程开关 SQ1 动断触点断开，切断左加工头控制继电器 KA1 线圈的电源，其动合触点断开，左加工头电磁换向阀 YV1 线圈断电并换向，左加工头钻孔加工结束，左加工头开始退回到原位置。同时行程开关 SQ1 动合触点，给右加工头控制继电器 KA2 线圈提供启动的信号。

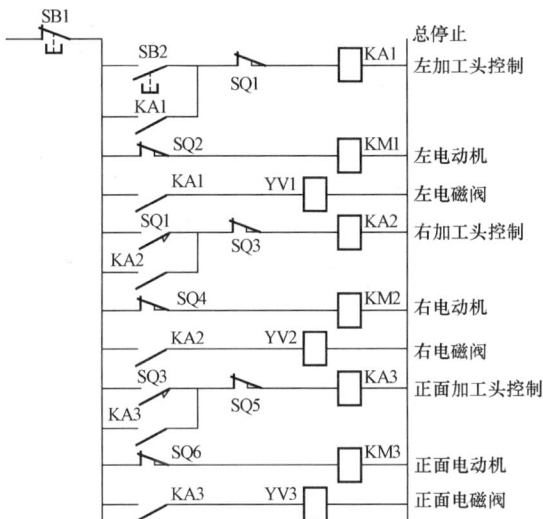

图 6-15　半自动控制电路

　　右加工头收到左加工头加工结束与启动的信号后，右加工头控制继电器 KA2 线圈得电并自锁，同时其动合触点闭合，给右电磁阀 YV2 线圈通电并换向，右加工头开始前进。右加工头前进后离开行程开关 SQ4，行程开关 SQ4 动断触点闭合，接触器 KM2 线圈得电闭合，右加工头的电动机开始运转。右加工头前进对工件开始钻孔加工，在碰到行程开关 SQ3 时，行程开关 SQ3 动断触点断开，切断右加工头控制继电器 KA2 线圈的电源，其动合触点断开，右加工头电磁换向阀 YV2 线圈断电并换向，右加工头钻孔加工结束，右加工头开始退回到原位置。同时行程开关 SQ3 动合触点，给正面加工头控制继电器 KA3 线圈提供启动的信号。

　　正面加工头收到右加工头加工结束与启动的信号后，正面加工头控制继电器 KA3 线圈得电并自锁，同时其动合触点闭合，给正面电磁阀 YV3 线圈通电并换向，正面加工头开始前进。正面加工头前进后离开行程开关 SQ6，行程开关 SQ6 动断触点闭合，接触器 KM3 线圈得电闭合，正面加工头的电动机开始运转。正面加工头前进对工件开始钻孔加工，在碰到行程开关 SQ5 时，行程开关 SQ5 动断触点断开，切断正面加工头控制继电器 KA3 线圈的电源，其动合触点断开，正面加工头电磁换向阀 YV3 线圈断电并换向，正面加工头钻孔加工结束，右正面加工头开始退回到原位置。到此全部的加工过程就结束了，全部的各加工头部件全部退回到了原始的位置，为下次的加工做好准备。

图 6 - 15 所示的半自动控制电路，在每次的加工过程中，只需要按动一次按钮，电气设备就可以自动控制来完成这一次的加工全部程序的过程。也就是说每一个工件的加工，只要操作一次按钮的动作就可以了。

如果要求在电气设备按动一次按钮后，加工的动作程序就要自动地循环下去，自动地重复相同的加工过程，除非按下了电气设备的停止按钮，电气设备才停止工作。这种自动地周而复始地进行加工的电气设备，就是我们常说的自动化控制的设备。

将图 6 - 15 所示的电路图稍微改动一下就是全自动控制电路，如图 6 - 16 所示。你可以先自己思索一下，你是否能将上面的半自动控制改成全自动的控制电路。如果做不到你可以将这两个图进行一下对比，就可以发现只是增加了一个行程开关的触头而已，也并不是想象中的那么复杂。我们对控制电路图的了解，首先是对局部的了解，到后来就要进行全面的了解了，看电气控制电路图，眼光要越来越广和全面地来看。

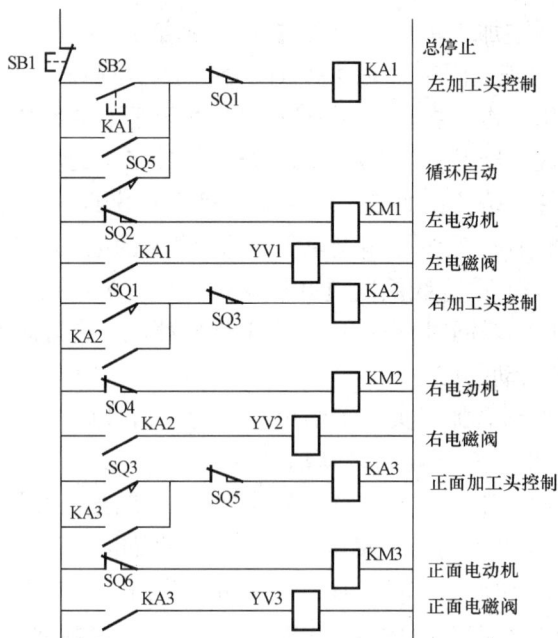

图 6 - 16　全自动控制电路

全自动控制电路的动作程序过程如下。

按钮 SB1 为总停止按钮，不管加工在什么程序位置，只要按下按钮 SB1，就立即停止加工，加工头的各部件都要退回到原始的位置。在没有进行加工时，各加工头都是处于原始的位置。

在按下启动按钮 SB2 后，左加工头控制继电器 KA1 线圈得电并自锁，同时其动合触点闭合给左电磁阀 YV1 线圈通电并换向，左加工头开始前进。左加工头前进后离开行程开关 SQ2，行程开关 SQ2 动断触点闭合，接触器 KM1 线圈得电闭合，左加工头的电动机开始运转。左加工头前进对工件开始钻孔加工，在碰到行程开关 SQ1 时，行程开关 SQ1 动断触点断开，切断左加工头控制继电器 KA1 线圈的电源，其动合触点断开，左加工头电磁换向阀 YV1 线圈断电并换向，左加工头钻孔加工结束，左加工头开始退回到原位置。同时行程开关 SQ1 动合触点，给右加工头控制继电器 KA2 线圈提供启动的信号。

右加工头收到左加工头加工结束与启动的信号后，右加工头控制继电器 KA2 线圈得电并自锁，同时其动合触点闭合，给右电磁阀 YV2 线圈通电并换向，右加工头开始前进。右加工头前进后离开行程开关 SQ4，行程开关 SQ4 动断触点闭合，接触器 KM2 线圈得电闭合，右加工头的电动机开始运转。右加工头前进对工件开始钻孔加工，在碰到行程开关 SQ3 时，行程开关 SQ3 动断触点断开，切断右加工头控制继电器 KA2 线圈的电源，其动合触点断开，右加工头电磁换向阀 YV2 线圈断电并换向，右加工头钻孔加工结束，右加工头开始退回到原位置。同时行程开关 SQ3 动合触点，给正面加工头控制继电器 KA3 线圈提供启动的信号。

正面加工头收到右加工头加工结束与启动的信号后，正面加工头控制继电器 KA3 线圈得电并自锁，同时其动合触点闭合，给正面电磁阀 YV3 线圈通电并换向，正面加工头开始前进。正面加工头前进后离开行程开关 SQ6，行程开关 SQ6 动断触点闭合，接触器 KM3 线圈得电闭合，正面加工头的电动机开始运转。正面加工头前进对工件开始钻孔加工，在碰到行程开关 SQ5 时，行程开关 SQ5 动断触点断开，切断正面加工头控制继电器 KA3 线圈的电源，其动合触点断开，正面加工头电磁换向阀 YV3 线圈断电并换向，正面加工头钻孔加工结束，右正面加工头开始退回到原位置。同时行程开关 SQ5 动合触点，给左加工头控制继电器 KA1 线圈提供启动的信号。这样电气设备的加工又从头开始了，并且可以这样一直地自动循环加工下去，直到按下停止按钮或电路的电源被切断为止。

上面讲的半自动和全自动的循环控制电路，都是按照加工的顺序进行动作的，一个是单循环控制，另一个是连续的循环控制。但它们都有一个共同的特点，就是下一步加工动作的开始，是上一步加工过程完成后由行程开关的触点提供的。就是说在上一步加工过程刚完成，加工的部位刚收到退回信号的同时，下一步的加工部件就已经收到启动加工的信号并开始前进加工了。这种上一步的加工头正在退回而下一步的加工又在开始前进的同时工作，在有的加工设备上是不允许的。

如专用的多头攻丝专用设备，它是对加工的部件进行几个方向进行攻丝加工的，它就是要求在对一个面进行攻丝时，必须要在这个面攻完丝并要等丝攻退回来以后，另一面的攻丝加工才能够开始加工。两个面同时进行攻丝加工时，很容易造成两个面的丝攻相碰，而碰断丝攻或损坏加工的工件，如图6-17所示。这种情况在工件较小或者是加工的距离不一样的时候很容易出现，应当避免。这就是我们常说的要进行位置状态的确认。

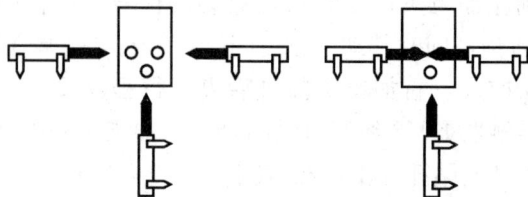

图6-17 两个面的丝攻相碰

如果有这个加工的要求，你能不能够将控制电路改动一下，来达到这个加工的设计要求呢？还是以上面的三加工部件的循环加工为例，现在再将加工的要求重新整理一下。加工的过程为：按下起动按钮后，左加工头开始加工，左加工头加工完成并退回到加工前的原位置后；这时右加工头才能开始加工，右加工头加工完成并退回到加工前的原位置后；这时正面加工头才能开始加工，正面加工头加工完成并退回到加工前的原位置。这时一个循环的加工过程全部结束，又自动开始进行下一个循环加工的过程，就这样不断地循环加工下去，直到按下停止按钮为止。现在你们看出来这个加工过程与上面的加工过程有什么区别没有，就是你下一步的加工必须要在上一步的加工完成，并且加工的部件要退回到原来加工前的位置后，才可以进行下一步的加工。在这里你可以先不要看下面的图，你想一下你是否能将这个要求来自己完成图纸设计，你可以大胆地自己先试一下，这对你是有好处的，自己设计出来的就是自己的，别人设计出来的你只能作为参考，并且每一个的思路不一样，设计的电路也是不同的。带位置状态确认的控制电路如图6-18所示。

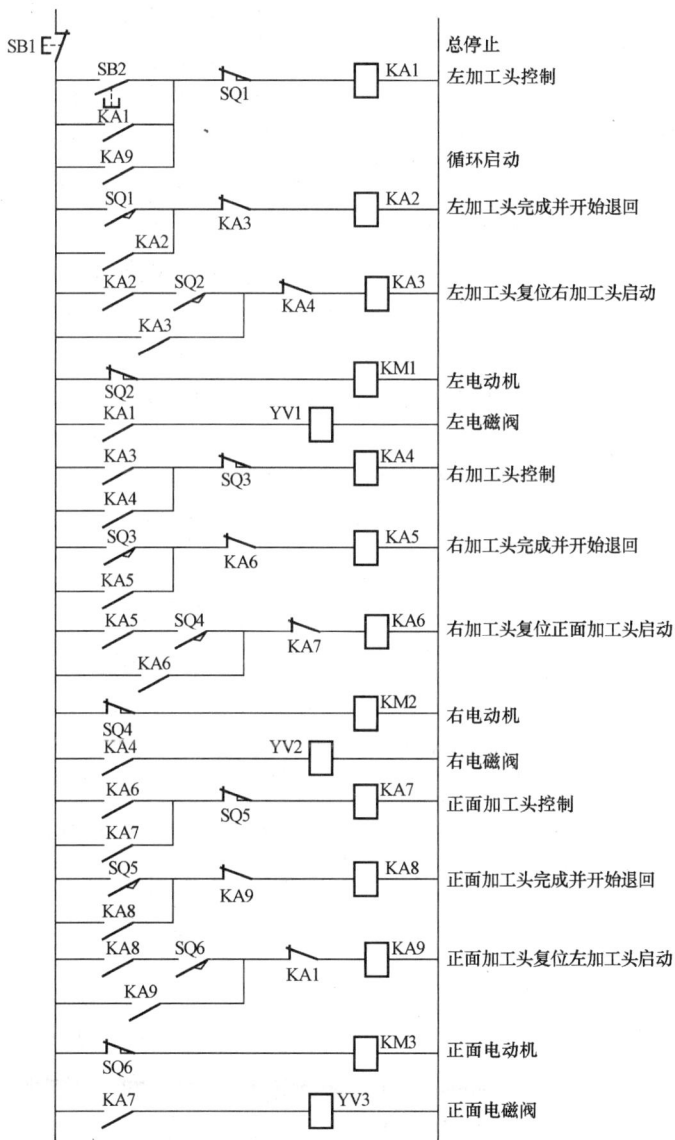

图 6-18 带位置状态确认的控制电路

　　加工动作过程：按下按钮 SB2，继电器 KA1 线圈得电，继电器 KA1 自锁，右电磁阀 YV1 线圈得电并换向，右加工头开始前进；行程开关常 SQ2 闭触点闭合，接触器 KM1 线圈得电左电动机转动；左加工头加工完成后碰到行程开关 SQ1，行程开关 SQ1 动断触点断开，继电器 KA1 线圈失电，左电磁阀

YV1 线圈断电并换向，左加工头开始后退；行程开关 SQ1 动合触点闭合，继电器 KA2 线圈得电，继电器 KA2 自锁；左加工头后退到原始位置时，压到行程开关 SQ2，行程开关 SQ2 动断触点断开接触器 KM1，左电动机停止转动；行程开关 SQ2 动合触点闭合，继电器 KA3 线圈得电，继电器 KA3 自锁，并断开继电器 KA2，同时继电器 KA3 动合触点闭合给右加工头提供加工启动信号。

右加工头收到信号后，继电器 KA4 线圈得电，继电器 KA4 自锁，右电磁阀 YV2 线圈得电并换向，右加工头开始前进；行程开关常 SQ4 闭触点闭合，接触器 KM2 线圈得电右电动机转动；右加工头加工完成后碰到行程开关 SQ3，行程开关 SQ3 动断触点断开，继电器 KA4 线圈失电，右电磁阀 YV2 线圈断电并换向，右加工头开始后退；行程开关 SQ3 动合触点闭合，继电器 KA5 线圈得电，继电器 KA5 自锁；右加工头后退到原始位置时，压到行程开关 SQ4，行程开关 SQ4 动断触点断开接触器 KM2，右电动机停止转动；行程开关 SQ4 动合触点闭合，继电器 KA6 线圈得电，继电器 KA6 自锁，并断开继电器 KA5，同时继电器 KA6 动合触点闭合给正面的加工头提供加工启动信号。

正面加工头收到信号后，继电器 KA7 线圈得电，继电器 KA7 自锁，正面电磁阀 YV3 线圈得电并换向，正面加工头开始前进；行程开关常 SQ6 闭触点闭合，接触器 KM3 线圈得电正面电动机转动；正面加工头加工完成后碰到行程开关 SQ5，行程开关 SQ5 动断触点断开，继电器 KA7 线圈失电，正面电磁阀 YV3 线圈断电并换向，正面加工头开始后退；行程开关 SQ5 动合触点闭合，继电器 KA8 线圈得电，继电器 KA8 自锁；正面加工头后退到原始位置时，压到行程开关 SQ6，行程开关 SQ6 动断触点断开接触器 KM3，正面电动机停止转动；行程开关 SQ6 动合触点闭合，继电器 KA9 线圈得电，继电器 KA9 自锁，并断开继电器 KA8，同时继电器 KA9 动合触点闭合给左加工头提供下一次的重复循环的加工启动信号。这台设备的加工头部件就会周而复始地加工下去，除非是按下停止按钮 SB1 设备才会停止加工的循环工作。

这个自动循环控制电路，只是加工过程的要求有所改变，就增加了控制电路设计的难度。像这个自动循环控制电路，只改变了一个动作的程序，控制继电器的使用量就从 3 个增加了 9 个。所以，控制电路的动作程序，要按照实际的要求进行设计，能够用简单的电路设计完成的，就不要采用复杂的电路设计。控制电路的设计越复杂，使用的电器数量就越多，故障的发生率也就越高，这一点在控制电路的设计时要引起重视。

当然也可以用时间继电器来进行控制，如果加工的过程是固定的，加工的时间也应该是固定的，这就可以使用时间继电器进行控制。如果用带瞬动触头的时间继电器进行控制，那完成上述的自动循环程序，控制继电器的使用量从3个增加到6个，只要增加3个就可以了，比上面的电路节省了3个。但如果用没有带瞬动触头的时间继电器进行控制就做不到了。图6-19所示为用带瞬动触头的时间继电器进行控制的电路。

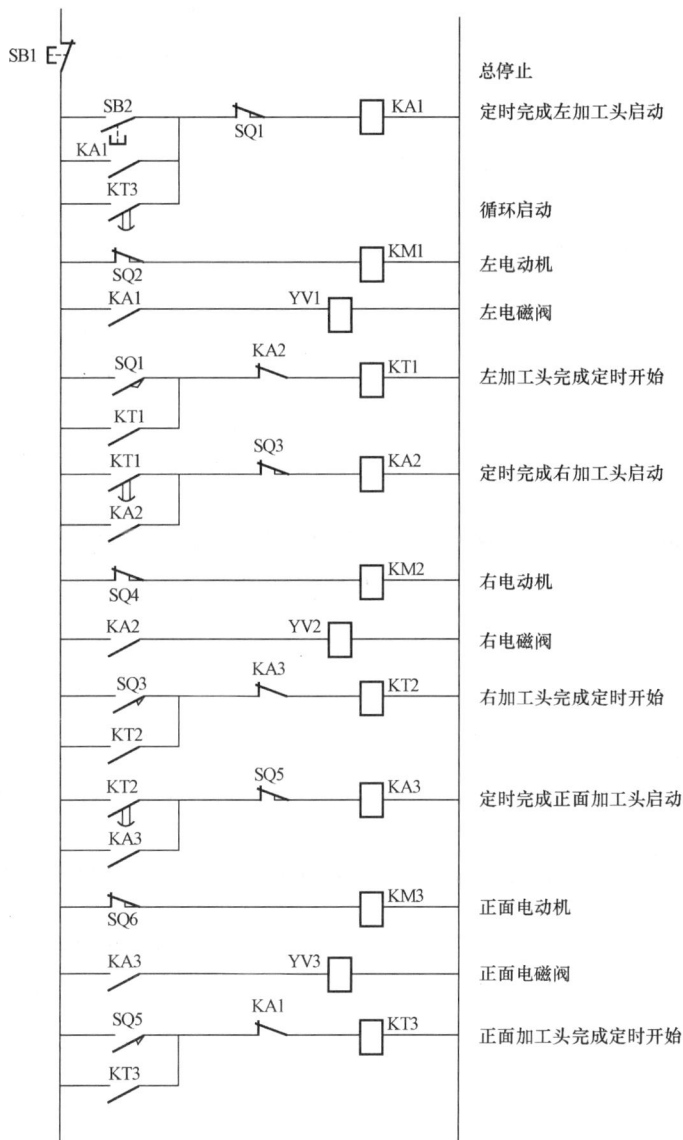

图6-19 用带瞬动触头时间继电器进行控制的电路

设计控制电路时，在能够达到加工程序要求的情况下，要尽量地减少控制电器的使用数量，多使用一个控制电器，就多了一个故障的发生点，这就增加了电路故障的发生率。在程序动作工作时的电器也越少越好，这就是说已经完成程序工作的电器，在电路设计时要及时地切断线圈的电源以节约电能。另外，要防止因各种因素引起误发信号的可能。

对于半自动或全自动循环控制电路的了解，就解释了上面的几个例子，这种电路各人会有各人的思路，各人不同的设计方法，这里只是作为学习循环电路的一个参考和借鉴，这里也是对于电工新手接触这类控制电路的一个启发，这也是我们电工必须要了解的电路知识，设计这一类的自动循环电路以前，一定要将加工的程序要求理解清楚，有一个加工步骤没有理解，就会造成整个电路的设计失败。如果是有现成的程序加工设备，要求你按此自动循环的过程要求来设计的话，那你一定要将每一步骤都要看清楚。因为有时设备的加工速度是很快的，每一个加工过程的转换就是一瞬间的，这时你一定要分清楚在每一个转换的过程，是一步电气动作完成的，还是分两步电气动作完成的，这一点是很重要的。如果在加工的过程中分不清楚，那你只有将它的动作进行分解了，就是将设备的行程开关或接近开关先退出来，再将开关分别地推上去，进行单独地动作判断，这样就不会误判断了。

通过不断地控制电路的学习、分析、设计、画图、修改等，就能使自己电路的分析、判断、设计和维修水平不断地得到提高，这都是要进行实际的操作才能够做到的。

参 考 文 献

［1］特种作业人员培训系列教材编委会．电工技术．广州：广东经济出版社，1999

［2］郑风翼，杨洪升等．怎样看电气控制电路图．北京：人民邮电出版社，2003

［3］杜江、颜全生主编，张迎辉主审．电工初级技能实训．西安：西安电子科技大学出版社，2007

［4］商福恭．电工实用检修技巧．北京：中国电力出版社，2004